COMO EVITAR A PRÓXIMA PANDEMIA

BILL GATES

Como evitar a próxima pandemia

Tradução
Pedro Maia Soares
Claudio Marcondes

Copyright © 2022 by Bill Gates

Grafia atualizada segundo o Acordo Ortográfico da Língua Portuguesa de 1990, que entrou em vigor no Brasil em 2009.

Título original
How to Prevent the Next Pandemic

Capa
Carl De Torres

Preparação
Cacilda Guerra

Índice remissivo
Maria Claudia Carvalho Mattos

Revisão
Valquíria Della Pozza
Eduardo Santos

Dados Internacionais de Catalogação na Publicação (CIP)
(Câmara Brasileira do Livro, SP, Brasil)

Gates, Bill
    Como evitar a próxima pandemia / Bill Gates ; tradução Pedro Maia Soares, Claudio Marcondes. — 1ª ed. — São Paulo : Companhia das Letras, 2022.

    Título original: How to Prevent the Next Pandemic
    ISBN 978-65-5921-190-6

    1. Coronavírus (covid-19) – Prevenção e controle 2. Pandemias – Prevenção e controle I. Título.

22-107244   CDD-614.592414

Índice para catálogo sistemático:
1. Pandemia : Prevenção e Controle : Saúde pública   614.592414

Cibele Maria Dias – Bibliotecária – CRB-8/9427

[2022]
Todos os direitos desta edição reservados à
EDITORA SCHWARCZ S.A.
Rua Bandeira Paulista, 702, cj. 32
04532-002 — São Paulo — SP
Telefone: (11) 3707-3500
www.companhiadasletras.com.br
www.blogdacompanhia.com.br
facebook.com/companhiadasletras
instagram.com/companhiadasletras
twitter.com/cialetras

Aos trabalhadores da linha de frente que arriscaram a vida durante a covid e aos cientistas e líderes que podem garantir que eles nunca mais precisem fazer isso de novo.

E à memória do dr. Paul Farmer, que foi uma inspiração para o mundo todo por se comprometer a salvar tantas vidas. Os valores recebidos pelo autor por esta obra serão doados para a sua instituição, Partners in Health.

Sumário

Introdução 9

1. Aprender com a covid 31
2. Criar uma equipe de prevenção a pandemias 53
3. Melhorar a detecção precoce de surtos 65
4. Ajudar as pessoas a se protegerem imediatamente 99
5. Encontrar novos tratamentos com rapidez 130
6. Preparar-se para produzir vacinas 163
7. Praticar, praticar, praticar 213
8. Vencer a disparidade sanitária entre países ricos e pobres .. 234
9. Criar — e financiar — um plano
   para evitar pandemias 257

Posfácio — Como a covid mudou o curso
   de nosso futuro digital........................... 282
Glossário... 299
Agradecimentos 302
Notas.. 307
Índice remissivo 321

Introdução

Foi durante o jantar, numa sexta-feira em meados de fevereiro de 2020, que me dei conta de que a covid-19 se tornaria um desastre global.

Fazia várias semanas que eu vinha conversando com especialistas da Fundação Gates sobre uma nova doença respiratória que estava circulando na China e começara a se espalhar para outros lugares. Temos a sorte de contar com uma equipe de pessoas renomadas, com décadas de experiência no rastreamento, no tratamento e na prevenção de doenças infecciosas, e elas estavam acompanhando de perto a covid-19. O vírus tinha acabado de aparecer na África e, com base na avaliação inicial da fundação e em pedidos de governos africanos, havíamos feito algumas doações no sentido de evitar que ele se alastrasse ainda mais e auxiliar os países a se prepararem caso isso acontecesse. Nosso pensamento era: esperamos que esse vírus não se torne global, mas, até termos certeza do contrário, temos de trabalhar com essa possibilidade.

Àquela altura, ainda havia motivos para esperar que o vírus

pudesse ser contido e não causasse uma pandemia. As autoridades chinesas tinham tomado medidas de segurança sem precedentes para bloquear Wuhan, a cidade onde ele surgira: escolas e locais públicos foram fechados e os cidadãos receberam passes que os autorizavam a sair de casa em dias alternados, por trinta minutos de cada vez.[1] E o vírus ainda estava controlado o suficiente para que os países permitissem que as pessoas viajassem sem restrições. Eu tinha ido à África do Sul no início de fevereiro para assistir a uma partida beneficente de tênis.

Quando voltei, quis ter uma conversa aprofundada sobre a covid-19 na fundação. Havia uma questão central em que eu não conseguia parar de pensar e desejava examinar em detalhes: a doença podia ser contida ou se tornaria mundial?

Recorri a uma tática de que me utilizo há anos: um jantar de trabalho. Não é preciso se preocupar com um roteiro; basta convidar umas dez pessoas inteligentes, oferecer comida e bebida, fazer algumas perguntas e deixar que elas comecem a pensar em voz alta. Tive algumas das melhores conversas de minha vida profissional com um garfo na mão e um guardanapo no colo.

Assim, dias depois de voltar da África do Sul, enviei um e-mail marcando um encontro na sexta-feira seguinte à noite: "Podíamos tentar organizar um jantar com as pessoas envolvidas no trabalho com o coronavírus para saber como estão as coisas". Quase todos foram simpáticos o bastante para dizer sim — apesar do convite feito em cima da hora e de suas agendas cheias —, e, naquela sexta-feira, uma dezena de especialistas da fundação e de outras organizações veio ao meu escritório nos arredores de Seattle para jantar. Enquanto comíamos costeletas e saladas, tratamos da pergunta fundamental: a covid-19 se transformaria numa pandemia?

Como fiquei sabendo naquela noite, os números não estavam a favor da humanidade. Sobretudo porque a covid-19 se espalhava pelo ar — tornando-a mais transmissível do que doenças causadas por vírus que se disseminam por contato, como o HIV ou o ebola —, havia poucas chances de contê-la em alguns países. Dentro de meses, milhões de pessoas em todo o mundo iriam contraí-la, e milhões morreriam por causa dela.

Fiquei impressionado com o fato de os governos não estarem muito preocupados com esse desastre iminente. Perguntei: "Por que os governos não estão agindo com mais urgência?".

Um dos cientistas ali, o pesquisador sul-africano Keith Klugman, que tinha vindo da Emory University para integrar a equipe da fundação, disse apenas: "Pois deveriam".

As doenças infecciosas — tanto as que se transformam em pandemias como as que não chegam a isso — são para mim uma espécie de obsessão. Ao contrário dos temas de meus livros anteriores, software e mudança climática, as doenças infecciosas mortais não são algo em que as pessoas querem pensar (a covid-19 é a exceção que confirma a regra). Tive de aprender a controlar minha vontade de falar, em eventos sociais, sobre tratamentos para a aids ou a criação de uma vacina contra a malária.

Minha paixão pelo assunto surgiu 25 anos atrás, em janeiro de 1997, quando Melinda e eu lemos um artigo de Nicholas Kristof no *New York Times*. Nick relatava que a diarreia estava matando 3,1 milhões de pessoas anualmente, e quase todas elas eram crianças.[2] Ficamos chocados. Três milhões de crianças por ano! Como tantas vidas podiam estar sendo perdidas para algo que era, até onde sabíamos, pouco mais do que uma situação incômoda?

Ficamos sabendo que milhões de crianças não tinham acesso ao tratamento simples e efetivo para a diarreia — um líquido barato que repõe os nutrientes perdidos durante uma crise. Sentíamos que a solução para aquele problema estava ao nosso alcance,

"Para o terceiro mundo, a água ainda é um líquido mortal." (Retirado do *New York Times*. © 1997 by The New York Times Company. Todos os direitos reservados. Usado sob licença.)

então começamos a fazer doações para divulgar o tratamento e apoiar a pesquisa de uma vacina que, antes de mais nada, prevenisse doenças diarreicas.*

Eu quis saber mais. Entrei em contato com o dr. Bill Foege, um dos epidemiologistas responsáveis pela erradicação da varíola e ex-chefe dos Centros de Controle e Prevenção de Doenças (Centers for Disease Control and Prevention, ou CDC). Bill me deu uma pilha de 81 livros e artigos acadêmicos sobre varíola, malária e saúde pública em países pobres; eu os li o mais rápido que pude e pedi outros. Um dos mais relevantes, a meu ver, tinha um título burocrático: *Relatório sobre o desenvolvimento mundial 1993: Investimento em saúde, volume I*.³ Era o começo de minha obsessão por doenças infecciosas e, em particular, por doenças infecciosas em países de baixa e média renda.

Quando se começa a ler sobre doenças infecciosas, as palavras "surto", "epidemia" e "pandemia" surgem bem depressa. E as definições para esses termos são menos rigorosas do que se imagina. Segundo uma das convenções, um surto acontece quando há um pico de uma doença em certo local; uma epidemia se dá assim

---

* Falo mais sobre isso no capítulo 3.

que o surto se espalha para uma região maior ou ainda nacionalmente; e uma pandemia ocorre depois que a epidemia se torna mundial, afetando mais de um continente. Há também certas doenças intermitentes, que permanecem em um local específico: elas são conhecidas como doenças *endêmicas*. A malária, por exemplo, é endêmica em muitas regiões equatoriais. Se a covid-19 não desaparecer por completo, será classificada como uma doença endêmica.

Não é nada incomum descobrir novos patógenos. Nos últimos cinquenta anos, segundo a Organização Mundial da Saúde (OMS), cientistas identificaram mais de 1500; a maioria teve origem em animais e depois se espalhou para humanos.

Alguns nunca causaram muito dano; outros, como o HIV, foram catastróficos. O HIV e a aids já provocaram mais de 36 milhões de mortes, e mais de 37 milhões de pessoas vivem com o vírus hoje. Houve 1,5 milhão de novos casos em 2020, mas o número diminui a cada ano, porque as pessoas que recebem o tratamento correto com medicamentos antirretrovirais deixam de transmitir a doença.[4]

SURTO — Local
EPIDEMIA — Nacional
PANDEMIA — Mundial

E, com exceção da varíola — a única patologia humana já erradicada —, doenças infecciosas do passado ainda estão por aí. Até a peste bubônica, infecção que a maioria de nós associa a tempos medievais, permanece entre nós. Atingiu Madagascar em 2017, contaminando mais de 2400 pessoas e matando mais de duzentas.[5] A OMS recebe relatórios de pelo menos quarenta surtos de cólera anualmente. Entre 1976 e 2018, houve 24 surtos localizados e uma epidemia de ebola. É provável que haja duzentos surtos de doenças infecciosas todos os anos, se incluirmos os de menor expressão.

MORTES POR TUBERCULOSE, HIV/AIDS E MALÁRIA (1990-2019)

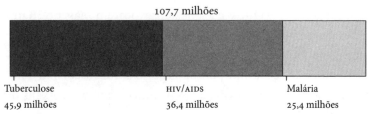

Assassinos endêmicos. HIV/aids, malária e tuberculose mataram mais de 100 milhões de pessoas em todo o mundo desde 1990. (IHME.)[6]

A aids e as demais "epidemias silenciosas" — como ficaram conhecidas, entre outras, a tuberculose e a malária — são o foco do trabalho da fundação no campo da saúde em escala global, ao lado de doenças diarreicas e mortalidade materna. Em 2000, essas doenças mataram mais de 15 milhões de pessoas, muitas delas crianças, mas pouco dinheiro era investido em seu enfrentamento.[7] Colocando à disposição nossos recursos e nosso conhecimento de como montar equipes focadas em inovações, Melinda e eu vimos nisso uma boa oportunidade para fazer a diferença.

Reside aí um equívoco comum sobre o trabalho que a funda-

Outdoor promove a conscientização e a prevenção da aids em Lusaka, na Zâmbia: "A vida deles está nas suas mãos... Ajude a prevenir a aids. Garanta o futuro deles". (Eye Ubiquitous/ Universal Images Group via Getty Images.)

ção faz na área da saúde. Ele não se concentra em proteger pessoas de países ricos contra doenças, mas na disparidade, em termos de saúde, entre países de alta renda e de baixa renda. Porém, no decorrer dessa empreitada, aprendemos muito sobre doenças que podem afetar as nações mais abastadas, e parte de nossos fundos é empregada no combate a elas, ainda que não sejam o foco das doações. O setor privado, governos de países ricos e outros filantropos investem muitos recursos nesse trabalho.

É evidente que as pandemias afetam todos os países, e me preocupo muito com elas desde que comecei a estudar doenças infecciosas. Vírus respiratórios, como os das famílias da gripe e do coronavírus, são particularmente perigosos porque podem se espalhar com muita rapidez.

TREASURY DEPARTMENT
UNITED STATES PUBLIC HEALTH SERVICE

INFLUENZA

Spread by Droplets sprayed from Nose and Throat

Cover each COUGH and SNEEZE with handkerchief.

Spread by contact.

AVOID CROWDS.

If possible, WALK TO WORK.

Do not spit on floor or sidewalk.

Do not use common drinking cups and common towels.

Avoid excessive fatigue.

If taken ill, go to bed and send for a doctor.

The above applies also to colds, bronchitis, pneumonia, and tuberculosis.

Comunicado do governo dos Estados Unidos incentivando a higiene adequada e o distanciamento social durante a pandemia de gripe de 1918.* (Fototeca Storica Nazionale via Getty Images.)

---

* Em tradução livre: "Departamento do Tesouro — Serviço de Saúde dos Estados Unidos. INFLUENZA: transmissão por gotículas oriundas do nariz e da garganta. Cubra o rosto com um lenço ao TOSSIR ou ESPIRRAR. O vírus é transmitido pelo contato. EVITE MULTIDÕES. Se possível, VÁ AO TRABALHO CAMINHANDO. Não cuspa no chão ou na calçada. Não compartilhe copos ou toalhas. Evite esforço físico em excesso. Caso se sinta indisposto, faça repouso e peça que um médico vá até você. As recomendações acima também se aplicam a resfriados, bronquite, pneumonia e tuberculose". (N. E.)

E o risco de uma pandemia acontecer só aumenta. Isso ocorre em parte porque, com a urbanização, os seres humanos estão invadindo os ecossistemas cada vez mais rápido, interagindo com mais frequência com animais e criando maiores oportunidades para que uma doença passe deles para nós. E também porque o número de viagens internacionais aumentou muitíssimo (ao menos antes de a atual pandemia desacelerar seu crescimento): em 2019, antes da covid-19, o turismo ao redor do mundo totalizou 1,4 bilhão de desembarques internacionais — contra apenas 25 milhões em 1950.[8] O fato de que tenha se passado um século desde a última pandemia catastrófica — a gripe de 1918, que matou cerca de 50 milhões de pessoas — se deve, em grande medida, a uma questão de sorte.

Antes da covid-19, a possibilidade de ocorrer uma pandemia de gripe era relativamente bem conhecida; muitas pessoas haviam ao menos ouvido falar da gripe de 1918 e talvez se lembrassem da pandemia de gripe suína de 2009-10. Mas um século é bastante tempo, então a maioria daqueles que enfrentaram a pandemia de gripe de 1918 já não estava mais viva, e a pandemia de gripe suína não chegou a se tornar um grande problema porque sua letalidade se assemelhava à da gripe comum. Na época em que eu estava me informando sobre tudo isso, no início dos anos 2000, os coronavírus — um dos três tipos de vírus que causam os resfriados mais comuns — não estavam tanto em pauta quanto a gripe.

Quanto mais eu aprendia, mais me dava conta de como o mundo estava despreparado para uma epidemia de um vírus respiratório grave. Um relatório que li sobre a reação da oms à epidemia de gripe suína de 2009 concluía, profético: "O mundo está mal preparado para reagir a uma pandemia de gripe grave ou a qualquer emergência de saúde pública global, duradoura e nociva". O relatório apresentava um passo a passo de como se preparar. Poucos desses passos foram dados.

No ano seguinte, meu amigo Nathan Myhrvold me contou sobre algumas pesquisas que estava fazendo a respeito das maiores ameaças enfrentadas pela humanidade. Embora sua maior preocupação fosse uma arma biológica projetada — uma doença fabricada em laboratório —, os vírus de ocorrência natural estavam no topo da lista.

Conheço Nathan há décadas: ele criou o setor de pesquisa de ponta da Microsoft e é um polímata que estuda sobre culinária (!), dinossauros e astrofísica, entre outras coisas. Ele não costuma ser alarmista. Então, quando argumentou que os governos de todo o mundo basicamente não estavam fazendo nada a fim de se preparar para pandemias de qualquer tipo, naturais ou fabricadas, conversamos sobre como mudar isso.*

Nathan usa uma analogia de que eu gosto. No momento, é provável que o prédio em que você se encontra (supondo que não esteja lendo este livro na praia) seja equipado com detectores de fumaça. Ora, a probabilidade de que ele pegue fogo hoje é muito baixa — na verdade, podem se passar cem anos sem que ele se incendeie. Mas é óbvio que esse prédio não é o único que existe, e em algum lugar do mundo, neste exato momento, um prédio está em chamas. É por causa desse lembrete constante que as pessoas instalam detectores de fumaça: para se proteger contra algo raro, mas com potencial muito destrutivo.

Quando se trata de pandemias, o mundo é como um grande edifício equipado com detectores de fumaça que não são especialmente sensíveis e têm problemas de comunicação entre si. Se houver um incêndio na cozinha, ele pode se espalhar para a sala de

---

* Nathan acabou escrevendo um artigo sobre o assunto intitulado "Strategic Terrorism: A Call to Action" [Terrorismo estratégico: Um chamado à ação] para a revista *Lawfare*. Você pode encontrá-lo em <papers.ssrn.com>. Um conselho: não o leia antes de dormir — é preocupante.

jantar antes que um número suficiente de pessoas tome conhecimento dele e tente apagá-lo. Além disso, o alarme só dispara a cada cem anos, então é fácil esquecer que esse risco existe.

Entender a rapidez com que uma doença pode se disseminar é uma tarefa complicada, porque a maioria de nós não lida com crescimento exponencial no dia a dia. Mas recorramos à matemática. Se cem pessoas tiverem uma doença infecciosa no dia 1 e se o número de casos dobrar a cada dia, toda a população da Terra estará infectada no dia 27.

Na primavera de 2014, comecei a receber e-mails da equipe da área de saúde da fundação sobre um surto que parecia ameaçador: alguns casos do vírus ebola haviam sido identificados no sudeste da Guiné. Em julho daquele ano, havia casos de ebola em Conacri, a capital da Guiné, e nas capitais de dois de seus países vizinhos, Libéria e Serra Leoa.[9] Por fim, o vírus se espalhou para outros sete países, entre os quais os Estados Unidos, causando a morte de mais de 11 mil pessoas.

O ebola é uma doença assustadora — costuma levar os pacientes a sangrar pelos orifícios —, mas seu início rápido e seus sintomas imobilizadores impedem que dezenas de milhões de pessoas sejam infectadas. Sua disseminação se dá apenas pelo contato físico com os fluidos corporais do infectado, que fica debilitado demais para se movimentar quando a transmissão está no auge. Quem corre os maiores riscos são aqueles que cuidam dos pacientes, tanto em casa ou como no hospital, e as pessoas que, durante os ritos fúnebres, lavam o corpo de alguém que morreu em decorrência da doença.

Embora não tenha matado muitos americanos, o ebola serviu como um lembrete de que uma doença infecciosa pode percorrer longas distâncias. Por ocasião do surto, um patógeno assustador chegou aos Estados Unidos, bem como ao Reino Unido e à Itália — lugares que turistas americanos gostam de visitar. O

Durante a epidemia de ebola de 2014-6 na África Ocidental, muitas pessoas contraíram o vírus em funerais porque tiveram contato próximo com uma vítima recente da doença. (Enrico Dagnino/ *Paris Match* via Getty Images.)

fato de ter havido um total de seis casos e uma morte nesses três países, em comparação com mais de 11 mil na África Ocidental, não importava. Os americanos estavam prestando atenção às epidemias, pelo menos naquele momento.

Achei que essa poderia ser uma oportunidade para destacar o fato de que o mundo não estava pronto para lidar com uma doença infecciosa capaz de causar uma pandemia. *Se você acha que o ebola é ruim, não queira saber o que a gripe poderia fazer.* Durante as festas de fim de ano de 2014, comecei a escrever um memorando sobre como o ebola havia escancarado disparidades na capacidade de os países responderem a emergências sanitárias.

Essas disparidades eram enormes. Não existia uma forma sistemática de monitorar o progresso da doença nas comunidades. O resultado dos testes, quando estes estavam disponíveis, demorava dias para ficar pronto — uma eternidade quando se precisa isolar as pessoas infectadas. Havia uma rede de corajosos voluntários especialistas em doenças infecciosas dispostos a ajudar as autoridades dos países afetados, mas não uma equipe adequada de especialistas contratados trabalhando em tempo integral. E, mesmo que tal equipe existisse, não havia um plano para levar seus integrantes aonde eles precisavam estar.

Em outras palavras, o problema não era um sistema que funcionava mal. O problema era que mal havia um sistema.

Àquela altura, não fazia sentido para mim que a Fundação Gates fizesse disso uma de suas principais prioridades. Afinal, nosso foco está em áreas com problemas sérios que não podem ser resolvidos pelos mercados, e imaginei que os governos de países ricos entrariam em ação após o susto do ebola se entendessem o que estava em jogo. Em 2015, escrevi um artigo para o *New England Journal of Medicine* que mostrava quão despreparado o mundo estava e sugeria o que fazer quanto a isso. Adaptei essa advertência para uma palestra que dei no TED Talks chama-

da "A próxima epidemia? Não estamos preparados", que incluía uma animação que mostrava 30 milhões de pessoas morrendo de uma gripe tão infecciosa quanto a de 1918. Quis ser alarmista para ter certeza de que o mundo se prepararia e destaquei que haveria trilhões de dólares em perdas econômicas, além de outros transtornos enormes. Essa palestra teve 43 milhões de acessos, mas 95% das visualizações ocorreram depois do início da pandemia de covid-19.

A Fundação Gates, em parceria com os governos da Alemanha, do Japão e da Noruega e com o Wellcome Trust, criou a Coalizão para Inovações em Preparação para Epidemias (Coalition for Epidemic Preparedness Innovations, ou Cepi), a fim de acelerar o desenvolvimento de vacinas contra novas doenças infecciosas e ajudar as pessoas dos países mais pobres a ter acesso à imunização. Também financiei um estudo local em Seattle para saber mais sobre como a gripe e outras doenças respiratórias se espalham pela população.

Embora a Cepi e o estudo de Seattle tenham sido bons investimentos que se mostraram úteis quando a covid-19 surgiu, pouco além disso foi feito. Mais de 110 países analisaram sua capacidade de se antever a situações de emergência sanitária, e a OMS delineou medidas para diminuir as disparidades mundo afora, mas ninguém agiu com base nessas avaliações e planos. Melhorias foram solicitadas, mas nunca realizadas.

Seis anos depois de minha palestra no TED Talks e daquele artigo publicado no *New England Journal of Medicine*, enquanto a covid-19 se espalhava pelo mundo, jornalistas e amigos me perguntaram se eu achava que deveria ter feito mais em 2015. Não sei como eu poderia ter chamado mais atenção para a necessidade de ferramentas melhores e de como colocá-las em prática e aumentar sua escala rapidamente. Talvez eu devesse ter escrito este livro em 2015, mas duvido que as pessoas teriam se interessado por ele.

* * *

No início de janeiro de 2020, a equipe que montamos na Fundação Gates para monitorar surtos após a crise do ebola estava rastreando a disseminação do Sars-cov-2, vírus que agora conhecemos como o causador da covid-19.*

Em 23 de janeiro, Trevor Mundel, líder global de nosso trabalho na área da saúde, enviou a Melinda e a mim um e-mail resumindo a opinião de sua equipe e solicitando a primeira rodada de financiamento para as iniciativas relacionadas à covid. "Infelizmente", escreveu ele, "o surto de coronavírus continua a se espalhar e tem potencial para se tornar uma pandemia grave (é cedo demais para ter certeza, mas considero essencial agir agora)."**

Melinda e eu temos um método já bastante antigo para tomar decisões a respeito de questões urgentes que não podem esperar por nossas revisões anuais de estratégia. Quem toma conhecimento do caso primeiro encaminha para o outro e diz, em linhas gerais: "Isso parece interessante, você quer ir em frente e aprovar?". Em seguida, o outro envia um e-mail aprovando os gastos. Como copresidentes, ainda usamos esse método para tomar decisões importantes relacionadas à fundação, mesmo que hoje não estejamos mais casados e contemos com o auxílio de um conselho de curadores.

* Um acréscimo sobre terminologia. Sars-cov-2 é o nome do vírus que causa a doença covid-19. Tecnicamente, "covid" engloba todas as doenças provocadas por coronavírus, entre elas a covid-19 (o numeral vem do fato de ela ter sido descoberta em 2019). Mas, para facilitar, daqui em diante usarei "covid" para me referir tanto à covid-19 como ao vírus que a causa.

** Já mencionei a Fundação Gates várias vezes nesta introdução, e o farei mais vezes ao longo do livro. Não porque quero me gabar, mas porque nossas equipes desempenharam um papel importante em grande parte do esforço para desenvolver vacinas, tratamentos e diagnósticos para a covid. Seria difícil contar esta história sem mencionar o trabalho dessas pessoas.

Dez minutos depois que a mensagem de Trevor chegou, sugeri a Melinda que deveríamos aprová-la; ela concordou e respondeu a ele: "Estamos aprovando 5 milhões de dólares hoje mesmo e sabemos que uma quantia adicional pode ser necessária no futuro. Ainda bem que a equipe pôs a mão na massa tão depressa. Isso é muito preocupante".

Como ambos suspeitávamos, quantias adicionais foram necessárias, como ficou evidente durante um jantar em meados de fevereiro e em muitas outras reuniões. A fundação destinou mais de 2 bilhões de dólares a várias frentes do combate à covid, entre as quais a desaceleração de sua propagação, o desenvolvimento de vacinas e tratamentos e o auxílio para garantir que essas ferramentas que salvam vidas cheguem aos países pobres.

Desde o início da pandemia, tive a oportunidade de trabalhar e de aprender com inúmeros especialistas na área da saúde, que atuavam tanto dentro da fundação como fora dela. Uma dessas pessoas merece menção especial.

Em março de 2020, fiz uma primeira ligação para Anthony Fauci, chefe do instituto de doenças infecciosas dos Institutos Nacionais de Saúde (National Institutes of Health, ou NIH). Por sorte, conheço Tony há anos (muito antes de ele aparecer na capa de revistas de cultura pop) e queria ouvir sua opinião sobre tudo aquilo — em especial sobre o potencial das várias vacinas e dos tratamentos que estavam sendo desenvolvidos. Nossa fundação apoiava muitos deles, e eu precisava ter certeza de que as ideias que tínhamos para desenvolver e implementar inovações estavam alinhadas às dele. Além disso, queria entender melhor sobre as coisas que ele dizia na mídia — distanciamento social e uso de máscaras, por exemplo — para que eu pudesse reforçar os mesmos pontos quando desse entrevistas.

Essa primeira ligação foi produtiva, e pelo resto do ano Tony e eu fizemos reuniões mensais para discutir o progresso de diferentes tratamentos e vacinas e traçar estratégias sobre como o trabalho feito nos Estados Unidos poderia beneficiar o resto do mundo. Até demos algumas entrevistas juntos. Foi uma honra me sentar ao lado dele (virtualmente, é claro).

Um dos efeitos colaterais de falar em público, porém, é que isso intensificou as críticas que ouço há anos sobre o trabalho da Fundação Gates. Uma das mais ponderadas diz o seguinte: Bill Gates é um bilionário, não uma pessoa eleita para um cargo público — quem ele pensa que é para definir pautas de saúde ou de qualquer outra coisa? Três desdobramentos dessa crítica são que a Fundação Gates exerce influência demais, que tenho fé em excesso no setor privado como motor de mudanças e que sou um tecnófilo defensor das novas invenções como solução para todos os nossos problemas.

É fato que nunca fui eleito para um cargo público nem pretendo concorrer a nenhum deles. E concordo que não é bom para a sociedade quando pessoas ricas exercem influência indevida.

Mas a Fundação Gates não usa seus recursos ou sua influência de maneira sigilosa. Aquilo que financiamos e os respectivos resultados — os fracassos e os sucessos — são de conhecimento público. Sabemos também que algumas das pessoas que nos criticam preferem não se manifestar para não correr o risco de perder os subsídios que oferecemos, e essa é uma das razões pelas quais nos esforçamos ainda mais para consultar especialistas externos e buscar pontos de vista diferentes. (Ampliamos nosso conselho de curadores em 2022 por motivos semelhantes.) Nosso objetivo é melhorar a qualidade das ideias adotadas em políticas públicas e direcionar financiamentos para as iniciativas que terão maior impacto.

Os críticos também estão certos ao afirmar que a fundação se tornou uma patrocinadora generosa de certas iniciativas e instituições importantes que são, em sua maioria, de responsabilidade de governos, como a luta contra a poliomielite e o apoio a organizações como a OMS. Mas isso ocorre sobretudo porque são áreas de extrema necessidade que não recebem verbas e apoio suficientes dos governos, embora, como essa pandemia mostrou, claramente influenciem a sociedade como um todo. Ninguém ficaria mais feliz do que eu se os recursos da Fundação Gates se tornassem uma proporção muito menor dos gastos globais nos próximos anos — porque, como este livro argumenta, são investimentos em um mundo mais saudável e produtivo.

Outro questionamento diz respeito a como é injusto que algumas pessoas como eu tenham ficado mais ricas durante a pandemia e em meio a tanto sofrimento. Ele não poderia estar mais correto. Minha fortuna me protegeu do impacto da covid — e de fato não faço ideia do que é ter a vida devastada pela pandemia. O melhor que posso fazer é manter a promessa que fiz anos atrás de devolver à sociedade quase todos os meus recursos a fim de tornar o mundo um local mais justo.

E, sim, sou um tecnófilo. A inovação é meu martelo, e tento usá-la em cada prego que vejo. Como fundador de uma bem-sucedida empresa de tecnologia, acredito muito no poder do setor privado para impulsionar a inovação. Mas ela não se resume a uma nova máquina ou uma vacina, por mais importante que isso seja. Inovação pode ser uma maneira diferente de fazer as coisas, uma política inédita ou um esquema inteligente para financiar um bem público. Este livro fala sobre algumas dessas inovações, porque produtos de fato bons e inovadores precisam cumprir seu papel de chegar às pessoas que mais necessitam deles — inclusive no âmbito da saúde, que muitas vezes exige trabalhar com governos, quase sempre as únicas entidades que proporcionam serviços públicos, mesmo nos países pobres. É por isso que defendo o fortalecimento dos sistemas de saúde pública, que, quando funcionam bem, podem servir como primeira linha de defesa contra doenças emergentes.

Infelizmente, nem todas as críticas dirigidas a mim são tão ponderadas. Enquanto a covid crescia, fiquei espantado com as teorias conspiratórias malucas de que me tornei alvo. Isso não é novidade — histórias lunáticas envolvendo a Microsoft existem há décadas —, mas os ataques agora são mais intensos. Nunca sei se devo me importar com elas ou não. Se eu as ignorar, vão continuar sendo disseminadas. Mas será que consigo de fato convencer quem compra essas ideias se disser algo como: "Não estou interessado em monitorar seus passos — para falar a verdade, pouco me importa aonde você vai —, e não há rastreador de movimentos em nenhuma vacina"? Decidi que o melhor caminho é continuar fazendo meu trabalho e acreditar que a verdade prevalecerá às mentiras.

Alguns anos atrás, o ilustre epidemiologista dr. Larry Brilliant cunhou uma frase memorável: "Surtos são inevitáveis, mas pandemias são opcionais". As doenças sempre se disseminaram entre os seres humanos, mas não precisam se tornar desastres mundiais. Este livro trata de como governos, cientistas, empresas e indivíduos podem construir um sistema que conterá surtos inevitáveis a fim de que eles não se tornem pandemias.

Há, por razões óbvias, mais fôlego do que nunca para fazer isso agora. Quem viveu a covid jamais vai se esquecer dela. Assim como a Segunda Guerra Mundial mudou a maneira como a geração de meus pais via o mundo, a covid mudou a maneira como nós vemos o mundo.

Mas não precisamos viver com medo de outra pandemia. O mundo pode proporcionar cuidados básicos a todos e estar pronto para reagir e conter quaisquer doenças emergentes.

Como seria isso na prática? Vamos imaginar.

Pesquisas nos permitem compreender todos os patógenos respiratórios e nos preparam para criar um volume maior de ferramentas — como diagnósticos, medicamentos antivirais e vacinas — com muito mais rapidez do que é possível hoje.

Vacinas universais protegem todos de quaisquer cepas dos patógenos respiratórios mais propensos a causar uma pandemia — coronavírus e influenza.

Uma doença potencialmente ameaçadora é detectada depressa por agências locais de saúde pública, que funcionam de forma eficaz até nos países mais pobres do mundo.

Laboratórios com alto nível de excelência são consultados sobre qualquer anormalidade, e as informações são inseridas num banco de dados mundial monitorado por uma equipe exclusivamente dedicada a isso.

Quando uma ameaça é detectada, governos alertam as pessoas sobre recomendações para viagens, distanciamento social e planejamento de emergência.

Governos começam a usar as ferramentas já disponíveis, como quarentenas obrigatórias, antivirais que protegem contra quase todas as cepas e testes que podem ser realizados em clínicas, locais de trabalho ou residências.

Se isso não for suficiente, o mundo todo passa a trabalhar de imediato no desenvolvimento de testes, tratamentos e vacinas contra o patógeno. O ritmo dos diagnósticos se acelera bastante, com o objetivo de testar muitas pessoas em pouco tempo.

Novos medicamentos e vacinas são autorizados o quanto antes, porque de antemão se firmou um acordo sobre fazer testes com agilidade e compartilhar os resultados. Uma vez prontos, a produção começa de imediato, porque as fábricas já estão montadas e aprovadas.

Ninguém fica para trás, porque já se resolveu a questão de como produzir depressa vacinas suficientes para todos.

Tudo chega aos lugares certos no momento certo, porque há sistemas que levam os produtos até o paciente. As informações sobre a situação são claras e evitam o pânico.

E tudo isso acontece bem rápido. Apenas seis meses separam o primeiro sinal de alerta e a produção de vacinas seguras e eficazes* em quantidade suficiente para proteger toda a população da Terra.

Para algumas pessoas que estão lendo este livro, o cenário que acabei de descrever pode parecer bastante ambicioso. Sem dúvida trata-se de um objetivo pouco modesto, mas já estamos caminhando nessa direção. Em 2021, a Casa Branca anunciou um plano para, na próxima epidemia, desenvolver uma vacina em cem dias, caso sejam alocados recursos suficientes para isso.[10] E os prazos de entrega já estão diminuindo: foram necessários apenas doze meses desde o momento em que o vírus da covid foi analisado geneticamente até o momento em que as primeiras vacinas foram testadas e ficaram prontas para uso — um processo que costuma levar pelo menos meia década. E os avanços tecnológicos alcançados durante

---

* Na área médica, "efetividade" e "eficácia" têm significados distintos. A eficácia mede quão satisfatório é o funcionamento de uma vacina num ensaio clínico, e a efetividade refere-se a quão satisfatório é seu funcionamento no mundo real. Para simplificar, vou empregar "eficácia" com ambos os sentidos.

esta pandemia vão acelerar ainda mais as coisas no futuro. Se nós — governos, patrocinadores, indústria privada — fizermos as escolhas e os investimentos certos, poderemos atingir esse objetivo. Na verdade, vejo aí uma oportunidade não só de evitar que coisas ruins aconteçam, mas de realizar algo extraordinário: erradicar famílias inteiras de vírus respiratórios. Isso significaria o fim de coronavírus como o da covid — e até o fim da gripe. Todos os anos, o vírus da gripe provoca cerca de 1 bilhão de doenças, incluindo de 3 milhões a 5 milhões de casos graves, com hospitalização, e mata pelo menos 300 mil pessoas.[11] Considerando o impacto dos coronavírus — que podem causar também o resfriado comum —, os benefícios da erradicação seriam surpreendentes.

Cada capítulo deste livro explica um dos passos necessários para nos prepararmos. Juntos, eles compõem um plano para eliminar a ameaça à humanidade representada pela pandemia e reduzir o risco de as pessoas terem de enfrentar outra covid.

Um pensamento final antes de começarmos: a covid é uma doença que se propaga com rapidez. Desde que comecei a escrever este livro, diversas variantes do vírus surgiram, sendo a mais recente a ômicron, e outras desapareceram. Tratamentos que pareciam muito promissores nos estudos iniciais se revelaram menos eficazes do que algumas pessoas (inclusive eu) esperavam. Existem questões sobre as vacinas, como a duração da proteção que elas oferecem, que só o tempo irá responder.

Neste livro, eu me esforcei para escrever aquilo que era verdade no momento da publicação, sabendo que algumas coisas inevitavelmente mudarão nos próximos meses e anos. De qualquer forma, os pontos fundamentais do plano de prevenção a pandemias que proponho continuarão sendo relevantes. A despeito do que a covid cause, o mundo ainda tem muito trabalho a fazer antes de conseguir evitar que os surtos se transformem em desastres mundiais.

1. Aprender com a covid

É fácil dizer que as pessoas nunca aprendem com o passado. Mas às vezes o fazemos. Por que ainda não houve uma Terceira Guerra Mundial? Em parte porque, em 1945, os líderes mundiais olharam para a história e chegaram à conclusão de que existiam maneiras melhores de resolver suas diferenças.

É com esse espírito que olho para as lições da covid. Nós podemos aprender com ela e escolher fazer um trabalho melhor para nos proteger de doenças fatais; aliás, é fundamental pôr um plano em prática e subsidiá-lo agora, antes que a covid fique no passado, o senso de urgência desapareça e a atenção do mundo se volte para outra coisa.*

Muitos relatórios documentaram o que houve de bom e de ruim na reação do mundo à covid, e aprendi bastante com eles.

---

* Neste livro, uso a palavra "nós" em várias acepções. Com ela, às vezes me refiro ao trabalho com que eu ou a Fundação Gates estamos envolvidos. Mas, para simplificar as coisas, também a utilizo em alusão ao setor de saúde global de forma mais ampla, ou ao mundo em geral. Tentarei deixar claro seu significado em cada contexto.

Também reuni várias lições importantes que tirei de meu trabalho global no âmbito da saúde — que inclui projetos como a erradicação da pólio — e do acompanhamento diário da pandemia com especialistas da fundação e também de governos, da área acadêmica e do setor privado. A chave é olhar para os países que se saíram melhor do que outros.

FAZER AS COISAS CERTAS NO INÍCIO
TRAZ GANHOS ENORMES MAIS TARDE

Sei que pode soar estranho, mas meu site favorito é um verdadeiro tesouro em forma de banco de dados que rastreia doenças e problemas de saúde em todo o mundo. Seu nome é Carga de Doença Global (Global Burden of Disease),* e o nível de detalhes que ele contém é impressionante. (A versão de 2019 detectou 286 causas de morte e 369 tipos de enfermidades e lesões em 204 países e territórios.) Para quem tem interesse em saber quanto tempo as pessoas vivem, o que as deixa doentes e como essas coisas mudam com o tempo, essa é a melhor fonte. Posso passar horas olhando os dados.

O site é mantido pelo Instituto de Métrica e Avaliação em Saúde (Institute for Health Metrics and Evaluation, ou IHME), localizado na Universidade de Washington, em Seattle, minha cidade natal. Como é possível deduzir pelo nome, o IHME é especializado em monitorar a saúde ao redor do mundo. Ele também faz modelagem computacional com o objetivo de estabelecer relações de causa e efeito: quais fatores podem explicar por que os casos estão aumentando ou diminuindo em determinado país e o que se pode prever a partir disso.

* Você pode visitá-lo em: <vizhub.healthdata.org/gbd-compare>.

Desde o início de 2020, venho enchendo a equipe do IHME de perguntas sobre a covid. Minha intenção era descobrir o que os países que estão tendo sucesso ao lidar com a doença têm em comum. Em que todos eles acertaram? Assim que respondermos a essa pergunta com algum grau de certeza, entenderemos quais são as melhores práticas e poderemos incentivar outros países a adotá-las.

A primeira coisa a fazer é definir o que é sucesso, mas isso não é tão fácil quanto parece. Não basta apenas verificar a frequência de mortes por covid em determinado país. Essa estatística será distorcida, porque os idosos são mais propensos a morrer da doença do que os mais jovens, de modo que os países com populações mais idosas quase sempre terão números piores. (Um país que se saiu particularmente bem — embora tenha a população mais velha do mundo — é o Japão. Em todo o mundo, foi onde mais se cumpriu a ordem de usar máscaras, o que ajuda a explicar parte desse sucesso, mas é provável que outros fatores também tenham contribuído.)

O que de fato se busca para medir o sucesso é um número que capte o impacto geral da doença. As pessoas que morrem de ataque cardíaco porque o hospital está sobrecarregado com pacientes com covid devem entrar na conta tanto quanto as vítimas fatais da doença.

Há um indicador, chamado excesso de mortalidade, que mede isso. Além das pessoas que morrem devido ao efeito cascata da doença, ele inclui aquelas que morrem diretamente por causa da covid. (É o número de mortes em excesso per capita, que leva em conta o tamanho da população de determinado país.) Quanto menor o excesso de mortalidade, melhor o país está se saindo. Na verdade, o excesso de mortalidade de alguns países chega até a ser negativo, no caso de ter havido relativamente poucas mortes por covid e menos acidentes de trânsito e outros incidentes fatais, pelo fato de as pessoas ficarem muito mais em casa.

No final de 2021, o excesso de mortalidade nos Estados Unidos era de mais de 3200 por milhão de pessoas, mais ou menos o mesmo nível do Brasil e do Irã.[1] O do Canadá, por outro lado, estava perto de 650, enquanto o da Rússia estava bem acima de 7 mil.

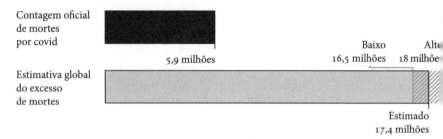

O verdadeiro dano da covid. O excesso de mortalidade mede o impacto da covid ao contabilizar pessoas cuja morte foi indiretamente causada pela pandemia. A barra superior mostra o número de mortes por covid até dezembro de 2021. A barra inferior mostra o número estimado de mortes em excesso, com um intervalo entre 16,5 milhões e 18 milhões. (IHME.)[2]

Muitos dos países com o menor excesso de mortalidade (próximo de zero ou negativo) — Austrália, Vietnã, Nova Zelândia e Coreia do Sul — tomaram três atitudes logo no início da pandemia: testaram com rapidez grande parte da população; isolaram pessoas cujo resultado foi positivo ou que foram expostas ao vírus; e puseram em prática um plano para detectar, rastrear e controlar casos que pudessem ter atravessado suas fronteiras.

Infelizmente, pode ser difícil manter o sucesso inicial. Poucas pessoas no Vietnã foram vacinadas contra a covid — porque havia um suprimento limitado de vacinas e a imunização não parecia tão urgente, já que o governo havia feito um bom trabalho no controle do vírus. Então, quando surgiu a variante delta, muito mais transmissível, havia relativamente poucas pessoas no Vietnã com alguma imunidade, e o país foi atingido de forma brutal.

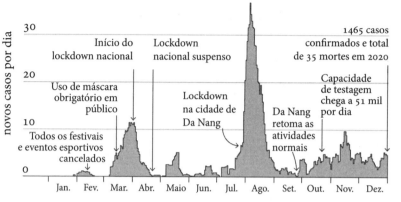

Contendo a covid no Vietnã. Em 2020, as autoridades vietnamitas implementaram medidas para controlar o vírus. Registrar apenas 35 mortes ao longo de um ano num país de 97 milhões de pessoas é uma grande conquista. (Exemplars in Global Health Program.)[3]

Sua taxa de excesso de mortes passou de pouco mais de quinhentas por milhão de pessoas em julho de 2021 para quase 1500 por milhão em dezembro[4] — embora, mesmo com essa taxa mais alta, o Vietnã ainda estivesse se saindo melhor que os Estados Unidos. No geral, foi melhor ter tomado essas medidas iniciais.

Os dados do IHME também sugerem que o sucesso de um país na batalha contra a covid tem forte correlação com quanto seus cidadãos confiam no governo.[5] Isso faz sentido, afinal, se você confia em seus dirigentes, é mais provável que siga as diretrizes deles para se prevenir contra a covid. Por outro lado, essa confiança é medida por pesquisas de opinião, e se você vive sob um regime repressivo é provável que não diga a um pesquisador qualquer o que de fato pensa sobre o governo. E, de todo modo, não é fácil traduzir essa constatação em conselhos práticos que possam ser implementados rapidamente. A construção da confiança entre um povo e seu governo leva anos de trabalho meticuloso, pensado para esse fim.

Outra abordagem para identificar o que funciona é olhar para o problema por este ângulo: analisar países que tiveram condutas exemplares e estudar como elas foram executadas, para que outros possam fazer o mesmo. Um grupo que atende pelo oportuno nome de Exemplars in Global Health (Referências em Saúde Global) tem se dedicado a esse assunto e descobriu algumas conexões interessantes.

Por exemplo, considerando que todas as outras variáveis estejam equiparadas, os países que contam com bons sistemas de saúde em geral tiveram uma probabilidade maior de reagir bem à covid. Quando há uma rede bem estruturada de clínicas médicas, com reposição de suprimentos quando necessário e profissionais capacitados que inspiram confiança na população, o país está numa posição melhor para combater uma nova doença. Isso sugere que qualquer plano de prevenção a pandemias precisa incluir, entre outras coisas, auxílio aos países de baixa e média renda para melhorar seus sistemas de saúde. Voltaremos a esse tema nos capítulos 8 e 9.

Outro exemplo: os dados sugerem que o transporte rodoviário nas fronteiras foi responsável por boa parte do contágio entre países. Quais lugares administraram bem essa questão? No início da pandemia, Uganda exigia testes de covid de todos os caminhoneiros que entravam no país, e a região da África Oriental seguiu o exemplo logo depois. Mas, como o processo de testagem era lento e os kits eram escassos, essa medida causou grandes engarrafamentos na fronteira — de até quatro dias —, e o contágio aumentou enquanto os caminhoneiros esperavam em locais apertados.

Uganda e seus vizinhos tomaram várias providências para resolver o impasse, entre as quais o envio de laboratórios móveis de testagem para os postos de fronteira, a criação de um sistema eletrônico para rastrear e compartilhar resultados e a exigência de que os caminhoneiros fossem testados no país onde iniciavam sua rota, e não na fronteira.[6] Em pouco tempo, o tráfego voltou a fluir e os casos foram mantidos sob controle.

Conclusão: nos primeiros dias, se o país conseguir testar grande parte de sua população, isolar os casos positivos e as pessoas que tiveram contato com o vírus e lidar com possíveis casos vindos do exterior, conseguirá administrar bem o número de casos. Se não tomar essas providências com rapidez, apenas medidas extremas podem evitar uma explosão de contágios e mortes.

ALGUNS PAÍSES DÃO EXEMPLOS DO QUE NÃO FAZER

Não gosto de me debruçar sobre erros, mas alguns são graves demais para ser ignorados. Embora existam bons exemplos por aí,

O caminhoneiro Naliku Musa aguarda os resultados de seu teste de covid na fronteira entre Uganda e o Sudão do Sul. (Sally Hayden/ SOPA Images/ LightRocket via Getty Images.)

a maioria dos países lidou mal com a covid em diversos aspectos. Cito aqui o caso dos Estados Unidos por conhecer bem a situação e porque o país deveria ter se saído muito melhor, mas de forma alguma foi o único a cometer muitos erros.

A reação da Casa Branca em 2020 foi desastrosa. O presidente e seus assessores de alto escalão minimizaram a pandemia e deram péssimos conselhos à população. Por incrível que pareça, as agências federais se recusaram a compartilhar dados entre elas.

Sem dúvida, o fato de que o diretor do CDC era uma pessoa indicada pelo governo, portanto sujeita a pressão política, não ajudou em nada, e ficou claro que algumas das orientações públicas da agência sofreram influência da política. Pior ainda, ele não era um epidemiologista. Os ex-diretores do CDC que ainda hoje são lembrados por um trabalho exemplar, como Bill Foege e Tom Frieden, eram especialistas que fizeram parte da organização por um longo período ou por toda a sua carreira. Imagine um general que nunca passou por uma simulação de batalha tendo de repente que comandar uma guerra.

Uma das falhas mais graves dos Estados Unidos, no entanto, foi na testagem: um número insuficiente de pessoas foi testado, e os resultados demoravam demais para chegar. Um indivíduo que, sem saber, carrega o vírus por sete dias passa uma semana potencialmente infectando os outros. A meu ver, o erro mais incompreensível — porque poderia ter sido evitado com facilidade — do governo americano foi não ter ampliado ao máximo a capacidade de testagem nem ter criado um sistema centralizado tanto para identificar quem precisava ser testado rapidamente quanto para registrar os resultados. Mesmo depois de dois anos de pandemia, enquanto a ômicron se espalhava depressa, muitas pessoas não conseguiam fazer testes, ainda que apresentassem sintomas.

Nos primeiros meses de 2020, o correto seria que qualquer pessoa no país que suspeitasse estar com covid pudesse acessar um site do governo, responder a algumas perguntas sobre sintomas e fatores de risco (como idade e localização) e descobrir onde fazer um teste. Ou, se os suprimentos de testagem fossem limitados, o sistema poderia determinar que o caso em questão não era uma prioridade alta o suficiente e notificar o indivíduo sobre *quando* seria testado.

Um site como esse não só teria garantido que os testes fossem utilizados de forma mais eficiente — para aqueles com maior probabilidade de estar com a doença — como daria ao governo informações adicionais sobre regiões do país onde poucas pessoas demonstravam interesse em fazer o teste. Com esses dados, mais recursos poderiam ser direcionados para divulgar e expandir a testagem nessas áreas. O portal também proporcionaria às pessoas elegibilidade instantânea para participar de um ensaio clínico caso testassem positivo ou estivessem em situação de alto risco, e mais tarde poderia ajudar a garantir que as vacinas fossem prioritárias para aqueles com maior probabilidade de ficar gravemente doentes ou morrer. Além disso, o site seria útil, em tempos não pandêmicos, no combate a outras doenças infecciosas.

Qualquer empresa de software que se preze poderia ter criado esse portal em pouquíssimo tempo,* mas, em vez disso, estados e cidades foram deixados por conta própria, resultando num processo caótico. Parecia o Velho Oeste. Numa discussão especialmente acalorada com pessoas da Casa Branca e do CDC, reagi de maneira bastante rude à recusa em dar esse passo básico. Até hoje não entendo por que não permitiram que o país mais inovador do mundo se utilizasse da moderna tecnologia da comunicação para combater uma doença mortal.

---

* A Microsoft teria feito isso de graça, e tenho certeza de que muitas outras empresas também.

DIANTE DE UMA SITUAÇÃO PARA A QUAL
O MUNDO DEVERIA ESTAR MAIS BEM PREPARADO,
O TRABALHO DAS PESSOAS FOI HEROICO

Sempre que acontecia uma catástrofe, o apresentador de programas infantis Fred Rogers costumava dizer: "Busquem ajuda. Vocês sempre encontrarão pessoas dispostas a ajudar". Durante a covid, não foi preciso procurar muito para encontrar essas pessoas. Elas estão por toda parte, e tive o prazer de conhecer algumas delas e ficar sabendo a respeito de muitas outras.

Em 2020, todos os dias, durante cinco meses, Shilpashree A. S., que aplicava testes de covid em Bangalore, na Índia, vestia avental, óculos de proteção, luvas de látex, touca e máscara. (Como muitas pessoas nesse país, ela usa como sobrenome iniciais que se referem à sua cidade natal e ao nome de seu pai.) Depois entrava numa pequena cabine com dois buracos por onde introduzia os braços e passava horas realizando testes de coleta nasal em longas filas de pacientes. Por segurança, ela não tinha contato físico com os próprios familiares — por cinco meses, eles se viram apenas por videochamadas.[7]

Thabang Seleke foi um dos 2 mil voluntários em Soweto, na África do Sul, que se apresentaram para participar de um estudo sobre a eficácia da vacina contra a covid desenvolvida pela Universidade de Oxford. Havia muito em jogo: em setembro de 2020, mais de 600 mil pessoas no país tinham sido diagnosticadas com a doença e mais de 13 mil haviam morrido por causa dela. Thabang ouviu falar do experimento por intermédio de um amigo e se apresentou para ajudar a erradicar o coronavírus na África e em outros lugares.

Sikander Bizenjo foi de Karachi para sua província natal, o Baluchistão, uma região seca e montanhosa no sudoeste do Pa-

Dentro de uma cabine e usando equipamento de proteção, Shilpashree A. S. coleta amostras em Bangalore, na Índia. (The Gates Notes, LLC/ Ryan Lobo.)

quistão, onde 70% da população vive na pobreza. Lá, fundou um grupo chamado Juventude do Baluchistão contra o Corona, que capacitou mais de 150 garotos e garotas para auxiliar pessoas em toda a província. A iniciativa realiza encontros de conscientização sobre a covid em idiomas locais, ao mesmo tempo que constrói salas de leitura e doa centenas de milhares de livros. Além disso, forneceu suprimentos médicos para 7 mil famílias e alimentos para 18 mil famílias.

Ethel Branch, integrante da Nação Navajo e ex-procuradora-geral da reserva indígena, deixou seu escritório de advocacia para ajudar a criar o Fundo de Auxílio Covid-19 das Famílias Navajo e Hopi, uma instituição que fornece água, comida e outros artigos de primeira necessidade para pessoas carentes desses dois grupos étnicos. Ela e seus colegas arrecadaram milhões de dólares (em parte por meio de uma das cinco principais campanhas do GoFundMe de 2020) e organizaram centenas de jovens voluntários que socorreram dezenas de milhares de famílias de ambas as nações.

As histórias daqueles que se sacrificaram para ajudar os outros durante esta crise poderiam ser tema de um livro inteiro. Em todo o mundo, os profissionais de saúde se arriscam para tratar de pessoas doentes: de acordo com a OMS, até maio de 2021, mais de 115 mil perderam a vida cuidando de pacientes com covid.[8] Socorristas e profissionais que atuavam na linha de frente continuaram fazendo seu trabalho. As pessoas passaram a fazer compras para os vizinhos que não podiam sair de casa. Incontáveis cidadãos seguiram a orientação de usar máscara e ficar em casa tanto quanto fosse possível. Cientistas se dedicaram dia e noite e usaram toda a sua capacidade intelectual para deter o vírus e salvar vidas. Políticos tomaram decisões com base em dados e evidências, embora muitas vezes essas escolhas estivessem longe de ser as mais populares.

Nem todos agiram da forma correta, é claro. Algumas pessoas se recusaram a usar máscara ou a se vacinar. Alguns políticos negaram a gravidade da doença, ignoraram as tentativas de limitar sua propagação e até fizeram insinuações sinistras a respeito das vacinas. É impossível ignorar o impacto que atitudes como essas estão causando em milhões de pessoas, o que só comprova dois velhos clichês políticos: voto é coisa séria, e eleger bons líderes é essencial.

SAIBA QUE HAVERÁ VARIANTES, SURTOS E CASOS DE ESCAPE VACINAL

Até o surgimento da covid, quem não trabalha com doenças infecciosas talvez jamais tenha ouvido falar sobre variantes. A ideia pode parecer nova e assustadora, mas não há nada incomum nela. Os vírus influenza, por exemplo, podem rapidamente se transformar em novas variantes, e é por isso que a vacina contra a gripe é revisada todos os anos e atualizada com frequência. As variantes que causam preocupação são as que se mostram mais transmissíveis ou as que melhor conseguem driblar o sistema imunológico humano.

No início da pandemia, reinava na comunidade científica a crença de que, embora houvesse algumas mutações da covid, elas não causariam grandes problemas. No início de 2021, os cientistas sabiam que as variantes estavam surgindo, mas, como elas pareciam estar evoluindo de maneira semelhante, alguns deles acreditavam que o mundo já tinha visto as piores mutações de que o vírus era capaz. Mas a variante delta provou o contrário: seu genoma evoluiu para torná-la muito mais transmissível. A chegada da delta foi uma surpresa ruim, mas convenceu a todos de que outras variantes poderiam aparecer. Enquanto termino de escrever este livro, o mundo está enfrentando uma gigantesca onda da ômicron, a variante de transmissão mais rápida já detectada — e, na verdade, o vírus de transmissão mais rápida de que já se soube.

Variantes virais são sempre uma possibilidade. Em surtos futuros, cientistas precisarão monitorar as variantes de perto para garantir que quaisquer novas ferramentas que surjam ainda sejam eficazes contra elas. Mas, sabendo-se que cada vez que um vírus salta de uma pessoa para outra há uma oportunidade de mutação, o mais importante será continuar fazendo as coisas que indubitavelmente reduzem a transmissão: seguir as recomendações dos especialistas sobre o uso de máscara, distanciamento social e vacinas, e garantir que os países de baixa renda recebam vacinas e outros instrumentos necessários para combater o patógeno.

Assim como o surgimento de variantes não foi uma novidade, tampouco o foram os chamados casos de escape vacinal, em que pessoas vacinadas acabam se infectando também. Até que imunizantes ou medicamentos consigam bloquear por completo as infecções, alguns indivíduos vacinados ainda serão infectados. À medida que mais pessoas forem vacinadas em uma determinada população, o número total de casos diminuirá e uma porcentagem crescente dos casos que ocorrerem será de escape.

Eis uma maneira de pensar sobre isso. Imaginemos que a covid começa a se espalhar por uma cidade com taxa de vacinação bastante baixa. Mil pessoas ficam tão doentes que acabam no hospital. Desses mil casos graves, dez são de escape vacinal.

Em seguida, o vírus se espalha para a próxima cidade, que tem alta taxa de vacinação. Essa cidade tem apenas cem casos graves, dos quais oito são de escape vacinal.

Na primeira cidade, os escapes representaram dez de mil casos graves, ou 1%. Na segunda, eles representaram oito em cem, ou 8% do total. Oito por cento parece uma má notícia para a segunda cidade, certo?

O número que de fato importa não é a taxa de escape vacinal, mas o total de casos graves — e esse número foi mil na primeira cidade e apenas cem na segunda. Isso é um avanço, sob qualquer ponto de vista. Você está muito mais seguro na segunda cidade, onde muitas pessoas estão vacinadas — caso seja uma delas.

Ao lado das variantes e dos casos de escape vacinal, ondas — grandes picos no número de casos — não foram uma novidade por si sós. A história de outras pandemias nos mostra que as ondas acontecem, mas países em todas as regiões do mundo foram pegos de surpresa por elas. Admito que, como muita gente, fiquei perplexo com o tamanho da onda delta na Índia em meados de 2021. Ela resultou, em parte, de uma ilusão: a ideia equivocada de que as pessoas poderiam relaxar pelo fato de o país ter contido o vírus nos primeiros dias de 2020. Outra explicação infelizmente é irônica: os países que no início se saem melhor na contenção do vírus costumam ser suscetíveis a surtos posteriores, porque suas

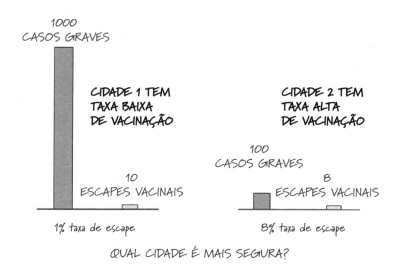

medidas de controle impediram que as pessoas adoecessem e desenvolvessem imunidade natural. O objetivo é usar a contenção para retardar uma infecção generalizada, evitar que os hospitais fiquem sobrecarregados e ganhar tempo para o surgimento de vacinas que protejam a população. No entanto, se uma variante bastante transmissível aparece num cenário em que as vacinas ainda não foram amplamente distribuídas e as medidas de restrição foram suspensas, uma grande onda é quase inevitável. A Índia aprendeu essas lições bem depressa e realizou uma campanha de vacinação bem-sucedida contra a covid mais tarde em 2021.

A BOA CIÊNCIA É CONFUSA, INCERTA E PROPENSA A MUDANÇAS

Eis uma lista parcial dos vários posicionamentos do governo americano a respeito do uso de máscara durante a covid:

- 29 de fevereiro de 2020: num tuíte, a maior autoridade em saúde pública do país diz que as pessoas devem "PARAR DE COMPRAR MÁSCARAS" porque "não estão prevenindo" a covid (o que acabou se mostrando falso) e comprá-las dificultará o acesso dos profissionais de saúde a elas (o que era verdade na época, embora fosse muito fácil produzir mais máscaras).
- 20 de março de 2020: o CDC reitera que pessoas saudáveis que não trabalham na área da saúde ou não estão cuidando de uma pessoa doente não precisam usar máscara.
- 3 de abril de 2020: o CDC recomenda o uso de máscara para todas as pessoas com mais de dois anos que estejam em lugares públicos, viajando ou perto de outras pessoas da mesma casa que possam estar infectadas.
- 15 de setembro de 2020: o CDC recomenda que todos os professores e alunos que frequentam a escola presencialmente usem máscara sempre que possível.
- 20 de janeiro de 2021: o presidente Biden assina uma ordem executiva exigindo o uso de máscara e distanciamento social em prédios federais, em solo federal e por contratantes do governo. No dia seguinte, ele assina uma ordem exigindo o uso de máscara em viagens e, nove dias depois, o CDC emite uma ordem que torna a recusa de usar máscara nos espaços determinados pelo governo federal uma violação da lei federal.
- 8 de março de 2021: o CDC divulga nova orientação de que pessoas totalmente vacinadas não precisam usar máscara ao visitar outras pessoas vacinadas em ambiente fechado.
- 27 de abril de 2021: o CDC libera do uso de máscara as pessoas que estejam ao ar livre para caminhar, andar de bicicleta ou correr, sozinhas ou com membros de sua família, que tenham tomado a vacina ou não. Pessoas totalmente

vacinadas não precisam usar máscara ao ar livre, a menos que estejam em uma grande aglomeração, como um show.

- 13 de maio de 2021: o CDC anuncia que as pessoas totalmente vacinadas não precisam mais usar máscara ou manter distanciamento social em ambientes fechados. Alguns estados, como Washington e Califórnia, continuam com a obrigatoriedade do uso de máscara durante parte de junho ou o mês todo.

- 27 de julho de 2021: o CDC recomenda que as pessoas totalmente vacinadas retomem o uso de máscara em ambientes fechados nas regiões do país onde a contagem de casos aumenta. Também recomenda seu uso em ambientes fechados por professores, funcionários, alunos e visitantes das escolas, seja qual for sua situação vacinal.

As pessoas quase ficavam zonzas ao tentar acompanhar essas diretrizes.

Isso significa que a equipe do CDC foi incompetente? Não. Não vou defender todas as decisões tomadas pela agência — como muitos especialistas alegaram na época, o CDC errou em maio de 2021 ao determinar que as pessoas não precisavam usar máscara —, mas durante uma emergência de saúde pública as decisões são tomadas por pessoas imperfeitas a partir de dados imperfeitos em um ambiente em constante mudança. Deveríamos ter estudado a transmissão de vírus respiratórios com muito mais antecedência, em vez de ter de aprender durante a pandemia. E esperar perfeição durante um surto cria,[9] na verdade, uma dinâmica perversa, como ilustra a história de David Sencer.*

Nascido em Michigan em 1924, Sencer ingressou na Mari-

---

* Michael Lewis conta a história de Sencer em seu livro *A premonição: Uma história da pandemia*.

nha americana depois de se formar na faculdade. Após um ano de luta contra a tuberculose, ele acabou entrando no Serviço de Saúde Pública dos Estados Unidos com a intenção de salvar pessoas de doenças como a que o deixara fora de cena por tanto tempo.

Sencer teve atuação marcante desde cedo no âmbito das vacinas. Depois de ser transferido para o CDC, ele ajudou a redigir a legislação responsável pela criação do primeiro programa amplo de vacinação do país, que expandiu bastante o número de crianças que receberam a vacina contra a poliomielite. Tornou-se diretor do CDC em 1966 e liderou sua expansão para áreas como combate à malária, planejamento familiar, prevenção do tabagismo e até a quarentena de astronautas após o retorno de missões espaciais. Sencer era um mestre em logística, habilidade que fez dele indispensável no bem-sucedido esforço de erradicação da varíola.

Em janeiro de 1976, um soldado que servia em Fort Dix, em Nova Jersey, morreu de gripe suína depois de fazer uma marcha de oito quilômetros enquanto estava doente. Outros treze foram hospitalizados com a doença. Os médicos descobriram que todos eles tinham uma cepa de gripe semelhante à que causara a pandemia de 1918.

O surto nunca se expandiu para além de Fort Dix. Mas em fevereiro de 1976, preocupado com uma possível repetição do desastre de 1918, quando a temporada da gripe chegou por volta do outono — o que significaria dezenas de milhões de mortes em todo o mundo —, Sencer exigiu imunização em massa contra essa cepa específica de gripe suína utilizando uma vacina que já existia. Um painel presidencial do qual participavam os lendários pesquisadores Jonas Salk e Albert Sabin, que haviam criado vacinas pioneiras contra a poliomielite, apoiou a ideia. O presidente Gerald Ford foi à televisão para anunciar seu apoio à campanha de imunização em massa, que logo entrou em ação.

Em meados de dezembro, começaram a surgir sinais de pro-

48

blemas. Dez estados relataram casos de pessoas vacinadas que contraíram a síndrome de Guillain-Barré (SGB), uma doença autoimune que causa danos nos nervos e fraqueza muscular. O programa de vacinação foi suspenso no final daquele mês e nunca foi restabelecido. Pouco tempo depois, Sencer foi informado de que seria substituído na chefia do CDC.

No total, os casos de SGB ocorreram em 362 pacientes dos 45 milhões de pessoas vacinadas — uma taxa cerca de quatro vezes maior do que se esperaria com a população em geral.[10] Um estudo concluiu que, mesmo que a vacina causasse SGB em casos raros, seus benefícios superavam o risco. Mas alguém precisava levar a culpa, e Sencer foi o bode expiatório.

Sencer, que morreu em 2011, ainda é tido em alta conta no mundo da saúde pública. O consenso é que a pressão pela imunização em massa valeu o risco. Se ele estivesse certo sobre o surgimento de uma pandemia, o custo da inação teria sido enorme. Mas os críticos se concentraram mais no risco de uma doença autoimune rara — que era real — do que na possibilidade de dezenas de milhões de pessoas morrerem.

Na área da saúde pública, é preciso ter cuidado ao enviar uma mensagem que diz: "Aja logo, mas se errar você será demitido". É claro que, se alguém tomar uma decisão realmente infeliz, a demissão pode ser apropriada. Mas as autoridades precisam de liberdade para fazer escolhas difíceis, porque sempre haverá alarmes falsos, e distingui-los dos verdadeiros não é nada fácil.

E se Sencer não tivesse feito nada e seus temores se revelassem corretos? Dezenas de milhões de pessoas teriam morrido de um vírus proveniente dos Estados Unidos, que tivera a chance de detê-lo, mas optara por não o fazer. Quando pessoas como Sencer agem de boa-fé e com os melhores dados de que dispõem, elas não devem ser atacadas por talvez terem feito a coisa errada só porque temos o benefício da visão retrospectiva. Isso cria um estímulo perverso para que elas sejam cautelosas em excesso, contendo-se para proteger a própria carreira. E quando se trata de saúde pública, cautela demais pode levar ao desastre.

VALE A PENA INVESTIR EM INOVAÇÃO

É tentador imaginar que as invenções surgem praticamente da noite para o dia. Se em janeiro você não sabia o que era o RNA mensageiro caso cruzasse com ele na rua, mas em julho já tinha lido tudo sobre ele e recebido uma vacina que o utiliza, talvez fique parecendo que ele passou de ideia a realidade em apenas seis meses. Mas a inovação não acontece em questão de instantes. São necessários anos de esforço paciente e persistente de cientistas — que vão errar com mais frequência do que acertar —, bem como fomento, políticas inteligentes e uma mentalidade empreendedora para tirar uma ideia do laboratório e colocá-la no mercado.

É assustador imaginar como teria sido a covid se o governo americano e outros não tivessem, anos atrás, investido em pesquisas sobre vacinas que utilizam o RNA mensageiro (mRNA, como explico no capítulo 6) ou outra abordagem chamada vetor viral. Só em 2021 elas responderam por cerca de 6 bilhões de doses entregues em todo o mundo. Sem elas, estaríamos em situação muito pior.[11]

A pandemia ofereceu dezenas de outros exemplos concretos de ideias inovadoras, insights científicos, novas ferramentas de diagnóstico, tratamentos, políticas e até maneiras de financiar a distribuição de todas essas coisas no mundo inteiro. Pesquisadores fizeram várias descobertas sobre como os vírus são transmitidos entre a população. E como a disseminação do vírus da gripe foi basicamente interrompida durante o primeiro ano da covid, eles agora sabem que é possível deter a gripe, o que é um bom presságio para futuros surtos dessa e de outras doenças.

A covid também realça um fato inescapável sobre inovação: a maioria dos grandes talentos para transformar pesquisas em produtos comerciais está no setor privado. Nem todas as pessoas gostam desse arranjo, mas o lucro costuma ser a força mais poderosa do mundo para criar produtos com rapidez. É papel dos governos investir na pesquisa básica que leva a inovações importantes, adotar políticas que possibilitem o surgimento de novas ideias e criar mercados e incentivos (por exemplo, a forma como os Estados Unidos aceleraram o trabalho de vacinas com a Operação Warp Speed). E quando há falhas de mercado — quando as pessoas que mais precisam de ferramentas que salvam vidas não podem comprá-las —, governos, organizações sem fins lucrativos e fundações devem intervir para preencher essas lacunas, muitas vezes encontrando a maneira certa de trabalhar com o setor privado.

PODEMOS FAZER MELHOR DA PRÓXIMA VEZ —
SE COMEÇARMOS A LEVAR A SÉRIO A PREPARAÇÃO
PARA A PANDEMIA

O mundo reagiu à covid de maneira mais rápida e eficaz do que a qualquer outra doença na história. Mas, como disse o falecido educador e médico Hans Rosling, "as coisas podem ser melhores e ruins".[12] Na coluna "Melhor", por exemplo, eu colocaria o fato de que o mundo desenvolveu vacinas seguras e eficazes em tempo recorde. Na coluna "Ruim", o fato de que poucas pessoas em países pobres as estão recebendo. Voltarei a esse problema no capítulo 8.

Outro item na coluna "Ruim" até agora: o fracasso do mundo em levar a sério a preparação para pandemias e para tentar preveni-las.

Os governos são responsáveis pela segurança de sua população. No caso de eventos comuns que causam danos e mortes — incêndios, desastres naturais, guerras —, os governos têm uma estrutura para reagir: contam com especialistas que compreendem os riscos, obtêm os recursos e ferramentas necessários e se esforçam para atuar diante de uma emergência. Militares fazem exercícios de treinamento em grande escala para garantir a prontidão para a ação. Aeroportos realizam exercícios para verificar se estão prontos para um imprevisto. Os governos municipal, estadual e federal ensaiam a reação a desastres naturais. Até crianças em idade escolar passam por exercícios de treinamento para incêndios e, caso morem nos Estados Unidos, contra possíveis atentados de pessoas armadas.

No entanto, quando se trata de pandemias, praticamente nada disso acontece. Embora especialistas viessem alertando havia décadas a respeito de novas doenças que poderiam matar milhões de pessoas — uma longa sucessão de avisos veio antes e depois do meu em 2015 —, o mundo não reagiu. Apesar de todo o esforço feito pelos seres humanos para se preparar para incêndios, tempestades e ataques de outros seres humanos, não nos preparamos com seriedade para um ataque do menor inimigo possível.

No capítulo 2, argumento que precisamos de um corpo mundial de pessoas cujo trabalho seja acordar todos os dias pensando em doenças que podem matar muita gente — como identificá-las o quanto antes, como reagir e como avaliar se estamos prontos para reagir.

Em resumo: o mundo nunca investiu nas ferramentas de que precisa nem se preparou de modo adequado para uma pandemia. Está na hora de fazermos isso. O restante deste livro descreve como.

2. Criar uma equipe de prevenção a pandemias

No ano 6 da Era Cristã, um incêndio devastou a cidade de Roma.[1] Na sequência, o imperador Augusto fez algo inédito na história do império: criou uma equipe permanente de bombeiros.

A brigada de incêndio, que chegaria a reunir 4 mil homens, estava equipada com baldes, vassouras e machados, e foi dividida em sete grupos que ficavam de guarda em quartéis espalhados em pontos estratégicos da cidade. (Um desses quartéis foi descoberto em meados do século XIX e às vezes é aberto a visitantes.) Oficialmente, o esquadrão era conhecido como *cohortes vigilum* — algo como "irmãos da patrulha" —, mas as pessoas passaram a usar o termo carinhoso *sparteoli*, que pode ser traduzido como "companheiros do pequeno balde".

O mesmo ocorreu em outras partes do mundo. O primeiro corpo de bombeiros profissional da China foi criado no século XI pelo imperador Renzong, da dinastia Song. A Europa veio em seguida, cerca de duzentos anos depois. Nos Estados Unidos, havia equipes de voluntários antes da Revolução Americana,[2] formados a pedido do jovem Benjamin Franklin (quem mais poderia ser?), bem como grupos privados que eram pagos por companhias de seguros para salvar prédios em chamas. Mas o país só passou a ter um corpo de bombeiros unificado, disponível em tempo integral e administrado pelo governo em 1853, quando foi criada uma corporação em Cincinnati, Ohio.

Existem agora cerca de 311 mil bombeiros em tempo integral nos Estados Unidos,* estacionados em quase 30 mil postos.[3] Os governos locais americanos gastam mais de 50 bilhões de dólares por ano para se manterem prontos para lidar com incêndios. (Fiquei surpreso com esses números quando os pesquisei!)

E isso sem mencionar todas as medidas que tomamos para evitar que os incêndios comecem. Por quase oitocentos anos, os governos aprovaram leis para reduzir o risco de incêndios, entre elas a proibição de telhados de palha (em Londres, no século XIII) e a exigência de armazenamento seguro de combustíveis para fornos de pão (em Manchester, também na Inglaterra, no século XVI).[4] Hoje, uma grande organização sem fins lucrativos de prevenção a incêndios publica uma lista de mais de trezentos códigos e padrões de construção projetados para minimizar o risco e a extensão de incêndios.[5]

Em outras palavras, há cerca de 2 mil anos, os seres humanos reconhecem que famílias e negócios não são os únicos responsáveis por sua própria proteção, porque dependem da ajuda do coletivo. Se a casa de seu vizinho estiver pegando fogo, a sua corre perigo, então os bombeiros tomarão medidas para evitar que as chamas se alastrem. E, quando não está combatendo incêndios, a corporação faz exercícios de treinamento para manter suas habilidades afiadas e prestar socorro em outras atividades relacionadas a segurança e serviços públicos.

Incêndios não se espalham pelo mundo inteiro, mas doen-

---

* Há também cerca de 740 mil bombeiros voluntários no país.

ças, sim. Uma pandemia é o equivalente a um incêndio que começa em um prédio e em poucas semanas está atingindo todos os países. Portanto, para evitar pandemias, precisamos do equivalente a um corpo de bombeiros mundial.

Em termos globais, precisamos de um grupo de especialistas cujo trabalho em tempo integral seja ajudar o mundo a evitar pandemias. Esse grupo deve estar atento à ocorrência de possíveis surtos, alertar quando eles surgem, ajudar a contê-los, criar sistemas de dados para compartilhar números de casos e outras informações, padronizar recomendações políticas e orientações de treinamento, avaliar a capacidade dos países de implantar com rapidez o uso de novas ferramentas e organizar simulações que detectem pontos fracos no sistema. Deve também coordenar os muitos profissionais e sistemas em todo o mundo que fazem esse trabalho em nível nacional.

A criação dessa organização exige um compromisso sério dos governos dos países ricos, que inclua a garantia de que ela conta com profissionais bem preparados. Será difícil chegar ao consenso perfeito em nível mundial, bem como ao melhor nível possível de financiamento. Mas, mesmo sabendo dos obstáculos, acho que a criação dessa organização é uma prioridade importante. Neste capítulo, quero deixar claro como ela deveria funcionar.

Talvez você pense que um grupo como o que estou propondo já existe. Em quantos filmes e séries de TV a que você já assistiu há um surto de uma doença assustadora e o mundo parece pronto para enfrentá-lo? Alguém começa a apresentar sintomas. O presidente dos Estados Unidos é informado sobre a situação através de uma dramática animação computadorizada que mostra a doença se espalhando pelo mundo. Uma equipe de especialistas recebe o aguardado telefonema (sabe-se lá por que, sempre durante o café da manhã com a família) e entra em ação. Vestindo trajes de proteção e carregando equipamentos supertecnológicos, eles são levados em helicópteros para avaliar a situação. Coletam algumas amostras, correm para o laboratório para produzir o antídoto e salvam a humanidade.

A realidade é muito mais complicada do que isso. Por um lado, a versão de Hollywood subestima uma das tarefas mais importantes (mas com pouco apelo dramático) na prevenção a pandemias: garantir que os países tenham sistemas de saúde que funcionam. Em um sistema com bom funcionamento, clínicas médicas são muito bem equipadas e contam com pessoal qualificado, grávidas têm acesso a cuidados pré e pós-natais e crianças recebem suas vacinas de rotina; os profissionais de saúde são bem treinados em saúde pública e prevenção a pandemias; e sistemas de informação facilitam a identificação de grupos suspeitos de casos e dão o sinal de alerta. Quando existe esse tipo de infraestrutura — como na maioria das nações ricas e em algumas de baixa e média renda —, é muito mais provável que se constate uma nova doença em seu estágio inicial. Sem essa infraestrutura, a nova ameaça só é percebida quando já se espalhou para dezenas de milhares de pessoas e provavelmente atingiu muitos países.

Mas o que esses filmes têm de mais fantasioso é que eles sugerem a existência de alguma agência que reúna todos os diferentes trunfos mencionados acima e possa agir de forma rápida e decisiva para evitar uma pandemia. Meu exemplo preferido é a terceira temporada da série de TV *24 Horas* — da qual eu gostei bastante —, em que um terrorista libera de propósito um patógeno em Los Angeles. A notícia chega a quase todas as entidades governamentais em pouco tempo. O hotel onde ocorreu a liberação é logo isolado. Um gênio da modelagem computacional descobre não apenas como a doença se disseminará, mas a rapidez com que as notícias da doença circularão e (a melhor parte) como o tráfego ficará congestionado quando as pessoas fugirem da cidade. Lembro-me de assistir a esses episódios e pensar: "Uau, esse governo com certeza soube se preparar".

A série de TV é ótima, e todos nós conseguiríamos dormir melhor à noite se as coisas de fato funcionassem dessa maneira. Mas não é o caso. Embora existam muitas organizações que batalham com afinco para reagir a grandes surtos, suas atividades dependem em grande parte de trabalho voluntário — a mais conhecida é a Rede Global de Alerta e Resposta a Surtos (Global Outbreak Alert and Response Network, ou GOARN). As equipes de resposta regionais e nacionais contam com poucos funcionários e recursos, e nenhuma delas tem um mandato da comunidade internacional para atuar no mundo todo. A única entidade com esse mandato, a OMS, tem muito pouco financiamento e quase nenhum pessoal dedicado a pandemias, então se vê obrigada a contar com o da GOARN, que é sobretudo voluntário. Não há nenhuma organização com o tamanho, o alcance, os recursos e a responsabilidade que são essenciais para detectar e reagir a surtos e evitar que eles se tornem pandemias.

Consideremos a sequência de eventos envolvidos numa resposta eficaz a um surto. Pessoas doentes precisam ser atendidas numa clínica, onde os profissionais de saúde fazem o devido diagnóstico. Esses casos devem ser relatados aos níveis superiores da cadeia de atendimento, e cabe a um analista notar um grupo incomum de casos com sintomas suspeitos ou resultados de testes semelhantes. Um microbiologista tem de obter amostras do patógeno e determinar se se trata de algo já conhecido. Um geneticista pode precisar mapear seu genoma. Epidemiologistas têm de entender o grau de transmissibilidade e a gravidade da doença.

Líderes comunitários precisam obter e compartilhar informações exatas. Talvez seja necessário estabelecer quarentenas e monitorar seu cumprimento. Cientistas têm de se dedicar sem demora à criação de testes de diagnóstico, tratamentos e vacinas. E, assim como bombeiros realizam exercícios de treinamento quando não estão apagando incêndios, todos esses grupos precisam ter testado o sistema para encontrar seus pontos fracos e corrigi-los. Isso existe de maneira fragmentada num sistema de monitoramento e resposta. Conheci pessoas que dedicaram a vida a esse trabalho, e muitas se arriscaram por ele. Mas a covid aconteceu não porque havia pouquíssimas pessoas inteligentes e solidárias tentando evitá-la. A covid aconteceu porque o mundo não criou um ambiente no qual pessoas inteligentes e solidárias pudessem aproveitar ao máximo suas habilidades como parte de um sistema sólido e bem preparado.

Nós precisamos de uma organização global com bons recursos, com um número suficiente de especialistas atuando em tempo integral em todas as áreas necessárias, com credibilidade e autoridade inerentes a uma instituição pública, e cuja missão seja clara: focar na prevenção a pandemias.

Chamo essa organização de Mobilização e Resposta Epidemiológica Global (Global Epidemic Response and Mobilization, ou GERM), e a missão da equipe será acordar todos os dias se fazendo as mesmas perguntas: "O mundo está pronto para o próximo surto? O que podemos fazer para estar mais bem preparados?". Essas pessoas precisam ser integralmente remuneradas, receber treinamentos periódicos e estar aptas a montar uma reação coordenada à próxima ameaça pandêmica. A equipe da GERM, além de ter a autonomia para declarar uma pandemia, precisa trabalhar em conjunto com governos nacionais e o Banco Mundial a fim de arrecadar dinheiro para reagir com prontidão.

Minha estimativa é que a GERM precisaria de cerca de 3 mil funcionários em tempo integral. Suas habilidades deveriam abranger tudo: epidemiologia, genética, desenvolvimento de medicamentos e vacinas, sistemas de dados, diplomacia, resposta rápida, logística, modelagem computacional e comunicações. A entidade seria administrada pela OMS, o único grupo capaz de lhe dar credibilidade global, e teria uma força de trabalho diversificada, com uma equipe descentralizada, atuando em todas as partes do mundo. Para contar com o melhor staff possível, a GERM precisaria ter um sistema de pessoal especial diferente do que existe hoje na maioria das agências da ONU. A maior parte dos funcionários estaria baseada nos institutos nacionais de saúde pública de cada país, e alguns ficariam nos escritórios regionais da OMS e em sua sede em Genebra.

Quando há uma possível pandemia a caminho, o mundo precisa de análises especializadas de dados iniciais que confirmem a ameaça. Os cientistas de dados da GERM montariam um sistema para monitorar relatórios de grupos de casos suspeitos. Os epidemiologistas acompanhariam os relatórios dos governos nacionais, trabalhando com os colegas da OMS para identificar qualquer coisa que se assemelhasse a um surto. Especialistas em desenvolvimento de produtos aconselhariam governos e empresas sobre medicamentos e vacinas prioritários. Experts em modelagem computacional coordenariam o trabalho de modelistas ao redor do mundo. E a equipe assumiria a liderança na criação e coordenação de respostas comuns, tais como a maneira e o momento de fechar fronteiras e recomendar o uso de máscaras.

A diplomacia inevitavelmente fará parte do trabalho. Afinal, líderes nacionais e locais são aqueles que entendem as especificidades de seu país, falam as línguas locais, conhecem os atores principais envolvidos e a quem a população recorre em busca de liderança. O pessoal da GERM teria de atuar em estreita colaboração com eles, deixando claro que sua função é apoiar, não suplantar, a expertise local. Se a entidade se tornar — ou mesmo parecer — algo imposto de fora, alguns países rejeitarão suas recomendações.

No caso de países que precisem de suporte, a GERM custearia

ou emprestaria especialistas em saúde pública que integrariam essa rede global de prevenção a pandemias. Essas pessoas participariam de treinamentos e exercícios para manter e refinar habilidades, estando prontas para reagir quando necessário, local ou globalmente. Os países com mais necessidades e com alto risco de surtos poderiam receber um número maior de membros da equipe da GERM e hospedá-los por mais tempo a fim de desenvolver expertise em doenças infecciosas.

Por fim, a organização deveria se responsabilizar por testar o sistema de monitoramento e reação dos países em busca de pontos fracos. Seus membros criariam um checklist imediato de prontidão para pandemia, semelhante àqueles que pilotos de avião seguem antes de cada decolagem e que muitos cirurgiões fazem agora durante uma operação. E assim como os militares fazem exercícios complexos em que simulam diferentes condições para verificar como reagem, a equipe da GERM organizaria exercícios de resposta a surtos. Não jogos de guerra, mas jogos de germes. Essa será a função mais importante da entidade, e voltaremos a ela com muito mais detalhes no capítulo 7.

O grupo que estou descrevendo seria novo, mas não exatamente inédito. Ele se baseia num modelo que vi funcionar muitíssimo bem contra outra doença, que a duras penas estamos perto de erradicar.

A poliomielite — uma inflamação na medula que costuma paralisar as pernas, mas pode, em casos raros, atingir o diafragma e impossibilitar a respiração — existe, ao que tudo indica, há milhares de anos. (Uma tabuleta egípcia do século XVI a.C. retrata um sacerdote com uma perna que parece atrofiada pela pólio.)[6] Embora as vacinas contra a doença tenham sido criadas entre meados dos anos 1950 e o início dos anos 1960, por muito tempo elas não chegaram a todos que precisavam delas. No final da década de 1980, ainda havia 350 mil casos de poliomielite selvagem todos os anos, em 125 países.*

Mas, em 1988, a OMS e seus parceiros — liderados pelo grupo de voluntários do Rotary International — decidiram erradicar a pólio. Ao incluir uma vacina contra essa moléstia à lista de imunização infantil de rotina e realizar campanhas de vacinação em massa, o mundo reduziu os casos de poliovírus selvagem de 350 mil por ano para menos de uma dúzia em 2021.[7] Isso representa uma queda de mais de 99,9%! E em vez de existir em 125 países, a pólio selvagem continua presente em apenas dois: Afeganistão e Paquistão.

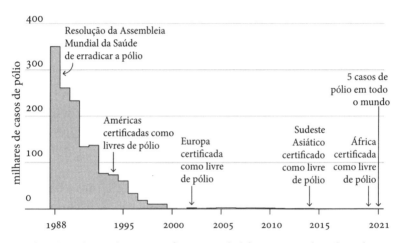

O fim da poliomielite. Um esforço mundial fez os casos de pólio selvagem despencarem de 350 mil em 1988 para apenas cinco em 2021. (OMS.)[8]

Um ingrediente secreto principal nesse molho são os chamados centros de operações de emergência (Coes). Eles existem há

---

* Estou especificando o poliovírus "selvagem" aqui para distingui-lo dos casos derivados de vacinas, que são bastante raros.

uma década e começaram sua atuação na Nigéria, para depois se tornar o pilar do programa de poliomielite em mais de dez países onde a moléstia foi mais difícil de eliminar.

Para se ter uma ideia de como é um COE, imagine o escritório de uma campanha política nos últimos dias antes da eleição. Há mapas e gráficos colados nas paredes, mas, em vez de mostrar os números das pesquisas, eles revelam os dados mais recentes da pólio. É o centro nervoso onde profissionais de saúde pública do governo e parceiros internacionais (como OMS, Unicef, CDC e Rotary International) comandam a resposta a qualquer relato de pólio — em uma criança paralisada ou se o vírus for encontrado numa amostra de esgoto. (Abordo em detalhes a amostragem de esgoto no próximo capítulo.)

Os Coes costumam supervisionar a distribuição de milhões de doses de vacina oral contra a poliomielite todos os anos, gerenciando dezenas de milhares de vacinadores que vão de casa em casa vacinar crianças várias vezes, mantendo contato com líderes locais para esclarecê-los a respeito de percepções errôneas e informações falsas sobre vacinas e usando ferramentas digitais para descobrir se os vacinadores conseguem chegar a todos os lugares para os quais as visitas estão programadas.

Graças a esse sistema, os funcionários de um COE sabem até quantas famílias se recusam a vacinar os filhos. A medição é de uma precisão incrível: segundo o coordenador do COE nacional do Paquistão, a taxa de recusa, de 1,7% em 2020, se reduziu para 0,8% no ano seguinte, e, durante uma campanha, apenas 0,3% das famílias havia recusado a imunização.[9] E em março de 2020 o governo usou seu COE de pólio como modelo para a criação de um centro voltado para a covid.

A equipe GERM deveria funcionar como um COE mundial turbinado. Assim como os centros de operações de emergência combatem doenças endêmicas como a poliomielite, mantendo-se

O centro de operações de emergência em Abuja, na Nigéria, destina-se a lidar com ameaças à saúde pública como o ebola, o sarampo e a febre de Lassa — e em 2020 rapidamente voltou suas atenções para a covid. (© Unicef/ UN0581966/ Herwig.)

prontos para se adaptar quando surge algo novo, a GERM também faria um trabalho duplo — apenas com o foco invertido. As doenças emergentes deveriam ser sua principal prioridade, mas, na ausência de uma ameaça pandêmica ativa, seu pessoal manteria suas habilidades afiadas, ajudando no combate à pólio, à malária e outras moléstias infecciosas.

O leitor deve ter notado a falta de uma atividade óbvia na descrição das atribuições da GERM: tratar pacientes. Isso está previsto em seu projeto. A organização não precisaria substituir os especialistas clínicos de resposta rápida, como os da Médicos Sem Fronteiras. Sua função seria coordenar e complementar o trabalho deles, fazendo vigilância de doenças e modelagem computacional, entre outras atividades. Ninguém da GERM seria responsável por cuidar dos pacientes.

Eu estimo o custo de administrar a GERM em algo próximo a 1 bilhão de dólares por ano para cobrir os salários de 3 mil pessoas, mais equipamentos, viagens e outras despesas. Para colocar esse número em perspectiva: 1 bilhão de dólares por ano equivale a menos de um milésimo dos gastos anuais do mundo em defesa.[10] Tendo em vista que seria uma apólice de seguro contra uma tragédia que custe ao mundo trilhões de dólares — como a covid — e ajudaria a reduzir a carga humana e financeira causada por outras doenças, 1 bilhão de dólares por ano seria uma pechincha.* Não pensemos nesse gasto como caridade ou mesmo como auxílio ao desenvolvimento tradicional. Assim como os gastos com defesa, seria parte da responsabilidade de cada nação garantir a segurança de seus cidadãos.

A equipe GERM é essencial para a execução de um sistema adequado de monitoramento e resposta. Voltarei a ela com frequência nos próximos capítulos. Veremos o papel crucial que essa organização desempenhará em todos os aspectos da prevenção a pandemias: vigilância de doenças, coordenação da reação imediata, aconselhamento sobre a agenda de pesquisa e execução de testes de sistemas para encontrar seus pontos fracos. Para começar, vamos tratar do problema de como se detecta um surto.

---

* Essa organização não deveria ser custeada por particulares. Ela precisaria ser responsável perante o público e ter autoridade da OMS.

3. Melhorar a detecção precoce de surtos

Quantas vezes você já ficou doente? A maioria das pessoas provavelmente já sofreu com vários resfriados e problemas estomacais, e se você não for tão sortudo pode ter tido algo pior, como gripe, sarampo ou covid. Dependendo de onde você vive, talvez tenha enfrentado malária ou cólera.

As pessoas ficam doentes o tempo todo, mas nem todas as doenças geram surtos.

A tarefa de observar os casos que são apenas incômodos, os que podem ser catastróficos e todos os que ficam entre esses dois extremos — e tocar o alarme quando necessário — é conhecida como vigilância de doenças epidêmicas. As pessoas que fazem vigilância de doenças não procuram uma agulha no palheiro, e sim aquelas moléstias mais afiadas e mortais numa montanha de agulhas um pouco mais rombudas.

O termo "vigilância" tem uma infeliz conotação orwelliana, mas no sentido em que está sendo usado aqui se refere apenas às redes de pessoas ao redor do mundo que acompanham o que acontece no dia a dia da área da saúde. As informações que elas fornecem são responsáveis por muitas coisas, desde definir políticas públicas até notificar a decisão sobre contra qual cepa de gripe as populações serão vacinadas a cada ano. E, como a covid deixou claro, é uma pena que o mundo invista pouco na vigilância de doenças. Sem um sistema mais bem estruturado, não detectaremos possíveis pandemias com antecedência suficiente para evitá-las.

Por sorte, trata-se de um problema solucionável, e, ao longo deste capítulo, explico como podemos resolvê-lo. Vou começar falando dos profissionais da área de saúde, epidemiologistas e autoridades de saúde pública locais, as primeiras pessoas a notar indícios de uma pandemia em formação. A seguir, explicarei alguns dos entraves que dificultam a vigilância de doenças para todos — o fato de muitos nascimentos e mortes nunca serem registrados oficialmente, por exemplo — e falarei sobre como alguns países estão superando esses obstáculos.

Por fim, explorarei a vanguarda da vigilância de doenças: os testes mais recentes, que vão mudar radicalmente a maneira como os médicos as detectam em seus pacientes, e uma nova abordagem criada em Seattle para o estudo da gripe nas cidades (as reviravoltas e os dilemas éticos dessa história são intensos). Ao final do capítulo, espero ter convencido o leitor de que, com os investimentos certos em pessoas e tecnologia, o mundo pode estar pronto para antever a próxima pandemia antes que seja tarde demais.

O dia 30 de janeiro de 2020 foi um marco importante na pandemia da covid: o diretor-geral da OMS declarou a doença como uma "emergência de saúde pública de interesse internacional". Trata-se de uma designação oficial exigida pelo direito internacional e, quando a OMS a invoca, todos os países devem responder tomando várias medidas.*

Embora algumas doenças, como a varíola e novos tipos de gripe, sejam tão alarmantes que deveriam ser relatadas assim que detectadas, na maioria das vezes as coisas funcionam como aconteceu com a covid. A OMS, na tentativa de proteger a população sem causar pânico, espera ter dados suficientes antes de dar início a uma grande reação internacional.

Uma fonte de informação óbvia é o funcionamento cotidiano de um sistema de saúde: médicos e enfermeiros em interação com seus pacientes. Com algumas exceções, como as que mencionei antes, um único caso de uma doença não fará soar o alarme; a maioria dos funcionários de uma clínica não ficará apreensiva quando aparecer um indivíduo com tosse e febre. Em geral, são os conjuntos de casos suspeitos que chamarão atenção.

Essa abordagem, conhecida como vigilância passiva de doenças, funciona da seguinte maneira: a equipe da clínica passa informações para a agência de saúde pública sobre os casos de doenças notificáveis que está acompanhando — ela não compartilha os detalhes de cada caso, mas fornece os números agregados de doenças passíveis de notificação. A partir daí, idealmente, as informações são incluídas num banco de dados regional ou mundial, o que torna mais fácil a visualização de padrões, para que os analistas respondam de acordo. Países da África, por exemplo, inserem dados agregados sobre certas doenças em algo chamado Sistema Integrado de Vigilância e Reação a Doenças.[1]

Suponha que os dados agregados deles mostrem um número incomum de casos de pneumonia em profissionais de saúde. Esse é um sinal de alerta, e espera-se que um analista de uma agência

---

* Mas não há nenhum mecanismo para garantir que eles de fato ponham em prática essas medidas.

estadual ou nacional de saúde que esteja monitorando o banco de dados observe o aumento nos casos e faça um registro disso para que sejam feitas investigações adicionais. Nos sistemas de saúde mais avançados do mundo, o pico pode ser sinalizado por um sistema computadorizado, que a seguir notifica o pessoal da agência de saúde de que é preciso examinar o assunto mais de perto.

Diante da suspeita de que há um surto, é necessário descobrir muito mais do que o número de casos. Em primeiro lugar, é preciso confirmar que os números são maiores do que o esperado, o que exige saber o tamanho da população com a qual se está lidando, com base nos números de nascimentos e óbitos — tema ao qual retornarei mais adiante neste capítulo. Caso se conclua que a doença pode ser disseminada com rapidez, deve-se obter informações sobre quem exatamente foi infectado, os lugares onde os infectados podem ter se exposto ao patógeno e as pessoas para quem eles podem tê-lo transmitido. Reunir essas informações tende ser uma tarefa demorada, mas é um passo essencial na vigilância de doenças e uma das muitas razões pelas quais os sistemas de saúde precisam ser bem dotados de recursos e de pessoal.

Clínicas e hospitais são fontes primárias de informação sobre as doenças que se manifestam numa população, mas não são as únicas. Afinal, elas observam apenas uma pequena fração do que está acontecendo. Algumas pessoas infectadas não sentem tantos sintomas a ponto de consultar um médico, sobretudo se isso for caro ou demorado. Outras não têm motivos para buscar atendimento médico, porque não se sentem nem um pouco doentes. E algumas doenças se espalham tão rápido que é uma péssima escolha esperar que indivíduos infectados apareçam no consultório. Quando se nota um salto nos casos, pode ser tarde demais para deter um grande surto.

Por isso, além de monitorar as pessoas que chegam às clínicas e aos hospitais, é importante procurar doenças conhecidas e ir aos possíveis pacientes onde eles estão. Isso se chama vigilância ativa de doenças, e um ótimo exemplo dela é a ação de agentes de saúde em campanhas contra a poliomielite. Eles fazem rondas não só para vacinar crianças, mas também para ficar atentos àquelas que apresentem sintomas da enfermidade — como fraqueza anormal dos músculos das pernas ou paralisia das pernas — para os quais não há outra explicação. E essas equipes de vigilância podem muitas vezes exercer uma dupla função, como fizeram durante a epidemia de ebola na África Ocidental em 2014-5, quando foram treinadas para observar sinais desse vírus, além do da pólio.

Alguns países estão desenvolvendo maneiras inteligentes de se atentar ainda mais a sinais de perigo, sejam estes provenientes de uma doença já conhecida ou de uma nova. A maioria dos principais surtos dos últimos anos também foi tema de postagens de blogs e mídias sociais. Tais dados podem ser subjetivos e há bastante ruído em torno deles, sobretudo na internet, mas em geral funcionam como um complemento útil às informações que as autoridades de saúde obtêm de indicadores mais tradicionais.

No Japão, carteiros realizam alguns serviços na área de saúde e vigilância de doenças. No Vietnã, professores são treinados para registrar um boletim de ocorrência junto às autoridades de saúde locais se notarem que várias crianças estão ausentes da escola com sintomas semelhantes na mesma semana, e farmacêuticos são instruídos a alertar quando observarem um aumento nas vendas de medicamentos para febre, tosse e diarreia.[2]

Outra abordagem relativamente nova é procurar sinais no meio ambiente. Muitos patógenos, entre os quais poliovírus e coronavírus, aparecem em fezes humanas, de modo que é possível detectá-los no sistema de esgoto. Trabalhadores coletam amostras de águas residuais de estações de tratamento ou de esgotos a céu aberto e as levam para um laboratório, onde são examinadas para ver se contêm esses vírus.

Se o resultado desse exame for positivo, alguém visitará o local de onde foram retiradas as amostras para identificar pessoas que possam estar infectadas, intensificar as campanhas de vacinação e instruir a população sobre o que observar. A ideia de examinar as águas residuais foi desenvolvida a princípio para a vigilância da pólio, mas em alguns países essa técnica também é empregada para estudar o uso de drogas ilícitas e a disseminação da covid. Estudos mostraram que ela pode até fazer parte de um sistema de alerta precoce, permitindo que as autoridades se preparem para um aumento nos casos antes que as doenças sejam detectadas em resultados de exames clínicos.

Na maioria dos países ricos, é difícil nascer ou morrer sem que o governo saiba — são altas as chances de que haja um registro de nascimento ou óbito. No entanto, em muitos países de baixa e média renda, não é assim que funciona.

Muitos desses países estimam o número de nascimentos e mortes a partir de pesquisas domiciliares realizadas com vários anos de intervalo, o que significa que os dados não são precisos — consistem apenas em uma ampla gama de números possíveis. E pode levar anos para que o nascimento ou a morte de alguém apareça nos registros do governo, se é que chegam a isso. Segundo a oms, somente 44% das crianças nascidas na África são registradas.[3] (Na Europa e nos Estados Unidos são mais de 90%.) Em países de baixa renda, só uma em cada dez mortes é computada, e apenas uma pequena fração desses registros inclui a causa da morte. Muitas comunidades onde nascimentos e mortes não são registrados são quase invisíveis para o sistema de saúde de seus países.

Tendo em vista a dificuldade de registrar os principais eventos da vida, não surpreende que muitos casos de doenças nessas comunidades também passem despercebidos. No final de outubro de 2021, estimativas mostravam que somente cerca de 15% das infecções por covid em todo o mundo estavam sendo detectadas.[4] Na Europa, a taxa era de 37%, enquanto na África era de só 1%.[5] Com tanta imprecisão e com amostras coletadas apenas a cada poucos anos, as estatísticas de morte não nos ajudam a detectar ou controlar uma epidemia.

Quando me envolvi com a saúde no âmbito global, morriam anualmente por volta de 10 milhões de crianças com menos de cinco anos, a grande maioria em países de baixa e média renda. Um número chocante por si só, mas o pior era que o mundo pouco sabia sobre o motivo dessas mortes. Os relatórios oficiais mostravam uma enorme porcentagem de óbitos rotulados apenas como "diarreia". Como esse problema pode ser causado por muitos patógenos ou doenças diferentes e não se sabia ao certo a qual deles atribuir tal mortalidade, não tínhamos ideia de como prevenir essas mortes. Com o tempo, a Fundação Gates e outras organizações patrocinaram estudos que apontavam o rotavírus como uma das principais causas, e os pesquisadores conseguiram desenvolver uma vacina acessível contra o rotavírus que impediu mais de 200 mil mortes na última década e evitará mais de meio milhão até 2030.[6]

No entanto, identificar o rotavírus como o principal culpado resolveu apenas um dos mistérios relacionados à mortalidade infantil. Os locais que apresentam as maiores taxas são também, e não por coincidência, os menos equipados com diagnósticos e outras ferramentas que podem ajudar a entender a situação. Grande parte das mortes acontece em casa, não em hospitais, onde a equipe poderia ter registrado os sintomas. Foram necessárias dezenas de estudos para esclarecer questões como por que crianças morrem nos primeiros trinta dias de vida e quais doenças respiratórias causam mais mortalidade infantil.

Moçambique é um bom exemplo de como o sistema pode sempre ser melhorado. Até pouco tempo atrás, as mortes ali eram computadas a partir de pesquisas que abrangiam pequenas amostras com intervalos de alguns anos, e esses dados eram usados para estimar a mortalidade em nível nacional. Mas em 2018 o governo começou a desenvolver o que ficou conhecido como sistema de registro de amostras, que envolve vigilância contínua em áreas representativas do país como um todo. Os dados dessas amostras são inseridos em modelos estatísticos que fazem estimativas confiáveis sobre o que está acontecendo no país todo. Pela primeira vez, as autoridades de Moçambique passaram a ter acesso a relatórios mensais precisos sobre quantas pessoas morrem, como e onde morrem e quantos anos têm.

Moçambique é também um dos vários países que estão aprofundando sua compreensão da mortalidade infantil ao aderir a um programa chamado Vigilância de Saúde para Prevenção da Mortalidade Infantil (Child Health and Mortality Prevention Surveillance, ou Champs), uma rede global de agências de saúde pública e outras organizações.[7] A gênese da Champs remonta a quase duas décadas e a algumas das primeiras reuniões sobre saúde global de que participei, quando ouvi especialistas falarem sobre as lacunas no entendimento de por que crianças morrem. Lembro que perguntei "O que as autópsias revelam?" e fui informado de que elas com frequência são impraticáveis nos países em desenvolvimento. Uma autópsia completa é um procedimento caro e demorado, e a família da criança muitas vezes não consente a realização de um exame tão invasivo.

Em 2013, patrocinamos pesquisadores do Instituto de Saúde Global de Barcelona para aperfeiçoar um procedimento chamado autópsia minimamente invasiva, ou amostragem de tecido, que envolve a obtenção de pequenas amostras do corpo da criança para exames.[8] Às vezes, é claro, os membros da família acham muito doloroso permitir que um estranho estude seu bebê dessa maneira. Mas muitos concordam com o pedido.

Como o nome indica, o processo é muito menos invasivo do que uma autópsia completa, mas estudos mostraram que produz resultados comparáveis. Embora ele seja empregado apenas num pequeno número de casos e não tenha sido criado para o contexto de prevenção a pandemias — o objetivo era ter uma compreensão mais ampla da mortalidade infantil —, as informações coletadas através de autópsias minimamente invasivas podem fornecer aos pesquisadores evidências precoces de um surto que esteja em curso.

Testemunhei uma dessas autópsias durante uma viagem à África do Sul, em 2016. Eu havia lido sobre o procedimento, mas sabia que assistir a ele de perto seria mais produtivo do que recorrer a algum memorando ou documento informativo. É uma experiência que jamais esquecerei.

Em 12 de julho de 2016, em Soweto, nos arredores de Johannesburgo, um menino nasceu. Três dias depois, ele faleceu. Os pais, inconsoláveis, na esperança de poupar outras famílias da mesma dor, decidiram autorizar o processo de amostragem de tecido minimamente invasiva. Eles também concordaram com minha presença durante o procedimento. (Eu não estava lá quando o pedido foi feito.)

Em um necrotério de Soweto, observei enquanto o médico, com toda a cautela, utilizava uma agulha comprida e estreita para remover pequenas amostras de tecido do fígado e dos pulmões do bebê. Ele também extraiu uma pequena quantidade de sangue. As amostras foram armazenadas com segurança e mais tarde seriam testadas para detectar a presença de vírus, bactérias, parasitas e patógenos fúngicos, entre eles o HIV, a tuberculose e a malária. O procedimento durou poucos minutos. Durante todo o tempo, a equipe médica tratou o corpo do menino com grande respeito e cuidado.

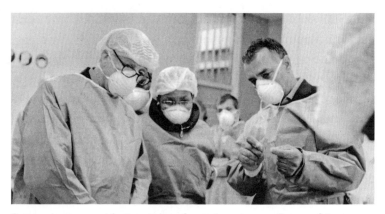

Presenciar uma autópsia minimamente invasiva em Soweto foi uma experiência emocionante, que jamais esquecerei. (The Gates Notes, LLC/ Curator Pictures, LLC.)

Os resultados foram informados aos pais em caráter confidencial. Nunca os encontrei, mas espero que tenham obtido algumas respostas sobre o que aconteceu com seu filho, bem como um pouco de consolo pelo fato de que sua decisão de participar da Champs contribuiu de maneira significativa com as iniciativas mundiais para salvar crianças como ele.

Hoje, os dados de mais de 8900 casos da rede Champs fornecem a pesquisadores informações valiosas sobre a mortalidade infantil. A autópsia minimamente invasiva e as melhorias sistêmicas promovidas em Moçambique e em outros países aprofundam nossa compreensão das causas da morte. Precisamos expandir essas abordagens inovadoras para entender como podemos intervir para salvar ainda mais vidas.

A maioria das pessoas nunca participará de uma pesquisa domiciliar mensal sobre nascimentos e mortes ou não terá contato com uma rede como a Champs. Mas durante a covid e no curso de grandes surtos no futuro precisaremos testar a população para descobrir quantos casos assintomáticos ou não relatados da doença existem. A área de diagnósticos está repleta de inovações para tornar o processo mais simples e barato — e, portanto, mais fácil de implementar na escala que será necessária —, então vamos analisar a situação atual e ver o que nos aguarda. Algumas generalizações amplas são necessárias, porque a utilidade de diferentes testes depende, entre outras coisas, do patógeno que estamos procurando e do caminho que ele faz para entrar em nosso corpo.

Desde que a covid surgiu, o governo americano aprovou mais de quatrocentos testes e kits para coleta de amostras. No início da pandemia, você deve ter tomado conhecimento dos testes do tipo PCR (reação em cadeia da polimerase), que em sua maioria exigem a coleta de material por meio de um cotonete inserido no nariz, já que, em pessoas que tiverem contraído a covid, o vírus estará presente nas narinas. Para analisar a amostra, o técnico de laboratório mistura a ela algumas substâncias que fazem cópias extras de qualquer material genético do vírus. Essa etapa garante que, mesmo que a quantidade dele na amostra seja mínima, ela não escapará da detecção. (É esse processo de duplicação, que imita a maneira como a natureza copia o DNA, que dá nome à reação em cadeia da polimerase.) Também é adicionado um corante, que começará a brilhar no caso da presença dos genes virais. Sem brilho, sem vírus.

A criação de um teste PCR para um novo patógeno é uma tarefa bastante fácil depois que seu genoma é sequenciado. Como já se sabe como são seus genes, pode-se criar as substâncias especiais, o corante e outros produtos necessários com muita rapidez — e é por isso que os pesquisadores conseguiram desenvolver os testes de covid por esse método apenas doze dias depois da publicação das primeiras sequências do genoma.[9]

A menos que a amostra esteja contaminada, é improvável

que um teste PCR dê resultado falso positivo — se o exame indicar que a pessoa está infectada, é quase certo que ela esteja —, mas às vezes o resultado é um falso negativo, mostrando que a pessoa está livre do vírus, mesmo que não esteja. É por isso que quem apresenta sintomas e tem resultado negativo pode ser solicitado a refazer o teste PCR. O exame também pode pegar pedaços genéticos do vírus que permanecem no sangue ou no nariz muito tempo depois de o indivíduo ter ficado doente, de modo que seu resultado pode ser positivo mesmo que ele não esteja mais infecctado.

Porém a principal desvantagem dos testes PCR é que eles precisam ser feitos em aparelhos especiais num laboratório, o que os torna impraticáveis em muitas partes do mundo. A análise em si leva apenas algumas horas, mas, se houver um atraso — como costuma acontecer durante a covid —, o indivíduo pode ter de aguardar o resultado por dias ou até semanas. Dada a facilidade com que a doença é transmitida, qualquer resultado obtido mais de 48 horas depois do fornecimento da amostra se torna inútil: se a pessoa vai espalhar o vírus, a essa altura já o fez, e se precisar iniciar o tratamento com um medicamento antiviral ou à base de anticorpos, deve fazê-lo alguns dias após ser infectada.

A outra categoria principal de exames não busca os genes do vírus, como os equipamentos de PCR, mas proteínas específicas na superfície dele. Essas proteínas são conhecidas como antígenos, daí seu nome: testes de antígeno. Embora sejam um pouco menos precisos, são bons sobretudo em detectar quando você pode infectar outras pessoas, e o resultado sai em menos de uma hora (em geral, dentro de quinze minutos).

Outra vantagem dos testes de antígeno é que a maioria deles pode ser feita pela própria pessoa, em casa. Quem já fez um teste de gravidez urinando num palito e observando as barrinhas aparecerem usou uma tecnologia que existe há trinta anos chamada

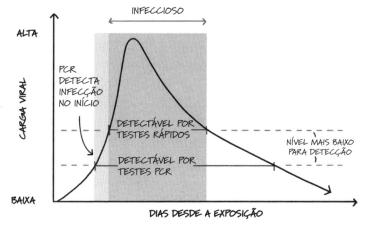

Os testes PCR detectam o vírus mais cedo e com carga mais baixa do que testes rápidos (antígenos). Mas também podem dar um resultado positivo muito depois que a pessoa não estiver mais infectada.

imunoensaio de fluxo lateral — assim batizada, suponho, porque "teste que usa líquido fluindo sobre uma superfície" era fácil demais de entender. Muitos testes de antígenos funcionam da mesma maneira.

Durante um surto, nós precisamos facilitar o acesso aos testes e garantir resultados rápidos, sobretudo no caso de doenças que o indivíduo pode transmitir a outras pessoas antes de apresentar qualquer sintoma. E quando digo "nós" me refiro em primeiro lugar aos Estados Unidos. Outros países, como Coreia do Sul, Vietnã, Austrália e Nova Zelândia, ultrapassaram em muito os Estados Unidos no que diz respeito a testagem, o que lhes foi muito benéfico.

Idealmente, no futuro, os resultados serão vinculados a um banco de dados digital universal — com as devidas salvaguardas de privacidade — para que as autoridades de saúde pública possam verificar o que está acontecendo na população. É sobretudo importante identificar quem tem maior probabilidade de espalhar a infecção, pois estudos mostraram que alguns pacientes com covid transmitem o vírus para muitos outros, enquanto muitos infectados nem sequer contaminam pessoas com quem estão em contato constante.

Em última análise, o mundo todo precisaria ter ferramentas de diagnóstico precisas, acessíveis a muitas pessoas e rápidas em produzir resultados, que forneceriam dados para o sistema de saúde pública. Nesse sentido, gostaria de destacar alguns dos trabalhos empolgantes que estão acontecendo nesse âmbito, com meu costumeiro viés a favor de inovações que beneficiarão pessoas tanto dos países pobres quanto dos mais ricos.

Um dos que mais me entusiasmam vem da empresa britânica LumiraDx, que está desenvolvendo aparelhos que testam várias doenças e são tão fáceis de operar que não precisam se limitar a laboratórios, podendo ser usados em farmácias, escolas e outros lugares. Eles fornecem resultados rápidos, tal qual os testes de antígeno, mas, ao contrário destes, têm eficiência semelhante à da aparelhagem de PCR, e por cerca de um décimo do custo. Uma única linha de produção pode fabricar dezenas de milhões de testes por ano, e novos exames para patógenos emergentes podem ser desenvolvidos com pouca ou nenhuma atualização do equipamento.

Em 2021, um grupo de parceiros que incluía um marketplace sem fins lucrativos chamado African Medical Supplies Platform forneceu 5 mil aparelhos LumiraDx para países da África. Contudo, essa é uma pequena fração do que é necessário, e espero que apareçam mais doadores.

Por enquanto, os testes do tipo PCR continuam sendo o padrão-ouro em termos de precisão, embora sejam também mais lentos e mais caros do que outros métodos. Várias empresas, no entanto, estão dispostas a mudar isso por meio de um processo chamado processamento de ultra-alto desempenho, que usa máquinas robóticas para aumentar de modo exponencial o número de testes PCR que podem ser produzidos em determinado momento e com menos mão de obra.

O processamento mais rápido de que tenho notícia se chama Nexar, desenvolvido pela Douglas Scientific há mais de uma década, mas a princípio não relacionava ao diagnóstico de doenças em seres humanos, pois se destinava a identificar mudanças genéticas em plantas a fim de obter culturas mais benéficas. O aparelho deposita centenas de amostras e reagentes em um longo pedaço de fita — quase como uma tira de filme — e a sela. A fita é inserida numa incubadora de amostras e depois de algumas horas passada através de uma segunda máquina, que examina todas as amostras e indica as que são positivas. Tal como o LumiraDx, esse sistema é flexível o suficiente para desenvolver novos testes com rapidez e pode até usar a mesma amostra para o exame simultâneo de vários patógenos diferentes. Por exemplo, é possível testar um cotonete nasal para covid, gripe e vírus sincicial respiratório (*respiratory synsytial virus*, ou RSV) ao mesmo tempo, tudo por uma fração do custo dos testes atuais.

O sistema Nexar é capaz de processar a espantosa quantidade de 150 mil testes por dia, mais de dez vezes o que os maiores processadores de alto desempenho conseguem fazer hoje.[10] A empresa LGC, Biosearch, que agora fabrica o equipamento Nexar, está planejando diversos projetos-piloto para ver como ele pode funcionar com amostras coletadas em vários lugares, entre os quais presídios, escolas primárias e aeroportos internacionais. Outras empresas vêm trabalhando em abordagens diferentes, e espero que todas continuem competindo para produzir testes mais baratos, rápidos e precisos. Trata-se de uma área em que o mundo ainda precisa de muita inovação.

Em suma, precisamos ser capazes de desenvolver o quanto

O aparelho Nexar™, da LGC, Biosearch Technologies. (LGC, Biosearch Technologies™.)

antes um novo teste que possa ser usado em muitos ambientes diferentes, como clínicas, residências e locais de trabalho — e então, depois que o teste for projetado, produzir muitos milhões de unidades a um custo ultrabaixo (talvez menos de um dólar por teste).

A região de Seattle, onde moro, se tornou uma espécie de centro para o estudo de doenças infecciosas. A Universidade de Washington tem um excelente departamento de saúde global e uma das melhores escolas de medicina do país. A instituição abriga o IHME, que mencionei no capítulo 1. O Centro de Pesquisas sobre Câncer Fred Hutchinson, embora focado sobretudo no câncer, também conta com os melhores especialistas em doenças infecciosas. (É tão famoso que é conhecido na cidade como Fred Hutch, ou simplesmente Hutch.) A Path é uma importante organização sem fins lucrativos dedicada a garantir que as inovações em saúde cheguem às pessoas mais pobres do mundo.

Reúna tantas pessoas inteligentes e apaixonadas pelo mesmo tema numa única cidade e é quase certo que elas começarão a debater ideias. Nas últimas décadas, Seattle se tornou a sede de uma próspera rede informal de pesquisadores que trocam ideias dentro de instituições e entre elas.

Foi por meio dessa rede que, em meados de 2018, um punhado de pessoas das áreas de genômica e doenças infecciosas chegou a uma conclusão conjunta. Embora representassem instituições diferentes — Fred Hutch, a Fundação Gates e outro grupo, o Instituto de Modelagem de Doenças —,* todas elas se preocupavam com o mesmo problema: surtos de vírus respiratórios. Esses surtos matam centenas de milhares de pessoas todos os anos e são passíveis de causar pandemias, mas era preciso aprofundar o entendimento sobre como eles se propagam pela população. E as ferramentas à disposição dos cientistas eram, na melhor das hipóteses, limitadas.

Por exemplo: pesquisadores têm acesso à contagem de casos de hospitais e consultórios, mas essas estatísticas representam apenas uma pequena parcela do total. Na opinião dos cientistas de Seattle, era imprescindível ter muito mais informações para que se conseguisse entender como um vírus como o da gripe se espalha por uma cidade — sobretudo, era imprescindível saber quantas pessoas ficavam de fato doentes, não apenas quantas eram testadas. E em um surto de emergência, as autoridades municipais precisariam identificar com rapidez a maior porcentagem de pessoas que poderiam estar doentes, testá-las e informá-las sobre seus resultados. Mas não havia uma forma sistemática de fazer isso.

Por fim, em junho de 2018, algumas das pessoas que estavam conduzindo essas conversas se reuniram comigo em meu escritório nos arredores de Seattle para expor sua visão do problema. Elas delinearam um projeto com duração de três anos, que chamaram de Estudo da Gripe em Seattle (Seattle Flu Study) — o protótipo de uma iniciativa abrangendo toda a cidade que poderia transformar a maneira como os vírus respiratórios eram detectados, monitorados e controlados —, e perguntaram se eu o custearia.

---

* O Instituto de Modelagem de doenças agora faz parte da Fundação Gates.

Eis como a coisa funcionaria. A partir daquele outono, à medida que a temporada de gripe avançasse, voluntários de toda a área de Seattle seriam convidados a responder a algumas perguntas sobre sua saúde. Se tivessem apresentado pelo menos dois sintomas de um problema respiratório nos últimos sete dias, seriam solicitados a ceder uma amostra, que seria testada para uma série de doenças respiratórias. (Apesar do nome do projeto, ele não se limitaria à gripe — os testes cobririam 26 patógenos respiratórios diferentes.)

Alguns voluntários forneceriam amostras em quiosques montados no Aeroporto Internacional de Seattle-Tacoma, no campus da Universidade de Washington, em abrigos para pessoas em situação de rua e em alguns locais de trabalho da cidade, mas a maioria das amostras viria de hospitais, que já as haviam coletado de pacientes por outros motivos. Trata-se de uma prática comum na pesquisa médica: quando um paciente faz algum exame num hospital, os resultados ajudam o médico a decidir como tratá-lo, mas o muco de seu cotonete nasal pode ser armazenado para uso posterior. Pesquisadores podem então utilizar essa amostra, depois que certos dados privados do paciente forem removidos, para testar outros patógenos e entender o que está acontecendo naquela população. Apenas por estar doente a pessoa já contribui com a ciência.

No Estudo da Gripe em Seattle, a ideia era que todas as amostras coletadas em hospitais e locais públicos fossem testadas. Quando uma delas desse resultado positivo para gripe, o caso seria marcado em um mapa digital que mostraria, quase em tempo real, onde se encontravam os casos conhecidos da doença. Em seguida, o vírus passaria por mais uma etapa: seu código genético seria estudado e comparado com genes de outros vírus da gripe detectados no resto do mundo.

Esse trabalho genético seria parte fundamental do estudo,

porque permitiria aos cientistas entender como os diferentes casos estavam relacionados entre si. De que forma as diferentes cepas de gripe entravam na cidade? Se houvesse um surto na universidade, até que ponto ele se espalharia pelo resto da população?

A informação genética é bastante útil para epidemiologistas devido a uma eventual falha na forma como os genes funcionam. Toda vez que um patógeno faz uma cópia de si mesmo (ou força a célula hospedeira a fazer a cópia, como acontece no caso dos vírus), ele duplica seu código genético, também chamado genoma. Os genomas de todos os seres vivos são compostos de apenas quatro blocos de construção, que representamos como A, C, G e T (adenina, citosina, guanina e timina, respectivamente).* Fãs de ficção científica devem se lembrar do filme com Uma Thurman e Ethan Hawke sobre seres humanos geneticamente aprimorados, cujo título — *Gattaca* — é um arranjo inteligente desses blocos de construção.

O genoma é transmitido de uma geração para a outra, garantindo que crianças se pareçam com seus pais biológicos. É o que faz uma pessoa ser uma pessoa, um vírus ser um vírus e uma romã ser uma romã. O genoma do vírus da covid consiste em cerca de 30 mil A, C, G e T, enquanto o dos seres humanos é constituído de vários bilhões, mas organismos complexos não têm necessariamente genomas maiores. A maioria dos ingredientes de uma salada comum tem um genoma maior do que o dos seres humanos.[11]

O processo de cópia de genes é imperfeito e sempre introduz alguns erros aleatórios, em especial em vírus como os da covid, da influenza e do ebola. Alguns A são copiados como C, por exem-

---

* Os vírus de RNA na verdade têm U (uracila) em vez de T, mas, como as duas substâncias são idênticas do ponto de vista funcional, me atenho a T por uma questão de simplicidade.

plo, e assim por diante. Essas mutações, na sua maioria, não têm efeito nem deixam a cópia incapaz de funcionar, mas de vez em quando tornam a cópia mais bem preparada para sobreviver em seu ambiente do que o original que a produziu. Esse é o processo evolutivo que leva às variantes da covid.

Descobrir a ordem em que as letras genéticas de um organismo aparecem é o que é conhecido como *sequenciamento de genoma*. Ao sequenciar os genomas de muitas versões diferentes de um vírus e estudar as diferentes mutações entre eles, cientistas podem construir o que equivale à sua árvore genealógica. Na parte inferior da árvore está a última geração. Mais acima estão os ancestrais dessa geração, até o primeiro espécime conhecido. Os pontos onde os galhos da árvore se dividem indicam importantes etapas evolutivas, como o surgimento de uma nova variante, e a árvore pode até ser usada para registrar patógenos relacionados que foram encontrados em animais e podem saltar para seres humanos.

Todos esses dados da árvore genealógica, em conjunto com um sistema de testes eficiente, podem fornecer informações valiosas sobre como uma doença avança numa população. Na África do Sul, por exemplo, um bom sistema de testagem combinado com a análise genética do HIV revelou que muitas mulheres jovens que viviam com o vírus o tinham contraído ao fazer sexo com homens mais velhos — informações que levaram a mudanças no modo como o país abordava a prevenção do contágio. Mais recentemente, o sequenciamento genético mostrou que um surto de ebola ocorrido na Guiné em 2021 começou com uma enfermeira que havia sido infectada nada menos que cinco anos antes. Cientistas ficaram espantados ao saber que o vírus podia permanecer inativo por tanto tempo e, com base nessas novas informações, estão repensando as formas de prevenir surtos da doença.

O problema que os cientistas de Seattle e seus colegas conti-

nuavam enfrentando era que nos Estados Unidos faltavam peças fundamentais da infraestrutura necessária para esse tipo de análise.

Pensemos na maneira como o país lida com a gripe. A maioria das pessoas que acreditam estar gripadas não se dá ao trabalho de consultar um médico — elas apenas se automedicam com remédios de venda livre e esperam melhorar. Se por acaso forem a um consultório, o profissional pode fazer um diagnóstico com base apenas nos sintomas, sem submetê-las a um teste. Nos casos que são relatados para agentes de saúde, o teste é solicitado por um médico que trabalha numa clínica participante de um programa voluntário de notificação de influenza.

O fato de serem realizados tão poucos testes tem um efeito cascata: pouquíssimas amostras do vírus da gripe são sequenciadas. Além disso, muitas delas não são acompanhadas de informações sobre as pessoas que as forneceram — onde moram, sua idade, e assim por diante. Ainda que haja 1 milhão de sequências de um vírus, se não soubermos nada sobre de onde elas vieram, não conseguiremos descobrir onde a doença começou ou como ela se espalhou de um lugar para outro.

O Estudo da Gripe em Seattle foi projetado para enfrentar esse problema. Ele não só criaria um sistema para testar muitos voluntários e sequenciar seus genomas virais como vincularia os dados de sequenciamento — com as devidas salvaguardas de privacidade — a informações sobre as pessoas que cederam as amostras. O mapa da gripe em toda a cidade quase em tempo real criado pelo projeto seria um divisor de águas na detecção e na interrupção de surtos.

Achei que o Estudo da Gripe em Seattle era uma ideia ambiciosa e única, com boas chances de fazer progressos na solução de alguns dos problemas que eu mencionara em minha palestra no TED Talks anos antes. Concordei em financiá-lo por meio do Brotman Baty Institute, uma parceria de pesquisa do Fred Hutch com a Universidade de Washington e a Seattle Children's.

A equipe logo começou a trabalhar na infraestrutura que havia imaginado. Criou um sistema para desenvolver e pôr à prova um novo teste de diagnóstico, processar e compartilhar resultados e realizar verificações de qualidade para garantir a eficácia de todo o trabalho. No segundo ano, passou a permitir que os participantes coletassem as próprias amostras em casa e as enviassem pelo correio. Com essa inovação, o Estudo da Gripe em Seattle se tornou o primeiro estudo médico com um processo do início ao fim: as pessoas solicitam um kit on-line, recebem-no em casa, enviam de volta ao laboratório e recebem o resultado. Trata-se de um trabalho pioneiro, do qual a equipe se orgulha muito, mas nenhum de nós tinha ideia de como ele estava prestes a se tornar crucial.

Em 2018 e 2019, o Estudo da Gripe em Seattle testou mais de 11 mil casos de gripe e sequenciou mais de 2300 genomas de influenza — cerca de um sexto de todos os genomas de gripe sequenciados em qualquer lugar do mundo naquela época. Ele conseguiu mostrar que a gripe na cidade não era um surto homogêneo, mas uma série de surtos sobrepostos de diferentes cepas de gripe.

Então, nas primeiras semanas de 2020, tudo mudou. Quase que da noite para o dia, o vírus da gripe não era mais uma preocupação tão grande. Os cientistas que tinham passado incontáveis horas planejando e criando o estudo sobre ele não pensavam em mais nada além da covid.

Em fevereiro, uma pesquisadora de genômica chamada Lea Starita desenvolveu seu próprio teste PCR para covid, e sua equipe começou a aplicá-lo em algumas centenas de amostras coletadas para o estudo da gripe. Em dois dias, eles encontraram um caso positivo, uma amostra enviada ao estudo por uma clínica local que tratara um paciente com sintomas semelhantes aos da gripe.

Depois de sequenciar o vírus dessa amostra positiva, um dos membros da equipe — o biólogo computacional Trevor Bedford — fez uma descoberta alarmante: do ponto de vista genético, o caso lembrava outro já ocorrido no estado de Washington. Após comparar as mutações nos genomas dos dois vírus, Bedford deduziu que eles eram intimamente relacionados.* Era a prova do que muitos cientistas suspeitavam — que o vírus da covid estava se espalhando pelo estado havia algum tempo.

Então o grupo se voltou para a próxima pergunta lógica: com base no que eles sabiam sobre os dois casos que haviam sequenciado, e no tempo decorrido desde a descoberta de que o vírus estava circulando, quantas pessoas mais poderiam estar infectadas? Um modelista de doenças chamado Michael Famulare fez os cálculos e estimou o número em 570.**

Na época, apenas dezoito casos de covid haviam sido confirmados por meio de testes em todo o oeste de Washington. Com esse trabalho, Bedford, Famulare e seus colegas mostraram que o

---

* Evidências posteriores complicaram o quadro, devido ao sequenciamento de outras amostras coletadas na mesma época. Talvez nunca saibamos ao certo se o vírus no segundo caso derivou do vírus do primeiro caso. No entanto, chegou-se ao consenso de que os pesquisadores fizeram a inferência correta com base nos dados disponíveis e que havia muita transmissão na época.

** Para ser mais preciso, Famulare estimou o número em 570, com 90% de certeza de que ele estava entre 80 e 1500.

sistema de testes de covid do país era totalmente ineficaz. Só no estado de Washington, centenas de pessoas estavam com a doença sem saber, e ela vinha se espalhando muito depressa.

Mas havia um problema: eles não tinham certeza de que poderiam contar a alguém o que sabiam.

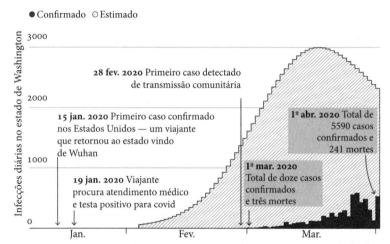

Quando a covid chegou ao estado de Washington. Os cientistas do Estudo da Gripe em Seattle descobriram que provavelmente havia centenas de casos não detectados de covid. O gráfico mostra a diferença entre os casos confirmados de covid e o número estimado de pessoas infectadas nos primeiros três meses de 2020. (IHME.)[12]

O paciente da clínica que fornecera a amostra não tinha conhecimento de que ela fora usada em um experimento de pesquisa. Embora fosse prática-padrão testar as amostras dos pacientes para outras doenças, como a covid, revelar os resultados desse teste a quem quer que fosse — nem ao paciente, e menos ainda às autoridades de saúde pública — era outra questão. Seria uma violação dos protocolos de pesquisa do estudo da gripe.

Além disso, o teste de covid fora aprovado para uso em estudos de pesquisa, mas não para contextos médicos, nos quais os resultados são fornecidos aos pacientes. Embora a equipe do estudo estivesse conversando com os reguladores do governo havia semanas, não seria possível autorizar o teste para uso médico. As regras para autorizar os testes de covid desenvolvidos por qualquer pessoa que não o CDC ainda não haviam sido elaboradas.

Era um dilema complicado. De um lado, revelar os resultados violaria os princípios éticos sob os quais os pesquisadores da equipe atuavam e poderia entrar em conflito com as normas do governo.

Por outro lado, como eles poderiam omitir o resultado do teste a um portador de um vírus que estava causando uma pandemia? Ou às autoridades de saúde pública, que precisavam saber que o vírus estava se espalhando no estado e quase certamente infectara centenas de pessoas, um número maior do que elas imaginavam?

Um membro do grupo esclareceu a situação com uma pergunta simples: "O que uma pessoa sensata faria?". Quando ele a formulou desse modo, a resposta pareceu óbvia. Uma pessoa sensata protegeria o indivíduo e a população revelando os resultados. E foi o que eles fizeram.

A notícia causou furor. "O coronavírus pode estar se espalhando há semanas nos Estados Unidos, sugere o sequenciamento de genes", afirmou o *New York Times*.[13]

Embora a decisão tivesse levado os reguladores do governo a determinar que a equipe interrompesse temporariamente a testagem das amostras da clínica, achei (e ainda acho) que foi correta. O conselho de revisão da Universidade de Washington que estava supervisionando o projeto chegou à mesma conclusão, observando que as ações dos pesquisadores haviam sido responsáveis e éticas. E as autoridades estaduais e federais continuaram o trabalho conjunto com a equipe sobre as maneiras de estudar a covid na região.

Em março de 2020, o grupo do estudo da gripe se associou à agência de saúde pública do condado de King, onde fica Seattle, para criar a Rede de Avaliação do Coronavírus de Seattle (Seattle Coronavirus Assessment Network, ou SCAN). O sistema pioneiro que a equipe criara para coletar e processar amostras do vírus da gripe e informar as pessoas sobre seus resultados teria um novo uso: testar o maior número possível de indivíduos para a covid, mapear os resultados e aumentar o repositório mundial de sequenciamento genético desse novo patógeno.

A iniciativa da SCAN ganhou um grande impulso de outro grupo de pesquisadores locais, que demonstrou aos reguladores do governo que girar um cotonete na ponta do nariz produzia resultados tão bons quanto a inserção dele no interior da narina que outros testes de covid exigiam. Foi um grande avanço, porque permitiu que as pessoas conseguissem se testar sozinhas, enquanto a abordagem anterior exigia a presença de um profissional de saúde. Também era uma operação muito menos desconfortável, removendo uma barreira que impedia algumas pessoas de fazer o teste. O método anterior sempre levava o sujeito do teste a tossir, o que aumentava o risco de exposição ao vírus para quem o administrava, e o mundo se encontrava na situação sem precedentes de ficar sem cotonetes mais longos.*

De março a maio, as coisas correram tão bem quanto se pode esperar de uma pandemia. A equipe da SCAN coletou amostras de voluntários, informou se eles tinham covid, começou a elaborar um mapa de casos e garantiu que as amostras positivas fossem

---

* Demorou muito para que a nova abordagem fosse adotada. Enquanto escrevo isto, parentes ainda me perguntam: "Por que eles estão enfiando o cotonete no meu cérebro? Achei que você tinha dito que isso não era mais necessário". O motivo é que cada vez que um teste é aprovado por reguladores governamentais, o cotonete também precisa ser aprovado — mesmo que tenha se mostrado eficiente em outros testes.

sequenciadas. Durante esse período, a entidade foi responsável por cerca de um quarto de todos os testes no condado de King, e seus mapas ajudaram as autoridades locais a saber onde a doença era mais predominante.

Então, em maio, o governo federal ordenou de repente que a operação cessasse. A equipe tinha se deparado com outro problema: se ela teria permissão para testar amostras que as pessoas haviam coletado por conta própria (em vez de por um profissional de saúde). Até então, as regras do governo federal sobre essa possibilidade eram obscuras. Quando as regras foram afinal esclarecidas, a SCAN recebeu a má notícia: era necessária a aprovação federal para o teste. O grupo começou de imediato a lutar para encontrar outro caminho a seguir.

Então, duas semanas depois, a Food and Drug Administration (FDA), o órgão federal americano de vigilância sanitária, mudou sua política mais uma vez. Os pesquisadores teriam permissão para testar amostras coletadas pelos participantes, desde que obtivessem a aprovação do conselho de revisão que supervisionava o trabalho. A SCAN obteve essa aprovação e, em 10 de junho, o programa voltou a fazer testes.

No restante do ano de 2020, a equipe acumulou várias conquistas. Processou quase 46 mil testes de covid, a maioria de pessoas que se inscreveram on-line em casa (e não em quiosques em locais públicos, que haviam sido quase todos fechados). Sequenciou quase 4 mil genomas de covid, mais da metade de todas as sequências no estado de Washington daquele ano. E deu consultoria a equipes que estavam montando estudos semelhantes em Boston e na região da baía de San Francisco.

Enquanto escrevo este capítulo, no final de 2021, a SCAN ainda está em funcionamento, e o Estudo da Gripe em Seattle continua coletando dados sobre influenza e cerca de outros vinte patógenos. Trevor Bedford, o pesquisador que descobriu as semelhanças genéticas entre as duas amostras de vírus da covid e deduziu sua importância, é bastante reconhecido por suas contribuições inovadoras à ciência. Suas árvores genealógicas genômicas são usadas em todo o mundo, e ele se tornou um excelente comunicador, explicando assuntos complexos de epidemiologia e ciências genômicas para suas centenas de milhares de seguidores no Twitter.

Os Estados Unidos — e, na verdade, qualquer país com um sistema semelhante de testes e sequenciamento — precisam investir em muitos outros projetos que se utilizem do aprendizado da equipe em Seattle. Uma das lições é que devemos montar sistemas de reação bem antes do próximo grande surto, como o Estudo da Gripe em Seattle e a SCAN tentaram fazer. Os governos precisam estabelecer parcerias com especialistas em doenças infecciosas dos setores público e privado. Os regulamentos precisam permitir a aprovação rápida de testes quando surge um patógeno desconhecido. As instituições de pesquisa de primeira linha dos Estados Unidos e suas empresas privadas de diagnóstico têm talento e uma capacidade incrível para ajudar, mas devem poder se envolver de imediato, sem passar por todos os obstáculos pelos quais a equipe da SCAN passou.

Os países que fizerem isso estarão bem posicionados no próximo grande surto. Não é coincidência que a África do Sul, um país que passou décadas investindo em testes e sequenciamento para o combate ao HIV e à tuberculose, foi o primeiro a identificar pelo menos duas grandes variantes do vírus da covid.

Algumas inovações em curso no setor de equipamentos de sequenciamento genômico ajudarão muito. Por exemplo, a Oxford Nanopore, uma ramificação da Universidade de Oxford, desenvolveu um sequenciador de genes portátil que elimina a necessidade de um laboratório completo. Ele requer um computador conectado à internet com um processador potente, mas alguns pesquisadores da Austrália e do Sri Lanka também estão trabalhando para resolver esse problema: eles criaram um aplicativo que permite que as informações do sequenciador sejam processadas off-line num smartphone padrão. Em um teste, a combinação de aplicativo/sequenciador foi capaz de sequenciar genomas de covid de dois pacientes em menos de trinta minutos cada. A Oxford Nanopore está agora trabalhando com o Centro Africano de Controle e Prevenção de Doenças (Africa Centres for Disease Control and Prevention) e outros parceiros para implantar avanços semelhantes em todo o continente.[14]

Outra lição: montar uma plataforma semelhante à do scan ou do Estudo da Gripe em Seattle — ou seja, fazer o teste e criar o site em que as pessoas possam se inscrever, processar suas amostras etc. — é apenas parte do desafio. É preciso também garantir que os resultados reflitam de maneira fiel as condições da população. Nem todo mundo consegue navegar em sites com facilidade. Barreiras linguísticas podem atrapalhar. Quando a demanda por kits de teste é alta e os suprimentos são limitados, aqueles que podem ficar em casa entrando repetidas vezes em um site estão em vantagem com relação aos funcionários de serviços essenciais que ainda precisam sair para trabalhar. Preencher essas lacunas tem sido um desafio em Seattle, e qualquer pessoa que queira fazer algo semelhante deve ter isso em mente. Aproveitar ao máximo os avanços técnicos exige um sistema de saúde pública bem estruturado, no qual toda a população confie.

Se eu tivesse que fazer uma lista de empregos que são ao mesmo tempo superimportantes e superobscuros, colocaria "modelista de doenças" perto do topo da lista. Ou ao menos teria feito isso antes de 2020. Assim que a covid apareceu, pessoas que trabalhavam nos bastidores havia décadas se viram no centro das atenções. Os modelistas de doenças lidam com previsões e, durante uma pandemia, há poucas coisas que os repórteres amam mais do que previsões.

Minha experiência com modelagem de doenças vem sobretudo do trabalho que realizei com o IHME e com o Instituto para Modelagem de Doenças (Institute for Disease Modeling, ou IDM) — este último envolvido no Estudo da Gripe em Seattle. Mas existem, na verdade, centenas de outras modelagens sendo realizadas por pesquisadores de todo o mundo, e as diferenças entre elas podem ajudar a responder a diferentes tipos de questões. Vou dar dois exemplos disso.

Um deles é o trabalho realizado com a variante ômicron, no final de 2021, por uma equipe do Centro Sul-Africano de Modelagem e Análise Epidemiológica (South African Centre for Epidemiological Modelling and Analysis), localizado em Stellenbosch, na África do Sul. Na época, embora tivessem identificado a variante ômicron, os pesquisadores ainda não tinham respostas para questões cruciais, como qual a frequência com que a ômicron reinfectava pessoas que já haviam sido contagiadas por variantes anteriores do vírus da covid. Usando um banco de dados que registra casos de doenças transmissíveis em todo o país, a equipe sul-africana constatou que a ômicron era muito mais capaz de reinfectar as pessoas do que as variantes anteriores. Esta e outras descobertas feitas pela equipe mostraram que, ao contrário de outras variantes que acabaram não vingando, a ômicron provavelmente se alastraria muito depressa onde chegasse — e foi assim que aconteceu.

Outras equipes de modelagem se debruçaram sobre problemas diferentes. Um grupo da Escola de Higiene e Medicina Tropical de Londres (London School of Hygiene & Tropical Medicine), por exemplo, calculou o impacto do uso de máscaras, do distanciamento social e outros métodos para reduzir a transmissão do coronavírus. Em 2020, os seus modelos permitiram fazer previsões mais certeiras e oportunas do modo como se daria a disseminação do vírus nos países de baixa e média renda. (Na realidade, eles muitas vezes obtiveram resultados melhores que os do IDM, que atualmente faz parte da Fundação Gates — e a equipe da IDM é a primeira a reconhecer isso.)

Para se ter uma ideia de como é o trabalho dessas instituições quando tentam predizer padrões pandêmicos, pensemos na previsão do tempo. Os meteorologistas têm modelos muito bons em prever se choverá hoje à noite ou amanhã de manhã. (Se for inverno em Seattle, a resposta está fadada a ser "sim".) Mas para daqui a dez dias seus modelos são menos precisos, e eles não têm ideia do que acontecerá exatamente daqui a seis ou nove meses.* A modelagem de doenças com variantes funciona mais ou menos assim, e, embora ela nunca venha a ser uma ciência perfeita, tende a ser mais precisa do que a previsão do tempo.**

Em suma, o que um modelista tenta fazer é analisar todos os dados disponíveis — as fontes que descrevi neste capítulo e muitas outras, como dados obtidos a partir de telefones celulares e pesquisas no Google — com dois objetivos. Um deles é determinar por que algo aconteceu no passado; o outro, dar um palpite bem embasado sobre o que pode acontecer no futuro. Foi a modelagem computacional que mostrou desde o início que, mesmo se apenas 0,2% da população fosse infectada com covid, em pouco tempo os hospitais estariam transbordando de pacientes.

A modelagem de doenças transmissíveis também traz outras

---

* Embora seja certo que as temperaturas globais estão subindo, o que terá consequências terríveis se não fizermos nada.

** O IHME foi criticado no início da pandemia por suas previsões otimistas demais e por não enfatizar o grau de incerteza de suas projeções. Mas, cientes dessa repercussão, eles estão aprimorando seu trabalho, como sempre fazem as boas organizações científicas.

vantagens para os pesquisadores de saúde pública. Ela os obriga a detalhar todos os seus pressupostos e dados, ressaltando o que conhecem e o que desconhecem, além do grau de certeza do que sabem. Também lhes permite determinar quais características da doença e da nossa resposta teriam o maior impacto no futuro: por exemplo, qual é o benefício de vacinar as pessoas mais vulneráveis antes do restante da população? Com uma variante dez vezes mais transmissível, quantos casos, hospitalizações e óbitos podemos esperar? O que aconteceria se determinado percentual da população não usar máscaras?

A meu ver, uma das principais lições da covid no que se refere à modelagem é a medida em que cada modelo depende de bons dados e quão difícil pode ser obter esses dados. Quantos testes estão sendo feitos? Quantos dão resultado positivo? E os modelistas de doenças se depararam com todo tipo de dificuldade. Alguns estados americanos não detalhavam os casos por localização ou por densidade populacional. Às vezes, relatórios eram interrompidos num fim de semana prolongado de feriado, e todos os casos eram enviados no primeiro dia em que as pessoas voltavam ao trabalho, então os modelistas tinham de estimar o que de fato havia acontecido.

Também não pude deixar de notar como as notícias sobre as últimas descobertas de alguns modelistas deixavam de fora nuances e ressalvas importantes. Em março de 2020, Neil Ferguson, um epidemiologista muitíssimo respeitado do Imperial College, previu que poderia haver mais de 500 mil mortes por covid no Reino Unido e mais de 2 milhões nos Estados Unidos ao longo da pandemia.[15] Isso causou grande alvoroço na imprensa, mas poucos jornalistas mencionaram um ponto fundamental sobre o qual Ferguson havia sido muito claro: esse cenário mencionado em todas as manchetes pressupunha que as pessoas não mudariam de comportamento — que ninguém usaria máscara ou ficaria em casa, por exemplo —, mas é óbvio que a realidade não seria assim.

Ele queria mostrar o risco que as pessoas estavam correndo e ressaltar a importância das máscaras e outras intervenções, e não deixar todo mundo em pânico.

Na próxima vez que ouvirmos uma previsão feita por um especialista em modelagem de doenças transmissíveis, convém atentarmos para duas coisas. Primeiro, cada variante é diferente, e é difícil prever a sua gravidade antes de coletarmos dados relativos a várias semanas. Segundo, todos os modelos têm limitações, e os resultados podem ter ressalvas não explicitadas. O grau de incerteza, por exemplo, pode ser muito alto. Mike Famulare divulgou uma estimativa de 570 casos no estado de Washington, com 90% de certeza de ser algo entre oitenta e 1500. Qualquer relatório que omitisse esse intervalo deixaria de fora um contexto muito importante.

Por fim, todos os envolvidos na criação de modelos de doenças transmissíveis devem ter em mente que os resultados serão usados por outras pessoas, então é preciso comunicá-los com o máximo de clareza a fim de evitar equívocos. É imprescindível uma boa dose de modéstia nesse tipo de modelagem, sobretudo no caso de previsões superiores a quatro semanas.

Creio que tudo o que foi abordado neste capítulo compõe uma agenda clara: para evitar pandemias, precisamos nos atentar para a vigilância de doenças.

O primeiro passo é investir num sistema de saúde robusto que possibilite detectar e reportar doenças, bem como tratá-las. Isso é verdadeiro sobretudo em países de baixa e média renda, cujos sistemas de saúde sofrem, em geral, de falta de recursos. Se médicos e epidemiologistas não tiverem as ferramentas e o treinamento necessários, ou se os órgãos nacionais de saúde forem inoperantes ou inexistentes, continuaremos presenciando um surto após o outro. Cada população em cada país deve ser capaz de detectar um surto em sete dias ou menos, reportá-lo e iniciar a investigação no dia seguinte, para então implementar medidas de controle eficazes dentro de uma semana — padrões que definirão para todos que fazem parte do sistema de saúde as metas a serem atingidas e as maneiras de medir sua melhora.

Outro passo é ampliar as iniciativas que permitam entender as causas de morte em adultos e crianças. Esse trabalho terá uma vantagem dupla: fornecerá novas informações sobre saúde e doença e abrirá mais uma janela para prever ameaças emergentes.

Em terceiro lugar, precisamos conhecer o inimigo que enfrentamos. Portanto, governos e patrocinadores devem apoiar formas inovadoras de testar muitas pessoas em um curto espaço de tempo — em especial testes de alto volume e baixo custo, projetados para funcionar em países de baixa e média renda. Novos exames devem possibilitar a informação dos resultados ao paciente, com salvaguardas de privacidade, para que os dados possam informar tanto os cuidados individuais quanto as medidas de saúde pública. O sequenciamento genético deve se expandir de forma drástica. Além disso, precisamos dar continuidade ao estudo de como os vírus evoluem em animais e descobrir quais deles podem passar para seres humanos — afinal, dos trinta surtos inesperados mais recentes, três quartos envolveram animais. E durante um grande surto, quando há risco de os testes se tornarem escassos, os mapas que registram os locais de prevalência da doença devem informar quem tem prioridade — para que os testes cheguem às pessoas com maiores riscos de serem infectadas.

Por fim, temos de investir na promessa da modelagem computacional. As análises produzidas durante a covid foram extremamente úteis, mas podem ser melhores. Dados mais precisos e em maior quantidade e feedback constante sobre seus modelos contribuirão para garantir a segurança de todos nós.

4. Ajudar as pessoas a se protegerem imediatamente

ANSIEDADE AO CUMPRIMENTAR

Fico confuso sobre o que fazer quando encontro alguém hoje em dia. Devemos dar um toquinho com os punhos fechados, apertar as mãos ou apenas sorrir e acenar? Dependendo da natureza da relação, talvez eu queira um combo de aperto de mão e abraço, sobretudo se a pessoa e eu estivermos há meses sem nos ver.

Como agir em cumprimentos e despedidas é apenas uma das muitas formas como a covid complicou nossas interações sociais. É melhor ficar em casa se fui exposto ao vírus? Quem deve usar máscara e quando? Tudo bem dar uma festa? Pode ser dentro ou fora de casa? E a que distância as pessoas precisam ficar? Devo lavar as mãos com frequência? E aglomerações e transporte público, devem ser permitidos? Escolas, escritórios e lojas podem permanecer abertos?

Nem todas essas decisões dependem de indivíduos, mas muitas delas, sim. E durante uma pandemia, quando as opções parecem mais limitadas do que nunca, poder fazer escolhas é libertador. Mesmo que não caiba a nós ajudar os cientistas a encontrar uma cura ou uma vacina, ainda podemos optar por usar máscara, ficar em casa se estivermos doentes e adiar grandes festas.

Infelizmente, em alguns lugares, sobretudo nos Estados Unidos, pessoas têm resistido a fazer escolhas que as manteriam — e suas famílias também — mais seguras. Não concordo com essas decisões pessoais, mas por outro lado acho inútil apenas rotulá--las de "anticiência", como muita gente faz.

Em seu livro *Imunidade*, Eula Biss analisa a desconfiança a respeito das vacinas de um modo que, acredito, também ajuda a explicar a animosidade que estamos vendo em relação a outras medidas de saúde pública.[1] O descrédito dado à ciência é apenas um fator, diz ela, agravado por outras coisas que despertam medo e preocupação: a indústria farmacêutica, um governo forte, as elites, o establishment médico, a autoridade masculina. Para algumas pessoas, os benefícios invisíveis que podem se materializar no futuro não são suficientes para que elas superem a suspeita de que alguém esteja tentando enganá-las. O problema se agrava em períodos de intensa polarização política, como este que estamos vivendo.

O pior é que, quando a covid surgiu, não havia comprovações suficientes que permitissem comparar o custo-benefício das diferentes precauções. Foi bastante difícil defender medidas duras, como o fechamento de empresas e escolas. Muitas dessas providências não eram utilizadas em larga escala desde a pandemia de 1918 e, embora os custos associados a elas fossem previsíveis para qualquer pessoa que pensasse a respeito, os benefícios exatos, sobretudo porque estávamos lidando com um novo patógeno, não estavam claros.

Parte do problema é que é muito difícil avaliar o impacto de muitas dessas medidas — que costumam ser chamadas de "intervenções não farmacêuticas" (INFs) — num ambiente controlado. Testes de medicamentos e vacinas são caros e demorados (como explicarei em capítulos posteriores), mas nos permitem pôr à prova sua eficácia. Por outro lado, um experimento que feche todas as escolas e empresas de uma cidade apenas para avaliar o custo-benefício disso nunca será feito.

Agora, depois de dois anos estudando INFs no mundo real, sabemos muito sobre sua eficácia, pelo menos no que diz respeito

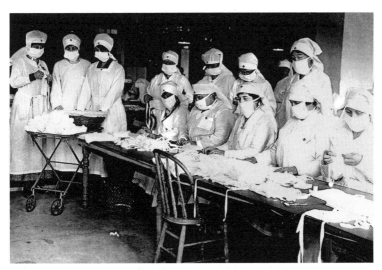

Voluntários da Cruz Vermelha em Boston, Massachusetts, montam máscaras feitas de gaze para evitar a propagação da gripe durante a pandemia de 1918. (Gado via Getty Images.)

à covid. A pandemia nos deu um aprendizado do mundo real que nenhum experimento jamais poderia oferecer. Em quase todas as esferas de governo — municipal, estadual e federal —, autoridades analisaram os dados para verificar o que estava funcionando, e milhares de estudos acadêmicos documentaram o impacto de várias INFS. Essas iniciativas melhoraram radicalmente nossa compreensão do assunto. As divergências nas políticas adotadas em cidades ou países similares permitiram aos pesquisadores algo inédito: isolar o impacto de cada INF.

Trata-se de uma boa notícia, porque as INFS são a nossa ferramenta mais importante nos primeiros dias de um surto. Não há necessidade de tempo de laboratório para estabelecer a obrigatoriedade do uso de máscaras (pressupondo que possamos providenciá-las), descobrir quando cancelar grandes eventos públicos ou restringir o número de pessoas que podem se sentar num restaurante. (Embora precisemos ter certeza de que quaisquer INFS que implantarmos sejam apropriadas para o patógeno que estamos tentando deter.)

Essas intervenções são o que usamos para achatar a curva — ou seja, para desacelerar a transmissão, a fim de que os hospitais não fiquem sobrecarregados — sem precisar identificar todos os infectados. Se um surto for contido no início, podemos encontrar quase todas as pessoas infectadas e testar aqueles que tiveram contato com elas. Isso é crucial, sobretudo porque as INFS ajudam a impedir que as pessoas que carregam o patógeno e não apresentam sintomas espalhem a covid tanto quanto as pessoas sintomáticas.

Minha intenção não é sugerir que as INFS são uma solução indolor. Enquanto algumas, como o uso de máscara, têm poucos inconvenientes para a maioria das pessoas (além das lentes embaçadas no caso de quem usa óculos), outras — como fechar empresas e interromper aglomerações públicas — causam um enorme impacto na população, e implementá-las é uma tarefa monumental. Mas essas intervenções podem ser feitas de imediato, e hoje sabemos como fazê-las melhor do que antes.

Vamos analisar algumas das principais descobertas dos últimos dois anos.

"SE PARECER QUE VOCÊ ESTÁ EXAGERANDO, É PROVÁVEL QUE ESTEJA FAZENDO A COISA CERTA"

Essa frase é de Tony Fauci, e concordo com ele. A ironia das INFS é que quanto mais elas funcionam, mais fácil fica criticar as pessoas que as adotaram. Quanto antes uma cidade ou estado colocar essas medidas em prática, mais baixo será o número de casos, e os críticos dirão que elas não eram necessárias.

Por exemplo, em março de 2020, as autoridades da cidade e do condado de St. Louis tomaram várias medidas para limitar a transmissão da covid, entre as quais a ordem para ficar em casa. Em consequência disso, o surto inicial em St. Louis não foi tão grave quanto em muitas outras cidades americanas, levando alguns a sugerir que tais medidas tinham sido excessivas. Mas um estudo mostrou que, se o governo tivesse implementado as mesmas intervenções apenas duas semanas depois, o número de mortes teria sido sete vezes maior. St. Louis estaria no mesmo nível de algumas das áreas mais atingidas do país.

E essa não foi a primeira vez que St. Louis foi pioneira: algo quase igual acontecera um século antes. Pouco depois de detectar seus primeiros casos de gripe durante a pandemia de 1918, a cidade fechou escolas, proibiu aglomerações e implementou medidas de distanciamento social. A Filadélfia, por outro lado, esperou para fazer essas intervenções. Duas semanas após o primeiro caso detectado, grandes eventos públicos continuavam acontecendo, entre os quais um desfile que percorreu toda a cidade.

Em consequência disso, o pico da taxa de mortalidade da Filadélfia foi mais de oito vezes maior que o de St. Louis. Mais tarde, estudos demonstraram que esse foi um padrão recorrente em todo o país: a taxa de mortalidade caiu pela metade nas cidades que implementaram precocemente as diversas medidas de contenção.

Ao comparar países em vez de cidades, os resultados são semelhantes. Durante a primeira onda de covid, Dinamarca e Noruega impuseram um lockdown rigoroso desde o início (quando menos de trinta pessoas tinham sido hospitalizadas em cada país), enquanto o governo da vizinha Suécia manteve abertos os restaurantes, os bares e as academias e apenas incentivou — mas não impôs — o distanciamento social. Um estudo mostrou que, se os vizinhos da Suécia tivessem seguido seu exemplo em vez de impor um lockdown rígido, a Dinamarca teria tido três vezes mais mortes do que durante a primeira onda, e a Noruega, nove vezes mais.[2] Outro estudo estimou que as INFs em seis grandes países, entre eles os Estados Unidos, impediram quase meio bilhão de infecções por covid apenas nos primeiros meses de 2020.[3]

Mas não basta parecer que está exagerando no início, como disse Tony Fauci: deve-se também ter cuidado para não relaxar todas as INFs cedo demais. Quando as medidas públicas mais eficazes são abrandadas — como as restrições a aglomerações, por exemplo —, a tendência é que os números de casos voltem a subir (no caso de todos os outros fatores permanecerem iguais). O problema de afrouxar cedo tais medidas é que existe um grande número de pessoas que são o que os especialistas chamam de "imunes ingênuas": elas nunca foram expostas ao vírus — e são suscetíveis à infecção. Assim como é importante continuar tomando antibióticos para uma doença bacteriana mesmo quando começamos a nos sentir melhor, em alguns casos precisamos manter algumas INFs até que possamos desenvolver ferramentas médicas que nos protejam de infecções e nos mantenham fora do hospital se ficarmos doentes. Ou pelo menos até que consigamos reduzir de maneira radical a transmissão, testando muitas pessoas e isolando os casos positivos ou suspeitos, como fez a Coreia do Sul.

Além disso, nem todas as reações exageradas — ou reações exageradas aparentes — são iguais. O fechamento de fronteiras, por exemplo, retardou a propagação da covid em algumas regiões. Mas essa medida precisa ser analisada com cautela. Ao interromper o comércio e o turismo, ela pode prejudicar de tal modo a economia de um país que a cura se torna pior do que a doença. Isso é verdadeiro sobretudo se, como é comum, o controle fronteiriço for feito tarde demais. Além do mais, cria-se um desestímulo ao relato precoce de um surto: por exemplo, a África do Sul, ao identificar a ômicron, foi punida com proibição de viagens, medida que não foi imposta a outros países onde a variante também estava se espalhando.

Embora os lockdowns tragam benefícios evidentes para a saúde pública, nem sempre esse sacrifício vale a pena nos países de baixa renda. Nesses lugares, o fechamento de setores da economia pode levar a uma situação de fome aguda, empurrar as pessoas para a pobreza extrema e aumentar o número de óbitos por outras causas. Para um jovem adulto que passa o dia fora de casa a trabalho — como é o caso de muitas pessoas em países de baixa renda —, a covid não parece tão assustadora quanto a possibilidade de não ter comida suficiente para alimentar sua família. Como explicarei mais adiante neste capítulo, há um fenômeno semelhante em países mais ricos: neles, as pessoas de baixa renda têm menor probabilidade de respeitar os lockdowns e maior propensão a ser afetadas pela covid.

Olhando em retrospecto, sabemos que em muitos lugares — quando a covid estava no auge — o custo de não adotar o lockdown talvez tivesse sido ainda maior. A economia já não ia bem quando empresas fecharam, mas essa situação poderia ter ficado pior se o vírus tivesse corrido solto e matado milhões de pessoas a mais do que já havia matado. Ao salvar vidas, os lockdowns podem possibilitar o início da recuperação econômica mais cedo.

O FECHAMENTO DE LONGO PRAZO DE ESCOLAS PODE NÃO SER NECESSÁRIO NO FUTURO

Em tempos de covid, se há uma questão que é debatida quase tanto quanto as vacinas é se as escolas devem ser fechadas.

Entre março de 2020 e junho de 2021,[4] praticamente todos os países fecharam as escolas por causa da doença. O pico ocorreu em abril de 2020, quando quase 95% das escolas do mundo fecharam as portas. Em junho do ano seguinte, todas, exceto 10%, haviam reaberto ao menos de forma parcial.

Os argumentos a favor do fechamento são convincentes. A escola, com as interações constantes entre as crianças, já é um ber-

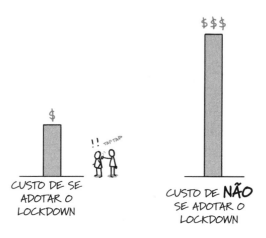

ço para o resfriado comum e a gripe — por que seria diferente em relação a algum outro patógeno? Professores e funcionários não são pagos para arriscar a vida, que é o que aconteceria se fossem obrigados a dar aulas presenciais sem vacina durante uma pandemia como a covid. Com esse vírus em particular, o risco de doença grave ou morte aumenta com a idade — um fator importante a ser lembrado quando se pensa em como distribuir vacinas e outras ferramentas, assunto ao qual retornarei mais adiante.

Por outro lado, com o fechamento das escolas, o aprendizado dos estudantes foi prejudicado, e a diferença de desempenho entre crianças ricas e pobres aumentou ainda mais. Segundo estimativas da ONU, a covid roubou dos alunos tanto tempo com seus professores que 100 milhões deles caíram abaixo do limite mínimo para habilidades básicas, e serão necessários anos de trabalho para ajudá-los a recuperar esse atraso.[5] Nos Estados Unidos, alunos negros e latinos da terceira série do ensino fundamental ficaram duas vezes mais atrasados que alunos brancos e ásio-americanos.[6] E a mudança para o ensino remoto acarretou para os alunos brancos um atraso de um a três meses em matemática, enquanto os não brancos perderam de três a cinco meses.

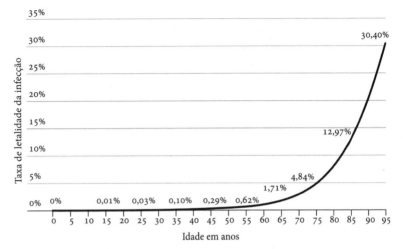

A covid é muito pior para os idosos. O gráfico mostra a porcentagem estimada de pessoas infectadas que morreram. Observe como a curva aumenta para os mais velhos. (IHME.)[7]

A pandemia também expôs um dos maiores mitos sobre o ensino à distância — que ele poderia substituir o trabalho em sala de aula para crianças dos primeiros anos escolares. Sou um grande fã do aprendizado on-line, mas sempre pensei nele como um complemento do trabalho que jovens alunos e professores fazem de maneira presencial, e não um substituto. (Nos Estados Unidos, usamos sobretudo os termos "ensino remoto" e "ensino on-line" de forma intercambiável, mas muitos outros países deram aulas também por rádio, televisão e e-books.)

Poucos professores foram treinados para dar aulas à distância, embora isso vá mudar com o tempo, com o aprimoramento das ferramentas e dos currículos on-line. Muita gente ainda não tem acesso à internet — no sul da Ásia, mais de um terço dos alunos forçados a ficar em casa não pôde acompanhar as aulas on-line —, e muitos dos que têm acesso não acharam a experiência nem um pouco interessante. Em suma, o ensino à distância foi submetido a um teste que ele nunca foi projetado para enfrentar. Ainda sou otimista quanto a seu futuro quando usado de forma adequada, e tenho muito mais a dizer sobre isso no posfácio deste livro.

Quando as escolas fecham, as perdas são muito maiores do que o aprendizado em si. Pais têm de se virar para cuidar dos filhos quando estes de repente passam a ficar em casa durante o horário de trabalho. Milhões de estudantes nos Estados Unidos e em todo o mundo dependem das refeições gratuitas ou a preços reduzido que a escola oferece. No ambiente escolar, as crianças aprendem a interagir com os colegas, fazem exercícios físicos e têm apoio psicológico.

Infelizmente, o debate sobre o fechamento de escolas foi turvado por alguns dados iniciais que se revelaram enganosos. No começo da pandemia, havia menos casos entre crianças, e um estudo na Noruega mostrou que havia pouca transmissão nas escolas, levando muita gente (inclusive eu) a concluir que crianças não eram tão suscetíveis à covid quanto os adultos. A meu ver, esse era um argumento a favor de manter as escolas abertas.

Mas não era verdade. Nos Estados Unidos, até março de 2021, as taxas de infecção e doença em crianças eram comparáveis às taxas em adultos de dezoito a 49 anos, e ainda mais altas do que as taxas em adultos com cinquenta anos ou mais.[8] A perspectiva inicial deve ter sido afetada pelo fato de que muitas escolas estavam fechadas; as crianças não eram menos suscetíveis, apenas tinham menos oportunidades de se infectar. E quando isso acontecia mostravam-se muito menos propensas a apresentar sintomas ou adoecer o suficiente para que os pais as submetessem a testes — um erro que a testagem em massa teria evitado.

Mesmo com isso em mente, acredito que tudo contribui para que o fechamento de longo prazo de escolas não seja necessário em surtos futuros, sobretudo se o mundo atingir a meta de produzir vacinas suficientes para todos em seis meses. Uma vez disponíveis, os professores devem estar perto do início da fila para recebê-las (como muitos estavam quando as vacinas contra a covid foram lançadas). Se a doença for muito pior para os idosos, como é o caso da covid, é bem possível que seja preciso fazer uma distinção entre os professores mais jovens e os professores mais velhos ou que moram com idosos. (Lembremos que os riscos relacionados à idade diminuem bastante para pessoas com menos de cinquenta anos.) E, enquanto isso, muitas escolas poderão permanecer abertas combinando estratégias de prevenção, como uso de máscara, distanciamento social e ventilação adequada. Um estudo concluiu que a reabertura de escolas na Alemanha não fez com que os casos aumentassem, ao contrário do que ocorreu nos Estados Unidos.[9] Os autores levantaram a hipótese de que as medidas de contenção alemãs eram mais eficazes do que as americanas.

Quero acrescentar uma ressalva à ideia de que o fechamento de longo prazo de escolas não deveria ser necessário. Isso será verdade se o próximo surto tiver um perfil como o da covid, que quase nunca se manifesta de forma grave em crianças. Mas precisamos ter cuidado. Se um futuro patógeno for de fato diferente da covid — por exemplo, se seu impacto em crianças for muito maior —, o cálculo de risco/benefício pode mudar, e talvez fechar as escolas seja prudente. Devemos ser flexíveis e, como sempre, acompanhar os dados.

Por outro lado, a meu ver está claro que bloquear o acesso a casas de repouso para idosos era a coisa certa a fazer. Essa medida salvou muitas vidas porque o vírus é muito mais mortal para essa faixa etária — e digo isso sabendo quão profundamente dolorosos e solitários foram esses lockdowns para todos os residentes que estavam confinados em seus quartos e para seus entes queridos. Foi comovente ouvir histórias sobre famílias que precisaram se despedir de um pai ou de um avô através de uma janela fechada ou por telefone. Meu pai morreu de Alzheimer em setembro de

2020, e me sinto privilegiado por ter proporcionado a ele que passasse seus últimos dias em casa, cercado pela família.

O sofrimento humano causado por essas separações é literalmente incalculável — ninguém consegue avaliar a dor de não poder estar perto dos seus para dizer adeus. Mas essa medida salvou tantas vidas que valerá a pena adotá-la de novo se as circunstâncias o exigirem.

O QUE FUNCIONA EM UM LUGAR PODE NÃO FUNCIONAR EM OUTRO

Não importa em que lugar do mundo você esteja, a máscara lhe dará a mesma proteção. Infelizmente, muitas outras INFs não são tão universais. A eficácia delas depende muito não só de quando, mas também de onde são postas em prática.

Os lockdowns são um ótimo exemplo disso. A evidência de que eles reduzem a transmissão é clara, e os lockdowns rigorosos a reduzem ainda mais do que os flexíveis. Mas eles não têm a mesma eficácia em todos os lugares, porque nem todo mundo obedece a eles permanecendo em um só local.

A diferença é quantificável. Nos Estados Unidos, um estudo inovador usou dados anônimos de aparelhos celulares para avaliar até que ponto as pessoas que moram em diferentes bairros ficaram em casa.[10] (O celular faz contatos periódicos com um serviço que estabelece sua localização.)

Entre janeiro e março de 2020, pessoas que moram nos bairros mais ricos do país foram as que mais se deslocaram — ou seja, passaram a maior parte do tempo fora de casa —, enquanto pessoas dos bairros de menor renda foram as que menos se deslocaram.

Mas em março, quando os lockdowns começaram a ser adotados em todo o país, a situação se inverteu. Pessoas nos bairros ricos passaram a se deslocar menos, e pessoas nos bairros mais pobres passaram a se deslocar mais. O motivo: era mais provável que estas últimas não pudessem trabalhar de casa nem recorrer tanto a serviços de entrega de compras.

Uma mudança semelhante foi provocada pela densidade populacional. Antes dos lockdowns, os locais mais povoados tinham taxas de transmissão mais altas. Após os lockdowns, as taxas de transmissão se tornaram mais baixas, enquanto nas áreas com menor densidade populacional elas não caíram tanto. Isso faz sentido, é claro, pois quando as pessoas não moram e trabalham em locais próximos, dizer a elas que fiquem em casa naturalmente terá menos impacto na transmissão.

Pesquisadores chegaram a outras conclusões sobre as diferenças entre os países (e também dentro de cada país). O rastreamento de contatos é mais eficaz em locais com um bom sistema de informação e processamento dos dados sobre os contatos de cada indivíduo, embora isso se torne muito mais difícil depois que o número de casos aumenta. O distanciamento social e os lockdowns funcionam melhor nos países mais ricos do que nos mais pobres, por muitas das mesmas razões que explicam por que isso acontece nas áreas mais ricas do país do que nas mais pobres. Em alguns países, os lockdowns podem ter o resultado contrário ao esperado, pois a doença é transmitida por pessoas que migram (as que trabalham na cidade e retornam ao seu local de origem, por exemplo). Eles podem não ser necessários em lugares onde a carga da doença é moderada. Também são mais eficazes em nações cujos habitantes têm menos voz nos assuntos do país e onde o governo está em posição de aplicar de forma rigorosa lockdowns e outras medidas.

Isso tudo significa que não existe uma combinação única ideal de INFs que funcione igualmente bem em todos os lugares. O contexto é importante, e as medidas de proteção precisam ser adaptadas aos locais onde serão adotadas.

PELO MENOS POR UM TEMPO,
A GRIPE QUASE DESAPARECEU

No outono de 2020, quando a temporada de gripe se aproximava, comecei a me preocupar. Todos os anos, essa doença mata dezenas de milhares de americanos e centenas de milhares de pessoas em todo o mundo,* quase todas idosas.[11] E o número de hospitalizações é ainda maior. Num momento em que a covid era predominante e punha à prova praticamente todos os sistemas de saúde do planeta, uma temporada ruim de gripe poderia ser um desastre.

Mas não houve uma temporada ruim de gripe nesse ano. Na verdade, quase não houve temporada de gripe. Entre as gripes de 2019-20 e 2020-1, os casos diminuíram 99%. Ao final de 2021, um tipo específico de gripe conhecido como B/Yamagata não tinha sido detectado em nenhum lugar do mundo desde abril de 2020. Outros vírus respiratórios também tiveram uma queda brusca.

Quando este livro estiver nas livrarias, é claro que as coisas podem ter mudado. As cepas de gripe costumam desaparecer por longos períodos e, de repente, reaparecem sem explicação. Mas, de maneira geral, o enorme declínio é inconfundível, não importa quanto tempo dure, e sabemos o motivo: intervenções não farmacêuticas fizeram uma enorme diferença na redução da transmissão da gripe quando combinadas com a imunidade e as vacinas anteriores das pessoas.

Trata-se de uma ótima notícia, e não só porque não houve uma desastrosa pandemia dupla de gripe e covid em 2020-1. Também é um bom motivo esperar que, se houver um surto de gripe

---

* As estimativas de quantas pessoas ficam doentes e quantas morrem de gripe a cada ano variam muito. As mortes em particular são provavelmente subestimadas, porque nem todas são relatadas aos centros de doenças infecciosas como o CDC, e porque os sintomas de gripe podem não ser declarados num atestado de óbito.

forte no futuro, as INFS possam ajudar a evitar que ele se transforme em pandemia. Embora seja possível que tenhamos uma gripe tão transmissível que supere nossas melhores iniciativas para contê-la sem uma vacina atualizada, é animador saber que as INFS são eficazes contra as cepas comuns que conhecemos hoje. E agora temos evidências sólidas de que, quando combinadas com vacinas, as INFS podem nos ajudar a erradicar todas as cepas de gripe.

PRECISAMOS USAR O RASTREAMENTO DE CONTATOS PARA ENCONTRAR SUPERTRANSMISSORES

Dependendo do país em que a pessoa vive, se ela testou positivo para a covid, pode ter sido chamada por alguém que lhe perguntou sobre todos com quem entrou em contato. É provável que as perguntas se concentrem em especial nas 48 horas anteriores ao início dos sintomas (se a pessoa os sentir). Esse processo é conhecido como rastreamento de contatos.

Embora pareça novidade para muita gente no mundo inteiro, o rastreamento de contatos é, na verdade, uma estratégia antiga. Foi essencial para erradicar a varíola no século XX e também está no centro das estratégias de combate ao ebola, à tuberculose e ao HIV no século XXI.

O rastreamento de contatos funciona melhor em países que se destacam em testagem e processamento de dados, como Coreia do Sul e Vietnã. Mas esses dois países tomaram medidas que não seriam possíveis nos Estados Unidos. Conforme uma lei alterada após o surto de síndrome respiratória do Oriente Médio (Middle East Respiratory Syndrome, ou Mers) em 2014, o governo sul-coreano usou dados de cartões de crédito, telefones celulares e câmeras de vigilância para rastrear os movimentos de indivíduos infectados e identificar as pessoas com quem eles haviam tido contato. O governo divulgou essas informações on-line, embora tenha precisado restringir alguns dos dados depois que governos regionais forneceram informações detalhadas demais sobre a movimentação das pessoas. De acordo com a revista *Nature*, um homem "foi injustamente acusado de ter um caso com a cunhada porque os mapas sobrepostos de ambos revelaram que eles jantaram juntos em um restaurante".[12]

O Vietnã também usou postagens no Facebook e no Instagram, em conjunto com dados de localização de telefones celulares, para complementar extensas entrevistas presenciais. Em março de 2020, antes de o país testar todos os passageiros vindos do Reino Unido, um voo de Londres chegou a Hanói com 217 passageiros e tripulantes.[13] Quatro dias depois, um paciente sintomático foi ao hospital e testou positivo para covid. As autoridades vietnamitas rastrearam as pessoas do voo e identificaram entre elas mais dezesseis casos. Todos os que estavam no avião e mais de 1300 de seus contatos foram postos em quarentena. Ao todo, houve 32 casos relacionados ao voo, uma fração pequena dos casos que teriam acontecido se todos os passageiros e tripulantes apenas tivessem continuado a vida normalmente.

Quem leu os dois parágrafos anteriores e pensou "Se alguém me ligar sobre rastreamento de contatos, não vou atender o telefone" não está sozinho. Em dois condados da Carolina do Norte, muitos dos contatos que foram mencionados nunca responderam ao telefonema do rastreador.[14] E entre um terço e metade das pessoas infectadas com covid que foram rastreadas afirmou não ter tido contato com uma única pessoa nos dias anteriores ao teste com resultado positivo. Mas o rastreamento costuma ser uma peça importante para impedir a propagação de uma doença, e é por isso que precisamos descobrir como fazer com que a população confie nas agências de saúde pública e compartilhe essas informações.

Uma das razões pelas quais as pessoas hesitam em responder é o medo de que aqueles com quem tiveram contato tenham de entrar em quarentena, mas, felizmente, quarentenas longas nem sempre são necessárias. Na Inglaterra, algumas escolas pediram que os alunos que tivessem tido contato com alguém infectado ficassem em casa por dez dias. Outras escolas permitiram que as crianças continuassem a comparecer às aulas, desde que o resultado do teste fosse negativo todos os dias. Os testes diários se revelaram bons na prevenção de surtos, sem que fosse necessário manter os alunos fora da escola.[15]

E o rastreamento de contatos ainda pode ser eficaz mesmo que não seja feito de forma tão abrangente quanto no Vietnã e na Coreia do Sul. Em geral, se o programa se iniciar quando apenas uma pequena parte da população estiver infectada e se houver a identificação de uma grande parcela de casos no país, o rastreamento de contatos pode reduzir a transmissão em mais da metade.[16]

Alguns estados americanos e outros governos lançaram aplicativos para smartphones que ajudam a identificar possíveis redes de contatos, mas desconfio que esses aplicativos não sejam eficientes assim para compensar um grande investimento de dinheiro ou tempo. Por um lado, sua utilidade é limitada pelo número de pessoas que os instalam, porque eles só registram uma possível exposição se ambas as partes os estiverem usando. Suspeito que a maioria das pessoas que usam esses aplicativos também segue as diretrizes de lockdown, portanto tiveram tão pouco contato com outras pessoas que conseguiria se lembrar de todas elas. Para aqueles que estão mesmo ficando em casa, receber uma mensagem que diz "Ei, você se encontrou com seu irmão" não será muito útil.

Durante a covid, o rastreamento convencional de contatos pode se mostrar ineficiente, porque o vírus não é transmitido na mesma proporção por todos os infectados. Quem se contaminou com a cepa original da covid não tem grandes possibilidades de passá-la adiante. (Cerca de 70% desses casos podem não ser transmitidos para mais ninguém.)[17] Mas quem de fato transmitir o vírus o passará para muitas pessoas. Por razões que não entendemos por completo, 80% das infecções com as variantes iniciais da covid vieram de apenas 10% dos casos.[18] (Esses números podem ser diferentes para a variante ômicron; no momento em que escrevo, não temos dados suficientes para saber.)

Portanto, com um vírus como o da covid, usar a abordagem convencional significa que gastaremos muito tempo para encontrar pessoas que não teriam infectado mais ninguém — do ponto de vista epidemiológico, estaremos num beco sem saída. O melhor a fazer é encontrar as principais vias, o número relativamente pequeno de pessoas que estão causando a maioria das infecções.

Compreendendo essa limitação, alguns países adotaram uma abordagem nova para o rastreamento de contatos.[19] Em vez de trabalhar para a frente a fim de descobrir quem eles podem ter infectado, esses países trabalharam de maneira reversa — identificando contatos de até catorze dias antes de a pessoa começar a se sentir doente. O objetivo era descobrir quem pode ter infectado o paciente e, em seguida, verificar para quem mais essa pessoa pode ter passado o vírus.

A menos que tenhamos testagem em massa, resultados rápidos e um sistema para contatar as pessoas com agilidade, o rastreamento de contato reverso é difícil de ser feito. E é mais complicado ainda quando se está lidando com um patógeno que se espalha com velocidade, porque o tempo decorrido entre ser infectado e se tornar infectante é curto. Mas onde se mostrou possível, a abordagem funcionou muito bem. Foi usada em regiões do Japão, da Austrália e em outros países, revelando-se bastante eficaz em encontrar indivíduos supertransmissores das primeiras variantes da covid. Um estudo concluiu que ela poderia prevenir de duas a três vezes mais casos do que a abordagem tradicional.[20]

É chocante quão pouco sabemos a respeito dos supertransmissores. Quanto disso é explicado pela genética? Algumas pessoas são mais propensas do que outras a funcionar como supertransmissoras? Sem dúvida há um componente comportamental em jogo também. Aparentemente, os supertransmissores não oferecem risco maior para grupos pequenos do que os transmissores normais, mas em espaços públicos fechados com muita gente, como bares e restaurantes, é maior a probabilidade de haver um ou mais supertransmissores, que poderão infectar muitas pessoas. Os supertransmissores são um dos enigmas das doenças contagiosas que precisam ser mais bem estudados.

UMA BOA VENTILAÇÃO É MAIS IMPORTANTE DO QUE SE IMAGINA

Você se lembra da recomendação inicial de lavar sempre as mãos e evitar tocar o rosto? Ou da maneira como os caixas passavam álcool na máquina de cartão toda vez que alguém a pegava? Ou de como você se sentia seguro ao tomar certa distância ao conversar com alguém?

Lavar as mãos, passar álcool na máquina de cartão e manter distância do interlocutor são, sim, ótimas pedidas: por serem boas práticas de saúde, elas ajudam a afastar patógenos como os da gripe e do resfriado comum. E sabemos que sabão e desinfetantes tornam o vírus da covid inofensivo.

Mas, depois de dois anos de pandemia, cientistas sabem muito mais do que no começo de 2020 sobre como esse vírus específico se dissemina. Uma descoberta se destaca: ele pode permanecer no ar por mais tempo e se espalhar mais do que a maioria das pessoas pensava de início.

Você talvez tenha ouvido algumas histórias sobre exceções à

regra. Em Sydney, na Austrália, um rapaz de dezoito anos que estava cantando na galeria de uma igreja transmitiu o vírus para doze pessoas sentadas a quinze metros dele.[21] Em um restaurante de Guangzhou, na China, uma única pessoa infectou outras nove, entre elas algumas sentadas à mesma mesa, mas também outras em mesas a poucos metros de distância.[22] Em Christchurch, na Nova Zelândia, alguém que se encontrava de quarentena em um hotel pegou o vírus através de uma porta aberta quase um minuto depois que uma pessoa infectada passou por ela.[23]

Nada disso é especulação. Pesquisadores que analisaram esses casos descartaram todas as outras maneiras como a infecção poderia ter se espalhado. Um grupo de cientistas que estudou o incidente de Guangzhou usou imagens de vídeo para contar as inúmeras vezes que garçons e clientes do restaurante tocaram nas mesmas superfícies; o número não era alto o suficiente para explicar todos os casos. O caso da Nova Zelândia é corroborado por análise genética: ao estudar os genomas do vírus em ambas as pessoas infectadas, cientistas determinaram que era quase certo que o segundo paciente o tinha pegado da pessoa que passou pela porta.

A boa notícia é que a aptidão aérea da covid poderia ser muito pior. Ao que parece, o vírus é capaz de permanecer no ar por vários segundos e talvez vários minutos. O vírus que causa o sarampo, por outro lado, pode ficar no ar por horas.

Para entender por que os vírus são transmitidos pelo ar, precisamos falar sobre a respiração.

Sempre que falamos, rimos, tossimos, cantamos ou simplesmente expiramos, ocorre uma exalação. Temos a tendência a pensar que expelimos apenas ar, mas é muito mais que isso. A exalação está cheia de minúsculas gotas de líquido, uma mistura de muco, saliva e outras secreções de nosso trato respiratório.

Essas gotas são agrupadas por tamanho em duas categorias: as maiores são conhecidas como gotículas, e as menores, como aerossóis (não confundir com purificadores de ar, sprays de cabelo e outros produtos do tipo). A linha divisória entre eles costuma ser de cinco micrômetros, o tamanho aproximado de uma bactéria média. Qualquer coisa maior que isso é uma gotícula, e qualquer coisa menor é um aerossol.

As gotículas, por serem maiores, em geral contêm mais vírus do que um aerossol, o que as torna um mecanismo melhor de transmissão. Por outro lado, por serem relativamente pesadas, elas não chegam a mais de alguns metros de distância da boca ou do nariz antes de cair no chão.

A superfície em que uma gotícula cai é chamada de fômite, e o período em que um fômite se mantém capaz de transmitir o vírus depende de vários fatores, entre eles o tipo de patógeno e se a pessoa o exalou por meio de espirro ou tosse (nesse caso, ele é mais protegido porque está coberto de muco). Estudos mostram que, embora o vírus da covid possa sobreviver por algumas horas ou até dias, é muito raro que as pessoas adoeçam ao ter contato com uma superfície contaminada. De fato, mesmo que alguém toque um fômite, a probabilidade de ser infectado é inferior a uma em 10 mil.[24]

Depois que se soube que a covid se espalhava sobretudo pelo ar, a maioria dos especialistas pensou que isso se dava por meio de gotículas. Isso significaria que qualquer um que mantivesse a distância de alguns metros ou esperasse alguns segundos antes de compartilhar o espaço aéreo com um infectado estaria seguro. Mas pesquisas posteriores mostraram que os aerossóis também contribuem de maneira significativa para a transmissão. Eles são capazes de conter uma carga viral grande e, como pesam muito menos do que as gotículas, conseguem ir mais longe e permanecer no ar por um período maior. Ao menos por algum tempo, o vírus evoluiu para se espalhar ainda mais por aerossóis — as pessoas com a variante alfa exalam cerca de dezoito vezes mais vírus em aerossóis do que as pessoas com a cepa original.[25]

Parte da razão pela qual os aerossóis foram subestimados é que, por serem muito pequenos, costumam secar rápido, o que torna a partícula do vírus inativa. Um estudo fez uma simulação de computador para mostrar que os vírus da covid — em particular as variantes delta e ômicron — têm uma carga elétrica capaz de atrair dos pulmões algumas substâncias que retardam o processo de secagem de aerossóis.[26] Ainda precisamos estudar mais sobre a dinâmica da transmissão para que da próxima vez entendamos mais depressa como ela ocorre.

Dependendo das condições do recinto — temperatura, fluxo de ar, umidade —, os aerossóis que contêm o vírus da covid são capazes de percorrer vários metros. Ainda não se sabe qual porcentagem de casos é causada pela transmissão por aerossol, mas pode ser mais da metade.

Que conclusão podemos tirar disso tudo? O fluxo de ar e a ventilação são bastante importantes, ao que tudo indica. Se possível, devem-se instalar filtros de ar de alta qualidade a para remoção de aerossóis, mas caso isso seja inviável há uma opção mais simples e barata: abrir as janelas. Segundo um estudo feito na Geórgia, escolas que abriram portas ou janelas e usaram ventiladores para diluir as partículas transportadas pelo ar tiveram cerca de 30% menos casos de covid do que aquelas que não o fizeram. As escolas que também instalaram filtros de ar tiveram 50% menos casos.

É bom lavar as mãos e higienizar as superfícies e, em um futuro surto, essa talvez seja sua primeira escolha para se manter seguro. No entanto, quando se trata de prevenir a covid, se for preciso optar entre gastar tempo e dinheiro limpando coisas ou melhorando o fluxo de ar, melhore o fluxo de ar.

O DISTANCIAMENTO SOCIAL FUNCIONA, MAS NÃO HÁ SEGREDO NENHUM EM 1,80 METRO

Já perdi a conta de quantas placas vi me avisando para ficar a 1,80 metro de distância dos outros. Minha preferida é a do clube onde jogo tênis, que explica comicamente que 1,80 metro equivale a 28 bolas de tênis enfileiradas. Quantas pessoas no mundo são tão fanáticas por tênis a ponto de estimar melhor 28 bolas de tênis enfileiradas do que 1,80 metro? Caso você chegue perto demais, vai ouvir: "Ei, você está a apenas dezenove bolas de tênis de distância, por favor, afaste-se mais nove"? Acho que, se essas pessoas existirem, você as encontrará numa quadra de tênis. Mas, mesmo praticando bastante esse esporte, não faço ideia da distância equivalente a 28 bolas de tênis lado a lado.

De qualquer forma, não há nenhum segredo na regra do 1,80 metro (ou na regra das 28 bolas de tênis). A OMS e muitos

países recomendam o distanciamento de um metro. Outros recomendam 1,50 metro ou dois metros.

Na verdade, não há uma distância fixa que represente um risco alto de contrair covid, bem como não se pode cravar um número que eximiria as pessoas de todo o risco. Tudo depende de um conjunto de fatores: o tamanho das gotículas a que se está exposto, se o ambiente é interno ou externo, e assim por diante. Um metro e oitenta é melhor do que distâncias menores, mas não sabemos quão melhor é. Para chegar a essa resposta antes da próxima pandemia, os cientistas precisam se aprofundar nessa questão e nos ajudar a entender o papel da ventilação e do fluxo do ar.

Enquanto isso, a regra de 1,80 metro é interessante, a menos que seja muito difícil colocá-la em prática, como numa sala de aula. As pessoas precisam de diretrizes claras e fáceis de lembrar. Não há utilidade nenhuma, do ponto de vista da saúde pública, em dizer: "Mantenha distância, mas a distância exata depende da situação, então pode ser um metro, dois metros ou talvez mais".

É INCRÍVEL COMO AS MÁSCARAS SÃO BARATAS E EFICAZES

Eis uma coisa um pouco difícil de admitir, porque a capacidade de inventar coisas é central na forma como eu vejo o mundo, mas é verdade: talvez nunca venhamos a encontrar um método menos custoso e mais eficaz de bloquear a transmissão de certos vírus respiratórios do que um pedaço de tecido barato com duas tiras elásticas presas nele.

A ideia de controlar uma doença promovendo o uso generalizado de máscara é simples e antiga. Data de 1910, quando autoridades chinesas chamaram um médico visionário chamado Wu Lien-teh para comandar a reação a um surto de peste pneumônica na região então conhecida como Manchúria, no nordeste do país.[27] A taxa de mortalidade da doença era de 100% — todas as pessoas infectadas morriam, em alguns casos dentro de 24 horas — e acreditava-se que ela era transmitida por pulgas infectadas que viviam em ratos.

Wu achava que a moléstia era transportada pelo ar, não por roedores, e insistiu que a equipe médica, os pacientes e até o público em geral cobrissem o rosto com máscara. Em parte, ele estava certo: é possível contrair a infecção de uma pulga transportada por ratos, mas a situação mais perigosa ocorre quando alguém tem o patógeno nos pulmões e o transmite pelo ar para outros seres humanos. Embora 60 mil pessoas tenham morrido antes do término do surto, o consenso foi que a estratégia de Wu impediu que o estrago fosse muito pior. Ele foi considerado herói nacional e, graças sobretudo à sua liderança, as máscaras se tornaram um item comum — na proteção contra doenças, poluição do ar ou ambas as opções — em toda a China. Mesmo que a covid não tivesse acontecido, elas ainda hoje fariam parte do tecido social do país.

Assim como os especialistas chineses a princípio se enganaram sobre o modo de transmissão da peste de 1910, grande parte da comunidade científica do Ocidente de início esteve errada sobre como a covid se espalhava. ("O grande erro dos Estados Unidos e da Europa é que as pessoas não estão usando máscara", afirmou o chefe do CDC chinês em março de 2020.)

Para muita gente que estava acompanhando as pesquisas — nos Estados Unidos, pelo menos —, o argumento a favor da máscara foi estabelecido por um incidente envolvendo dois cabeleireiros num salão de beleza de Springfield, Missouri.[28]

Ambos desenvolveram sintomas e testaram positivo para covid em maio de 2020. Seus registros indicavam que haviam tido contato com 139 clientes. Mas todos tinham usado máscara durante o atendimento e nem um único cliente desenvolveu sintomas.

Teria sido porque os cabeleireiros não estavam transmitindo o vírus? Não. Um deles teve quatro contatos próximos fora do salão — quando não estava de máscara — que desenvolveram sintomas e testaram positivo. Isso resolveu a questão. Como um bom kit de tesouras de cortar o cabelo, as máscaras estavam cortando a transmissão.

O incidente de Springfield mostra como a máscara pode de fato servir a dois propósitos: impedir que a pessoa infectada espalhe a doença e proteger a pessoa não infectada de contraí-la. O primeiro é chamado de controle de fonte, e a notícia boa é que quase qualquer máscara de qualquer tipo ajuda nesse controle, pelo menos para muitos vírus.[29] Tanto as de pano como as cirúrgicas evitam que cerca de 50% das partículas escapem com a tosse e, se usadas juntas, podem bloquear mais de 85%.

O segundo objetivo da máscara — proteger alguém de ser infectado — é um pouco mais desafiador se ela não estiver bem ajustada no rosto. De acordo com um estudo, se a pessoa usar uma máscara cirúrgica frouxa e estiver sentada a 1,5 metro de distância de outra sem máscara e com covid, a máscara reduzirá sua exposição em apenas 8%. A combinação de duas máscaras ajuda muito, reduzindo a exposição em 83%.

O benefício real vem com o uso universal da máscara, quando ambas as pessoas estão com máscara dupla ou com máscara cirúrgica bem ajustada: isso reduz o risco de exposição em 96%. Trata-se de uma intervenção muitíssimo eficaz que pode ser feita por um preço irrisório.

(Aliás, alguns dos experimentos usados para testar esse tipo de coisa são maravilhosamente criativos. Uma equipe de pesquisadores acolchoou o interior da cabeça de um manequim para simular as cavidades nasais de um crânio humano, colocou-a a uma altura de 1,72 metro — próxima da altura média mundial dos homens — e a conectou a uma máquina de fumaça e uma bomba.[30]

Em seguida, eles mediram a distância que as gotículas percorriam quando o manequim tossia em vários cenários: com a boca descoberta, com a boca coberta por uma bandana feita a partir de uma camiseta, com um lenço dobrado e, por último, com uma máscara de tecido. Outro grupo de pesquisadores colocou dois manequins lado a lado, simulou a tosse de um e, em seguida, calculou quantas partículas passaram dele para o outro.)[31]

A razão pela qual o uso de duas máscaras funciona tão bem é que ele força as máscaras a se ajustarem com mais firmeza ao rosto. Algumas máscaras N95 ou KN95 de alta qualidade, chamadas de respiradores, são projetadas para fazer isso sozinhas.* Um estudo descobriu que os respiradores devidamente ajustados eram 75 vezes mais eficazes do que as máscaras cirúrgicas bem ajustadas, e mesmo os respiradores frouxos eram 2,5 vezes melhores do que as máscaras cirúrgicas bem ajustadas.[32] (O número 95 indica que, em testes, o material da máscara bloqueou 95% das partículas muito pequenas sopradas com força suficiente para simular o esforço intenso de um ser humano. Na máscara N, as tiras elásticas passam ao redor da cabeça, enquanto as da máscara KN são presas nas orelhas.)

No início da pandemia, quando hospitais e clínicas estavam ficando desabastecidos de respiradores, era importante reservar o suprimento limitado para profissionais de saúde que se colocavam em risco para tratar pacientes. Mas agora, dois anos depois da identificação dos primeiros casos, não há mais essa limitação, e não há uma boa razão para que os respiradores ainda não estejam disponíveis de imediato para todos nos Estados Unidos. (Alguns países, como a Alemanha, exigem seu uso em espaços públicos.) Isso se tornou um problema maior à medida que a covid evoluiu

---

* Em outras partes do mundo, um respirador equivalente pode ser chamado de PFF2, KF94 ou P2.

Respiradores como o KN95 (à esq.) são os que melhor protegem o usuário e as pessoas ao redor, sobretudo no caso de vírus altamente transmissíveis. Máscaras cirúrgicas (no centro) e máscaras de pano (à dir.) também são bastante eficazes, sobretudo se todos as usarem. (The Gates Notes, LLC/ Sean Williams.)

para se tornar mais transmissível — a força de uma corrente é igual à do seu elo mais fraco, e a máscara só consegue conter um surto se um número suficiente de pessoas a utilizar.

Nos Estados Unidos, infelizmente, a resistência ao uso de máscara é quase tão antiga quanto a própria máscara. Durante a pandemia de gripe de 1918, apenas alguns anos depois da descoberta revolucionária de Wu, várias cidades americanas tornaram seu uso obrigatório. Em San Francisco, quem não a usasse em público podia ser multado ou preso.[33] Eclodiram protestos em toda a cidade. Em outubro daquele ano, um indivíduo sem máscara bateu num agente de saúde com um saco de moedas por este exigir que ele a vestisse. O agente de saúde sacou uma pistola e atirou no sujeito.*

Decorrido um século, é uma pena que americanos conti-

---

* Ambos sobreviveram. Segundo o *New York Times*, o indivíduo sem máscara "foi acusado de perturbação da paz, resistência a um funcionário e agressão. O inspetor foi acusado de agressão com arma mortal".

nuem sem aceitar a máscara. Em 2020, os protestos foram tão barulhentos ou até violentos quanto em 1918.

Com efeito, ignorar a importância da máscara é, como disse o chefe do CDC da China, um dos maiores erros cometidos durante a pandemia. Se todos a tivessem usado desde o início — e se o mundo tivesse suprimentos suficientes para atender à demanda —, essa medida teria atenuado de forma radical a propagação da covid. Como um especialista em saúde pública me disse durante um jantar, "se todos simplesmente usassem máscara, *Como evitar a próxima pandemia* seria um livro bem curto".

Os benefícios da máscara já foram comprovados no mundo inteiro. No início da pandemia, os japoneses levaram a sério o uso do item, o que, em conjunto com o rastreamento de contatos anteriores, resultou numa taxa excessiva de mortalidade extremamente baixa, de setenta óbitos por milhão no final de 2021. (Em comparação, os Estados Unidos registraram na mesma época cerca de 3200 óbitos por milhão.) E em Bangladesh pesquisadores realizaram um estudo com cerca de 350 mil adultos em seiscentos vilarejos para verificar o impacto das orientações públicas sobre a máscara.[34] Um grupo, composto de cerca de metade dos participantes, recebeu máscaras gratuitas (algumas de pano, outras cirúrgicas), informações sobre a importância de usá-las, lembretes pessoais e o incentivo de líderes religiosos e políticos. O segundo grupo não recebeu nada disso. Após dois meses, o uso adequado de máscara no primeiro grupo era de até 42%, em comparação com apenas 13% no segundo grupo. As pessoas do primeiro grupo também tiveram uma taxa de infecção por covid mais baixa e, mesmo cinco meses depois, ainda eram mais propensas a usar máscara.

Tudo isso pode parecer um pouco complicado, mas o importante é lembrar que a máscara funciona. As de pano e as cirúrgicas são bastante eficazes, sobretudo quando usadas por todas as pessoas. Em ambientes de alto risco e com vírus altamente transmissíveis, os respiradores se mostram ainda melhores. De qualquer forma, máscaras e respiradores são muito baratos e mais eficazes do que qualquer vacina ou medicamento que temos até agora.

Será interessante verificar se os padrões sociais sobre o uso de máscara mudarão muito em consequência da covid. Em março de 2020, fui a uma reunião num dia em que não estava me sentindo bem. E sem máscara, já que o CDC ainda não havia feito nenhuma recomendação quanto a isso. Felizmente, mais tarde descobri que a causa de meu mal-estar era gripe, e não covid, mas me sinto mal por ter estado lá com sintomas respiratórios sem tomar uma medida que poderia ter reduzido o risco de propagação. Sabendo o que sei agora, eu participaria dessa reunião à distância ou teria ido de máscara.

Mas a máscara vai pegar? É difícil dizer. Meu palpite é que a maioria dos americanos acabará voltando a participar de reuniões e grandes eventos esportivos sem ela. Portanto, devemos divulgar a necessidade de seu uso por quem estiver com sintomas respiratórios, e os sistemas de alerta público vão ter de se manifestar com toda a rapidez assim que houver sinal de problema. Isso pode fazer a diferença para que um surto não se torne uma pandemia.

5. Encontrar novos tratamentos com rapidez

No início, os boatos e a desinformação sobre a covid pareciam estar se espalhando mais depressa do que a própria doença. Em fevereiro de 2020, um mês antes de declará-la uma pandemia, a OMS já travava uma luta contra falsas alegações sobre várias substâncias que, dizia-se, curavam ou preveniam a covid. Seu diretor-geral afirmou: "Não estamos apenas combatendo uma epidemia; estamos combatendo uma infodemia", e o site da entidade passou a ter uma seção para desfazer mitos, que precisava ser atualizada o tempo todo para desmentir essas informações.[1]

Apenas no primeiro semestre de 2020, médicos tiveram que derrubar boatos falsos de que a covid poderia ser curada por:[2]

- pimenta-do-reino
- antibióticos (a covid é causada por vírus, e antibióticos não atacam vírus)
- suplementos vitamínicos e minerais
- hidroxicloroquina
- vodca

- *Artemisia annua* (planta do mesmo gênero do absinto e da losna)

Embora nenhuma dessas substâncias tenha qualquer efeito sobre a covid, consigo entender por que muita gente gostaria de acreditar no contrário. Algumas delas são intervenções médicas legítimas: a hidroxicloroquina é usada para tratar malária, lúpus e outras doenças, e a ivermectina é o fármaco padrão no tratamento de várias enfermidades parasitárias em seres humanos e animais. Obviamente, só porque um medicamento cura uma doença não significa que funcionará na covid, mas não é irracional esperar que isso aconteça.

Posso até entender por que as pessoas são atraídas por supostas curas que estão mais próximas de remédios populares do que da medicina moderna. Num momento em que uma doença nova e terrível se espalha pelo mundo e nossos celulares nos enviam histórias assustadoras sobre ela a cada dia ou mesmo a cada hora, é natural procurar ajuda imediata em qualquer lugar em que se possa encontrá-la. Sobretudo quando não há cura cientificamente comprovada para suprir a necessidade de um tratamento, e quando a alternativa proposta já está no armário do banheiro ou embaixo da pia da cozinha.

Não há nada de novo no fato de as pessoas se apegarem à falsa esperança de uma cura fácil. É provável que os seres humanos tenham começado a fazê-lo assim que tomaram consciência de sua mortalidade e passaram a procurar maneiras de se defender dela. Mas hoje a desinformação médica é mais perigosa do que nunca, porque pode viajar mais rápido e ir mais longe em proporções inéditas, com consequências trágicas para muitas pessoas que estão sob sua influência.

Não sei de uma solução perfeita para esse problema. Mas acho que teria havido menos ideias equivocadas circulando sobre a covid se a ciência tivesse encontrado um tratamento eficaz mais cedo — algo que todos pudessem apontar como uma terapia legítima — e que fosse disponível em larga escala em todo o mundo.

No início da covid, foi o que achei que aconteceria. Estava confiante em que acabariam por desenvolver uma vacina, mas esperava que um tratamento surgisse bem antes desse ponto. Não estava sozinho: a maioria das pessoas que conheço no setor de saúde pública também pensava assim.

Infelizmente, não foi o que ocorreu. Vacinas seguras e eficazes contra a covid estavam disponíveis dentro de um ano — um feito histórico que será examinado no próximo capítulo —, mas a criação de tratamentos que poderiam manter um grande número de pessoas fora do hospital foi surpreendentemente lenta.

E não foi por falta de tentativas. Médicos começaram a prescrever hidroxicloroquina *off-label* — ou seja, para algo diferente de seu propósito aprovado — quase desde o primeiro dia. Relatos iniciais sugeriam que ela poderia ser eficaz contra a covid, e a FDA deu sinal verde provisório, conhecido como autorização de uso emergencial.

As primeiras evidências em favor da hidroxicloroquina vieram de estudos de laboratório sobre seu efeito em células retiradas dos rins do macaco-verde africano. Essas células costumam ser usadas para examinar possíveis medicamentos antivirais porque nelas os vírus se replicam com muita rapidez; e, com efeito, esse método trouxe à tona alguns tratamentos promissores, como o antiviral remdesivir.

Em estudos iniciais, a hidroxicloroquina foi capaz de bloquear uma via pela qual o vírus da covid entrava nas células do macaco, sugerindo que poderia fazer o mesmo em seres humanos. Centenas de estudos clínicos tentaram replicar esses resultados favoráveis, mas no início de junho um estudo randomizado autorizado no Reino Unido concluiu que o medicamento não oferecia nenhum benefício para pacientes hospitalizados com covid.[3] Dez dias depois, a FDA revogou a autorização de uso emergencial e, dali a dois dias, a OMS retirou a hidroxicloroquina de um teste que estava em andamento.

O problema é que as células humanas têm um caminho diferente daquele que o fármaco bloqueava nas células do macaco, de modo que os resultados promissores nos animais não se repetiram em seres humanos. No que diz respeito ao tratamento da covid, o remédio era um beco sem saída. Enquanto isso, o delírio da hidroxicloroquina causava uma corrida às farmácias, e muitos pacientes que precisavam dela para tratar lúpus e outras moléstias crônicas não conseguiam obtê-la.[4]

Naquele verão, a dexametasona se tornara o principal tratamento para a covid grave, pois reduzia em quase um terço a mortalidade entre pacientes hospitalizados.[5] Trata-se de um esteroide em uso desde a década de 1950 e que funciona na covid de maneira um pouco contraintuitiva: suprimindo algumas das defesas do sistema imunológico.

Por que fazer isso? Porque quando o paciente passa dos estágios iniciais da infecção, o maior perigo da doença não vem do vírus, mas da reação do sistema imunológico a ele.

Na maioria das pessoas, o sistema imunológico é capaz de reduzir a quantidade de vírus no corpo dentro de cinco ou seis dias após a infecção, mas depois ele se torna tão ativado que pode causar um fenômeno inflamatório intenso conhecido como tempestade de citocinas — uma inundação de sinais que faz com que os vasos sanguíneos vazem grandes quantidades de fluido em vários órgãos vitais. (Com a covid, esse vazamento é um problema específico nos pulmões.) Essa perda de fluido intravascular também pode levar a uma pressão sanguínea perigosamente baixa, que por sua vez pode causar falência de órgãos e morte. É a reação exagerada do corpo à invasão que deixa a pessoa doente.

A dexametasona se revelou um sucesso significativo: era eficaz, de fácil fornecimento, mais barata do que qualquer uma das alternativas e amplamente disponível mesmo em muitos países em desenvolvimento. (Com efeito, mesmo antes da covid, a OMS a considerava um medicamento essencial para uso em mulheres grávidas.) Menos de um mês depois de demonstrada a eficácia da droga, o grupo African Medical Supplies Platform — que distribuiu os aparelhos de teste LumiraDx a países africanos — adquiriu comprimidos suficientes para tratar quase 1 milhão de pessoas em toda a União Africana, enquanto o Fundo das Nações Unidas para a Infância (United Nations Children Fund, ou Unicef) fazia uma compra antecipada para tratar 4,5 milhões de pacientes.[6] Pesquisadores britânicos estimaram que, em março de 2021, a dexametasona já salvara até 1 milhão de vidas em todo o mundo.[7]

Mesmo assim, o fármaco tem suas desvantagens, sendo a principal delas o fato de que, se usado muito precocemente, silenciará a resposta imune no exato momento em que esta precisa estar com força total para impedir a replicação do vírus. Quando isso acontece, a pessoa fica mais suscetível a complicações e infecções oportunistas. A segunda onda de covid na Índia foi acompanhada de um aumento nos casos de uma doença horrível e mortal chamada mucormicose, também conhecida como "fungo preto" — algumas pessoas tinham esse fungo nos pulmões, mas mantido sob controle até seu sistema imunológico ser suprimido, fazendo com que ele causasse a doença. Como na maioria dos países não havia quase ninguém com esse fungo, o problema se limitou sobretudo à Índia.

Na esperança de encontrar algum medicamento existente que pudesse ajudar, pesquisadores tentaram dezenas de outros possíveis tratamentos que já estavam disponíveis. Por exemplo, há várias maneiras de retirar anticorpos do sangue de pessoas que se recuperaram de uma doença e dá-los diretamente a alguém que ainda está doente, uma abordagem conhecida como plasma convalescente. Infelizmente, esse recurso não foi eficaz ou prático o bastante para garantir seu amplo uso contra a covid. O remdesivir, o antiviral que se mostrou promissor em células de macaco, foi originalmente desenvolvido para combater a hepatite C e o vírus sincicial respiratório, e estudos iniciais mostraram que ele não ajudava tanto os pacientes hospitalizados para que valesse a pena dá-lo a mais pessoas. (Também era difícil de administrar: exigia cinco injeções diárias!) No entanto, um estudo posterior mostrou que o remdesivir pode causar um efeito importante em pacientes que ainda não adoeceram o suficiente para ser hospitalizados, demonstrando que às vezes um produto pode encontrar seu nicho se atingir as pessoas certas no momento certo.[8] Mesmo assim, ele precisa ser administrado por via intravenosa durante três dias no início da doença, de modo que será importante encontrar outra maneira de aplicá-lo, via inalação ou por via oral, na forma de comprimido.

Embora o plasma convalescente não tenha mostrado bons resultados para a covid, eu esperava que tivéssemos mais sorte com uma abordagem diferente para fornecer anticorpos às pessoas. Os chamados anticorpos monoclonais, ou mAbs, funcionaram bem o bastante para receber autorização de uso emergencial para casos da doença em novembro de 2020 — apenas um mês antes de as primeiras vacinas estarem disponíveis.

Em vez de impedir que o vírus se apodere de células saudáveis ou se replique depois que se apodera de uma célula — que é como a maioria dos medicamentos antivirais funciona —, os mAbs são idênticos a alguns dos anticorpos que o sistema imunológico gera para limpar o vírus. (Anticorpos são proteínas com regiões variáveis que lhes permitem se agarrar a formas específicas na superfície do vírus.) Para produzir mAbs, cientistas isolam um anticorpo poderoso do sangue da pessoa ou usam modelagem de software para chegar a um anticorpo que agarra o vírus. Então eles o clonam bilhões de vezes. Essa clonagem de um único anticorpo é o motivo pelo qual eles são chamados de monoclonais.

Se a pessoa infectada com covid recebe mAbs no momento certo (e se estes estiverem adaptados para a variante que ela tem), eles reduzem em pelo menos 70% o risco de a pessoa acabar no hospital.[9] Eu estava muito esperançoso com relação aos mAbs nos primeiros dias da pandemia — tanto que a Fundação Gates pagou para ter até 3 milhões de doses reservadas para pacientes de alto risco em países pobres. Mas logo descobrimos que os mAbs não seriam um divisor de águas para a covid: a variante beta do vírus, que era predominante sobretudo na África, mudou de forma, e os anticorpos que havíamos apoiado deixaram de se agarrar a ela o suficiente para ajudar no tratamento. Poderíamos ter começado a desenvolver outro mAb que fosse eficaz para a nova variante, mas a produção levaria de três a quatro meses, o que dificultaria o acompanhamento das mutações de um vírus que evolui com tanta rapidez quanto o da covid.

No futuro, talvez tenhamos maneiras melhores de fabricar mAbs que reduzam esse prazo, para que possamos lançá-los de forma rápida e barata. E devemos procurar mAbs que se agarrem a uma parte do vírus que não deve mudar. No momento em que escrevo este livro, um mAb chamado Sotrovimab, que foi isolado de um paciente com Sars e depois modificado, se mostrou bastante eficaz contra todas as variantes conhecidas da covid, dando-nos motivos para esperar que cientistas possam criar anticorpos que funcionem em amplas famílias de vírus.

Outras desvantagens ficaram claras à medida que países mais ricos tentaram implementar tratamentos com mAbs. Os anticorpos da covid tinham produção dispendiosa, precisavam ser administrados em instalações que pudessem injetá-los no sangue e só ajudavam pacientes que conseguiam ser identificados no início da doença. A falta de instalações foi um problema particularmente grande em países em desenvolvimento. Devido a essas dificuldades, cancelamos nosso investimento em mAbs para covid — embora ainda apoiemos muitas pesquisas em mAbs para outras doenças — e ampliamos nosso foco em medicamentos antivirais, sobretudo aqueles que os pacientes podem tomar por via oral em vez de intravenosa.

Assim que a covid foi identificada, muitos pesquisadores iniciaram a busca pelo santo graal dos tratamentos: um medicamento antiviral barato, de fácil administração, eficaz para diferentes variantes e capaz de ajudar as pessoas antes que ficassem terrivelmente doentes. No final de 2021, algumas dessas iniciativas valeram a pena — não tão cedo quanto seria o ideal, mas ainda a tempo de causar um grande impacto.

A Merck e seus parceiros desenvolveram um novo antiviral chamado molnupiravir, que pode ser tomado por via oral e se mostrou capaz de reduzir de maneira significativa o risco de hospitalização ou morte em pessoas de alto risco. Na verdade, funcionou tão bem que o ensaio clínico foi interrompido antes do tempo normal. (Trata-se de uma prática comum em ensaios — eles terminam cedo se não for ético continuar porque há provas definitivas de que o medicamento é um sucesso, caso em que os participantes que não o recebem estão se submetendo a um tratamento inferior, ou de que o medicamento é um fracasso, caso em que os participantes que o estão recebendo são os submetidos a um tratamento inferior.)

Logo depois, o estudo de um segundo antiviral oral, o Paxlovid (produzido pela Pfizer), também foi interrompido porque funcionava muito bem. Quando administrado a pacientes de alto risco logo após o aparecimento dos sintomas e em combinação com um medicamento que prolongava seus efeitos, ele reduziu o risco de doença grave ou morte em quase 90%.[10]

Quando esses anúncios foram feitos, no final de 2021, grande parte da população mundial já havia recebido pelo menos uma dose de vacina. Mas isso não é motivo para pensar que o tratamento não é importante, na covid ou em qualquer outro surto. É um erro considerar a vacina a estrela principal do show e a opção terapêutica, o número de abertura a que você não teria interesse em assistir.

Consideremos a linha do tempo. Na próxima epidemia, mesmo que o mundo consiga desenvolver uma vacina contra um novo patógeno em cem dias, ainda levará muito tempo para que ela chegue à maioria da população. Isso é verdadeiro sobretudo se as pessoas precisarem de duas ou mais doses para proteção total e contínua. Se o patógeno for muito transmissível e mortal, dezenas de milhares de pessoas ou mais podem morrer sem um medicamento.

Dependendo do patógeno, talvez seja preciso encontrar opções de tratamento para os efeitos de longo prazo. Por exemplo, meses depois de terem sido infectadas com o coronavírus, algumas pessoas continuam a sofrem com sintomas terríveis: dificuldade para respirar, dores de cabeça, ansiedade, depressão e problemas cognitivos designados pela expressão "névoa mental". A covid não é a primeira doença com efeitos de longo prazo desse tipo; alguns cientistas argumentaram que sintomas similares também podem estar associados a infecções virais, traumas ou internações em unidades de terapia intensiva. Ainda assim, os pesquisadores constataram que até mesmo casos leves de covid podem causar inflamação por semanas e que o seu impacto não se restringe aos pulmões, podendo afetar também os sistemas nervoso e vascular. Precisamos saber muito mais sobre a chamada "covid longa", de modo a aliviar aqueles que estão hoje sofrendo com isso. E se o próximo surto importante causar efeitos similares, teremos de aprender a tratar esses sintomas.

Mesmo quando houver uma vacina, ainda precisaremos de uma boa opção de tratamento. Como vimos com relação à covid, nem todos que podem tomar a vacina vão optar por fazê-lo. A menos que ela impeça por completo os casos de escape, algumas pessoas imunizadas ainda ficarão doentes. Se surgir uma variante da qual a vacina não nos proteja, precisamos ter tratamentos disponíveis até que a vacina possa ser ajustada. E, junto com intervenções não farmacêuticas, a terapêutica pode reduzir a pressão sobre os hospitais, evitando a superlotação, que, em última análise, significa que alguns pacientes que de outro modo se salvariam acabam morrendo.

Com tratamentos bons de verdade, o risco de doenças graves e de morte cairá (em alguns casos, de maneira radical), e os países podem decidir afrouxar as restrições a escolas e empresas, reduzindo a interrupção na educação e na economia.

Além disso, imaginemos como a vida das pessoas mudará se formos capazes de dar o próximo passo, fazendo a ligação entre testagem e tratamento. Qualquer pessoa com sintomas iniciais que talvez indiquem covid (ou qualquer outro vírus pandêmico) pode entrar numa farmácia ou clínica em qualquer lugar do mundo, fazer o teste e, se o resultado for positivo, sair com um pacote de antivirais para tomar em casa. Se os suprimentos forem escassos, pessoas com fatores de risco graves terão prioridade.

Tudo isso significa que a opção terapêutica é fundamental em um surto. Por sorte, cientistas criaram vacinas contra a covid com grande rapidez — se não tivessem feito isso, e considerando o lento progresso em direção a tratamentos eficazes nos primeiros dois anos da pandemia, o número de mortes causadas pela doença teria sido muito maior.

Para entender como podemos evitar o que aconteceu no caso da covid, precisamos fazer um tour pelo mundo das terapias: o que são, como vão do laboratório para o mercado, por que não tiveram melhor desempenho no início desta pandemia, e como a inovação pode preparar o terreno para uma resposta melhor no futuro.

Temos tendência a pensar nos medicamentos como substâncias misteriosas e complexas, mas as mais básicas são de uma simplicidade incrível — aglomerados de carbono, hidrogênio, oxigênio e outros elementos que podem ser descritos com conhecimentos de química aprendidos no colégio. Assim como a fórmula da água é H_2O e a do sal é NaCl, a fórmula da aspirina é $C_9H_8O_4$. A do Tylenol é $C_8H_9NO_2$. Como essas moléculas têm massa muito pequena, elas pertencem a uma classe de fármacos conhecidas como moléculas pequenas.

Medicamentos com moléculas pequenas apresentam várias vantagens que os tornam bastante interessantes num surto. Uma vez que sua estrutura química é muito simples, eles são de fabricação mais fácil e, graças ao tamanho e à química, não são decompostos pelo sistema digestivo, de modo que é possível ingeri-los como uma pílula. (É por isso que nunca se toma uma injeção de aspirina.) E a maioria deles pode ser mantida à temperatura ambiente e tem uma longa vida útil.

Moléculas maiores são mais complicadas em quase todos os aspectos. Um anticorpo monoclonal, por exemplo, é 100 mil vezes maior que a molécula da aspirina. Como as moléculas grandes são quebradas pelo sistema digestivo quando ingeridas, elas têm de ser injetadas ou administradas por gotejamento intravenoso. Isso significa que uma equipe médica e equipamentos são necessários para garantir que sejam administradas de maneira correta, e que será preciso isolar os pacientes infectados quando eles se submeterem a tratamento, para que não transmitam o vírus a outras pessoas no local. Moléculas grandes também têm fabricação muito mais complexa — são feitas usando células vivas —, o que significa que são mais caras e exigem mais tempo para serem produzidas em grande quantidade.

Em suma, durante um surto, mantidas todas as demais condições, é preferível ter tratamentos baseados em moléculas pequenas. Mas pode ser que não consigamos encontrar um medicamento de moléculas pequenas que funcione bem contra um patógeno específico (mas sem causar efeitos colaterais graves), de modo que nosso plano de pandemia deve nos preparar para buscar tratamentos tanto de moléculas pequenas quanto de grandes. Na próxima década, temos de fazer pesquisa e desenvolvimento para encurtar as etapas necessárias e reduzir o custo de fabricação quando uma possível pandemia for detectada.

Além de medicamentos, precisaremos contar com outras ferramentas que salvem vidas e que ajudem a manter os pacientes vivos por tempo suficiente para que seu corpo se recupere. O oxigênio é um excelente exemplo: de acordo com a OMS, no início de 2021, cerca de 15% dos pacientes com covid ficavam tão doentes que precisavam de oxigênio suplementar.[11]

O oxigênio é um componente importante em qualquer sistema de saúde — é usado em casos de pneumonia e parto prematuro, entre outros — e, embora durante a covid ele tenha faltado em países ricos, países de baixa e média renda enfrentaram situações piores. Uma pesquisa concluiu que apenas 15% das unidades de saúde de países em desenvolvimento tinham algum equipamento de oxigênio, e apenas metade desse equipamento era funcional. Centenas de milhares de pessoas morrem todos os anos por não conseguirem obter oxigênio médico — e isso antes mesmo da pandemia.[12]

Bernard Olayo, especialista em saúde do Banco Mundial, está tentando mudar isso. Depois de se formar em medicina em meados dos anos 2000, ele trabalhou num hospital rural de sua terra natal, o Quênia, onde muitos dos pacientes eram crianças com pneumonia que necessitavam de oxigênio para tratamento. Mas nunca havia oxigênio suficiente disponível. Muitas vezes, vários pacientes tinham de compartilhar um único cilindro. Quando não havia o bastante para todos, Olayo e seus colegas precisavam decidir quem receberia e quem não — uma escolha angustiante que com frequência significava que uma criança viveria e outra morreria.

Olayo resolveu investigar por que um produto aparentemente tão básico quanto o oxigênio hospitalar era tão difícil de encontrar no Quênia. E ficou sabendo de um problema: havia apenas um fornecedor para todo o país; sem concorrência, ele podia cobrar preços exorbitantes. (Na época, o oxigênio no Quênia custava cerca de treze vezes mais do que nos Estados Unidos.) Além disso, muitas instalações de saúde ficavam a centenas de quilômetros da estação de oxigênio mais próxima, o que causava dois outros problemas: os custos de transporte elevavam o preço e as estradas ruins aumentavam o tempo de entrega. Era muito comum que novos suprimentos atrasassem ou mesmo nem sequer chegassem.

Em 2014, Olayo criou uma organização chamada Hewatele — a palavra suaíli para "ar abundante" —, a fim de tentar uma abordagem diferente. Com financiamento de investidores locais e internacionais, a Hewatele construiu fábricas de oxigênio em vários dos hospitais mais movimentados do país, onde a demanda é maior e há eletricidade confiável para a produção. A organização concebeu então um modelo baseado na atividade dos leiteiros: cilindros de oxigênio seriam entregues com regularidade em hospitais e clínicas de localidades distantes e os cilindros vazios seriam recolhidos para reabastecimento. Com essa nova abordagem, a Hewatele reduziu o preço de mercado do oxigênio no Quênia em 50% e alcançou cerca de 35 mil pacientes. E no momento em que escrevo, o grupo está procurando se expandir para o interior do país e para outras partes da África.[13]

Além de precisar de oxigênio, pacientes gravemente doentes podem ter de ser entubados e usar um ventilador que os ajude a respirar. Em casos extremos, os pulmões da pessoa podem estar tão danificados que não conseguem mais oxigenar o sangue, e uma máquina terá de fazer isso por eles. Assim como o oxigênio hospitalar em si já era difícil de ser encontrado em muitos países de baixa renda antes da covid, o mesmo se dava com a expertise médica e os equipamentos necessários para administrá-lo. A pandemia tornou esse problema muitas vezes pior.

Um tema recorrente neste livro é o entendimento de que não devemos ter de escolher entre evitar pandemias e melhorar a saúde global de forma mais ampla — na verdade, uma ação reforça a outra. É um exemplo clássico: se fizermos um trabalho melhor ao equipar os sistemas de saúde do mundo com oxigênio e outras ferramentas, como a Hewatele está fazendo, mais profissionais de saúde terão o equipamento necessário para lidar com problemas cotidianos como pneumonia e partos prematuros. E durante uma crise, como um surto que ameaça se tornar pandêmico, eles poderão usar esse equipamento e sua experiência para salvar vidas e impedir que a doença sobrecarregue todo o sistema de saúde. Um fortalece o outro.

O tratamento de doenças não é novidade para os seres humanos. A prática de usar raízes, ervas e outros ingredientes naturais como agentes de cura remonta aos tempos antigos. Há cerca de 9 mil anos, na região que hoje compreende o Paquistão, dentistas da Idade da Pedra perfuravam os dentes de seus pacientes com pedaços de sílex.[14] O médico e cientista egípcio Imhotep catalogou tratamentos para duzentas doenças há cerca de 5 mil anos, e o médico grego Hipócrates prescrevia uma forma de aspirina — extraída da casca do salgueiro — há mais de 2 mil anos.[15]

Mas foi apenas nos últimos dois séculos que conseguimos sintetizar medicamentos em laboratório, em vez de extraí-los de elementos que encontramos na natureza. Um dos primeiros fármacos sintetizados foi criado na década de 1830, quando vários cientistas e médicos que trabalhavam de maneira independente conseguiram produzir clorofórmio, o poderoso anestésico e sedativo que, entre outros usos, ajudaria a rainha Vitória nas dores do parto.

Às vezes, um remédio era inventado porque algum cientista empreendedor se propunha a isso, mas às vezes a descoberta acontecia por puro acaso, como em 1886, quando dois jovens estudantes de química da Universidade de Estrasburgo encontraram uma solução para um problema que na verdade nem estavam procurando resolver.[16] O professor deles vinha investigando se uma substância chamada naftaleno — um subproduto da fabricação do alcatrão — poderia ser usada para curar o distúrbio causado por vermes intestinais em seres humanos. Eles administraram o naftaleno com resultados surpreendentes: ele não eliminou os vermes, mas acabou com a febre da pessoa. Após uma investigação mais aprofundada para descobrir o que havia acontecido, perceberam que não haviam usado naftaleno, mas um fármaco então obscuro chamado acetanilida, que o farmacêutico lhes entregara por engano.

Não demorou para que a acetanilida chegasse ao mercado como agente de cura para febres e como analgésico, mas os médicos descobriram que ela tinha um efeito colateral infeliz: fazia a pele de alguns pacientes ficar azul. Após pesquisas mais aprofundadas, eles descobriram que era possível derivar uma substância da acetanilida que teria todos os seus benefícios, sem deixar ninguém azul. Chamava-se paracetamol, que os americanos conhecem como acetaminofeno, o princípio ativo dos remédios Tylenol, Excedrin, Naldecon e uma dúzia de outros que talvez estejam no armário do seu banheiro agora.

Mesmo nos tempos modernos, a descoberta de medicamentos ainda depende de uma mistura de ciência séria e sorte. Infelizmente, quando um surto parece se encaminhar para uma pandemia, não há tempo para contar com a sorte. Precisaremos desenvolver e testar tratamentos o mais rápido possível, muito mais depressa do que fizemos no caso da covid.

Então, vamos supor que estamos na seguinte situação: há um novo vírus, que pelo visto pode se tornar global, e precisamos de um tratamento. Como os cientistas criarão um antiviral?

O primeiro passo é mapear o código genético do vírus e depois, de posse dessa informação, descobrir quais proteínas são as mais importantes no seu ciclo de vida. Essas proteínas essenciais são conhecidas como alvos, e a busca por um tratamento se resume em essência a derrotar o vírus encontrando coisas que impedirão que os alvos funcionem da maneira que devem.

Até a década de 1980, pesquisadores que tentavam identificar compostos promissores tinham que se virar com uma compreensão rudimentar dos alvos que buscavam. Eles seguiam seu melhor palpite e faziam um experimento para verificar se estavam certos; na maioria das vezes, não estavam, e passavam então para a próxima molécula. Mas as ferramentas disponíveis para identificar o medicamento correto melhoraram muito nos últimos quarenta anos, com o advento de um campo chamado descoberta focada na estrutura.

Nesse tipo de estratégia, em vez de testar cada composto num laboratório, cientistas podem programar computadores para criar modelos em 3-D de partes do vírus que o ajudam a funcionar e crescer, e então projetar moléculas que ataquem esses alvos. Mudar a busca de compostos de experimentos em laboratório para a descoberta focada na estrutura é como jogar xadrez num computador em vez de num tabuleiro — o jogo ainda acontece, mas não no espaço físico. E, assim como no xadrez, a descoberta focada na estrutura se tornou mais sofisticada com o crescente poder de processamento dos computadores e os avanços na inteligência artificial.

Eis como a coisa funcionou no caso do Paxlovid, o antiviral anunciado pela Pfizer no final de 2021. Cientistas identificaram como o vírus da covid sequestra partes das células humanas para fazer mais cópias de si mesmo (essas partes são sequências de aminoácidos, os blocos de construção das proteínas). Usando esse conhecimento, eles projetaram uma molécula que atua como um policial disfarçado que prepara uma armadilha. Ela imita a maior parte da sequência de aminoácidos que a covid procurará, mas, como estão faltando peças-chave da sequência, isso interrompe o ciclo de vida do vírus. Existem vários estágios do ciclo de vida que podem ser interrompidos. No caso dos antivirais para o HIV, de longe a maior categoria de antivirais, temos aqueles que atacam cada estágio e combinamos três deles para que seja muito improvável que o vírus sofra mutação para impedir todos eles de funcionar ao mesmo tempo.

Embora cientistas possam agora realizar experimentos virtuais com muita rapidez num computador, às vezes eles ainda precisam colocar a mão na massa de verdade — combinar um composto com a proteína de um vírus em laboratório e ver o que acontece. Mas a tecnologia também está mudando essa abordagem.

Em um processo conhecido como triagem de alto desempenho, máquinas robóticas conseguem fazer centenas de experimentos ao mesmo tempo, misturando compostos e proteínas e depois usando vários métodos para medir a reação. Com a triagem de alto desempenho, as empresas podem agora testar milhões de compostos em questão de semanas, tarefa que uma equipe de seres humanos normalmente levaria anos para concluir. Muitos dos principais laboratórios farmacêuticos colecionaram milhões de compostos; se cada coleção é uma biblioteca, a triagem de alto desempenho é a maneira mais rápida e sistemática de procurar a palavra certa em todos os livros da estante.

E mesmo que não haja uma boa combinação — se não houver um composto existente que pareça ser um bom tratamento —, trata-se de uma informação útil. Quanto mais rápido um composto já existente puder ser descartado, mais rápido cientistas poderão avançar na produção de novas moléculas.

Independentemente do método envolvido, uma vez identificado um composto promissor, as equipes científicas o analisarão para determinar se vale a pena dar continuidade. Em caso positivo, uma equipe diferente — formada por químicos médicos — tentará otimizar o composto num processo parecido com apertar um balão. Eles podem torcê-lo para um lado a fim de torná-lo mais potente, mas depois descobrem que a potência mais alta também o torna mais tóxico.

Após encontrar um candidato promissor na fase exploratória, eles passarão um ano ou dois na fase pré-clínica, estudando se o composto é seguro em doses eficazes e se de fato desencadeia a resposta esperada em animais. Encontrar o animal certo não é tão fácil quanto parece, porque eles nem sempre reagem a um fármaco da mesma maneira que os seres humanos. Pesquisadores têm um ditado: "Ratos mentem, macacos exageram e furões são traiçoeiros".

Se tudo correr bem na fase pré-clínica, passa-se para a parte mais arriscada e cara do processo: ensaios clínicos em seres humanos.

Em maio de 1747, um médico chamado James Lind era o cirurgião do navio *Salisbury*, da Marinha Real Britânica.[17] Ele ficou horrorizado com o número de marinheiros que sofriam de escorbuto, doença que causa fraqueza muscular, exaustão, sangramento da pele e, por fim, a morte. Ninguém sabia na época o que provocava essa enfermidade, mas Lind queria descobrir uma cura, de modo que decidiu testar várias opções e comparar os resultados.

Ele selecionou doze pacientes a bordo que apresentavam sintomas semelhantes. Todos tinham a mesma alimentação — mingau adoçado com açúcar pela manhã, sopa de carneiro ou cevada e passas no jantar —, mas receberam tratamentos diferentes. Dois beberam um litro de sidra por dia. Dois outros, vinagre. Outros pares de pacientes tomaram água do mar (coitados), laranjas e um limão, um remédio preparado por um cirurgião do hospital ou uma mistura de ácido sulfúrico e álcool conhecida como elixir de vitríolo.

O tratamento cítrico se mostrou o vencedor. Um dos dois homens que o recebeu estava de volta ao serviço em seis dias, e o outro se recuperou rápido o suficiente para começar a cuidar dos pacientes restantes. Embora a Marinha britânica não tenha feito dos cítricos parte obrigatória da dieta dos marinheiros por quase cinquenta anos, Lind havia encontrado a primeira prova concreta de uma cura para o escorbuto. Ele também realizou o que é amplamente considerado como o primeiro ensaio clínico controlado da era moderna.*

Outras inovações em ensaios clínicos viriam nas décadas posteriores ao experimento de Lind: o uso de placebos em 1799, o primeiro ensaio duplo-cego (no qual nem o paciente nem o médico sabem quem está recebendo qual tratamento) em 1943 e a primeira diretriz internacional sobre o tratamento ético dos par-

---

* Hoje sabemos que o escorbuto é causado por uma deficiência de vitamina C. O dia 20 de maio, quando Lind iniciou seu estudo, foi designado Dia Internacional dos Ensaios Clínicos.

ticipantes de testes em 1947, após as revelações dos horríveis experimentos feitos pelos nazistas durante a Segunda Guerra Mundial.

Nos Estados Unidos, uma série de leis e decisões judiciais ao longo do século xx construiu aos poucos o sistema de testes e a garantia de qualidade existentes hoje. É por esse processo que nosso tratamento hipotético para um novo patógeno terá de passar. Vamos acompanhar como isso normalmente funciona, fase por fase.

Fase 1 dos ensaios clínicos. Com autorização da agência reguladora do governo — nos Estados Unidos é a FDA — para realizar ensaios clínicos em seres humanos, o laboratório começa o processo com um pequeno ensaio envolvendo algumas dezenas de voluntários adultos saudáveis. Observa se o fármaco causa algum efeito adverso e escolhe uma dosagem alta o suficiente para produzir o efeito desejado, mas não tão alta a ponto de deixar o paciente doente. (Alguns medicamentos contra o câncer são testados apenas em voluntários que já têm a doença, porque são muito tóxicos para serem administrados a pessoas saudáveis.)

Fase 2 dos ensaios clínicos. Se tudo correr bem e o laboratório souber que o medicamento é seguro, pode passar para testes mais abrangentes. O medicamento é ministrado a várias centenas de voluntários da população-alvo — pessoas doentes e que se encaixam no perfil — e o laboratório busca provas de que ele faz o que se espera dele. Idealmente, no final dessa etapa sabe-se que o medicamento funciona e tem a dosagem correta, porque a próxima fase é tão cara que o produtor só vai querer avançar se tiver uma boa chance de sucesso.

Fase 3 dos ensaios clínicos. Tendo tudo corrido bem até esse ponto, são realizados testes ainda mais abrangentes, envolvendo centenas e às vezes milhares de voluntários doentes — metade deles recebe o medicamento, a outra metade recebe o tratamento-

-padrão para a doença ou, se ainda não existir tratamento, um placebo. Essa etapa é muito menor do que os ensaios de fase 3 para vacinas, que explicarei no próximo capítulo. Todos os participantes já estão com a enfermidade que se está tentando tratar, de modo que é possível verificar com muito mais rapidez se o medicamento está funcionando. (Se já houver um tratamento no mercado, será necessário um número maior de voluntários, pois é preciso mostrar que o produto novo é pelo menos tão eficaz quanto o da concorrência.)

Outro obstáculo na fase 3 é encontrar voluntários suficientes para garantir que o candidato a medicamento seja seguro e eficaz para todos que venham a tomá-lo. É preciso encontrar pessoas doentes — é claro que, nesse estágio, não há sentido em propiciar a cura potencial a quem é saudável —, mas, pelas razões que abordamos no capítulo 3, é difícil identificar essas pessoas, e mais ainda identificar as que não só estão doentes como também dispostas a ser voluntárias no experimento de um novo remédio. E como há vários fatores, desde a idade até a raça e a saúde geral, que podem afetar o modo como um medicamento funciona no corpo do indivíduo, é importante estudar como muitas pessoas diferentes reagem a ele. O recrutamento de um conjunto diversificado de pacientes para um ensaio clínico às vezes pode levar mais tempo do que a execução do ensaio em si.

Aprovação regulatória. Concluída a fase 3 e confiando que o medicamento é seguro e eficaz, o laboratório volta à agência reguladora e solicita a aprovação. Em geral, o pedido tem centenas de milhares de páginas e, nos Estados Unidos, a revisão da FDA pode levar um ano ou, se houver algum problema com o pedido, ainda mais tempo. A agência também inspeciona as instalações onde será fabricado o medicamento e revisa o rótulo a ser colocado no frasco, bem como as informações impressas incluídas na embalagem. Mesmo depois de licenciado, o laboratório pode ser obrigado a proceder a outra fase de testes entre certos grupos de pessoas e, de qualquer modo, os reguladores continuarão verificando a linha de produção para garantir que as doses que estão sendo feitas sejam seguras, puras e potentes. E à medida que mais pessoas tomarem o medicamento, o produtor continuará atento a efeitos adversos (um problema especialmente raro pode surgir somente quando muitas pessoas o estiverem usando), e também a sinais de que o patógeno está criando resistência a ele.

É assim que a coisa funciona em tempos não pandêmicos. Mas numa situação de emergência como a da covid tudo precisava acontecer muitíssimo mais rápido. O governo americano e outros financiadores entraram com o dinheiro para custear alguns dos testes da fase 3 — a etapa mais cara do processo, por envolver muitas pessoas —, mesmo antes que os candidatos a medicamentos tivessem passado pela fase 1. Cientistas também adiaram o estudo de aspectos dos fármacos que não eram cruciais numa emergência, mantendo os principais aspectos de segurança. Era como provar que um carro o levará aonde você precisa ir sem explodir no meio do caminho, mas sem ter certeza sobre o consumo de combustível ou como os pneus se comportarão na neve.

Nos primeiros dias dos testes, havia alguns protocolos-padrão para os ensaios clínicos ou acordos sobre quais dados coletar, até dentro dos países. Isso levou a um grande desperdício de tempo e esforço, pois vários ensaios clínicos mal projetados testaram os mesmos produtos, mas não apresentaram provas conclusivas. Muitas vezes, no momento em que o protocolo foi escrito e aprovado para um estudo em determinado lugar, o número de casos ali havia caído tanto que o estudo não podia mais ser executado com eficácia. É necessário padronizar o método dos ensaios com antecedência, garantindo que eles sejam bem projetados, executados em vários lugares e configurados para fornecer provas definitivas o mais rápido possível. Um dos poucos ensaios bem conduzidos foi o RECOVERY, no Reino Unido, que analisou vários medicamentos, entre os quais a dexametasona: ele estava pronto em seis semanas e incluiu 40 mil participantes em 185 locais.[18]

O estudo RECOVERY foi uma das muitas iniciativas apoiadas por um novo projeto chamado Acelerador da Terapêutica da Covid-19 (COVID-19 Therapeutics Accelerator),* concebido para apressar o processo de encontrar tratamentos para a doença e garantir que milhões de doses estivessem disponíveis em países de baixa e média renda. Ele ajudou a coordenar ensaios clínicos de medicamentos e, para facilitar a identificação de pessoas que poderiam ser elegíveis para participar desses testes, também ajudou a criar novas ferramentas de diagnóstico. Até o final de 2021, doadores haviam destinado mais de 350 milhões de dólares para esse projeto.

Algumas ideias novas podem expandir os limites daquilo com que as agências reguladoras estão familiarizadas. Uma delas é que, ao testar positivo, a pessoa receberá de imediato uma mensagem de texto dando-lhe a chance de se voluntariar para um ensaio clínico que precisa de gente com perfil igual ao dela. Basta clicar em "Fazer inscrição" e o processo se iniciará; se ela for selecionada, terá acesso ao tratamento — aquele que está sendo estudado ou a melhor opção já existente — e ajudará a acelerar o ensaio clínico. Outra inovação que espero ver concretizada é pôr os pedidos de regulação na nuvem e em um formato-padrão, para que possam ser revisados por todas as agências reguladoras do mundo sem duplicidade. E, em especial nos Estados Unidos, a adoção de um formato-padrão para o histórico médico de pacientes teria muitos benefícios, entre os quais facilitar a busca de voluntários em potencial para testes de medicamentos.

Há ainda outras maneiras de simplificar e encurtar o proces-

---

* Lançado inicialmente por Wellcome Trust, Mastercard e Fundação Gates.

so de testagem de novos tratamentos, entre as quais uma abordagem controversa conhecida como estudo do desafio humano. Esses ensaios já estão sendo realizados para remédios contra a malária: voluntários concordam em se infectar com o parasita da doença para que pesquisadores possam testar o impacto potencial de novos medicamentos, anticorpos e vacinas. A razão pela qual esse procedimento é ético é por ser feito com adultos saudáveis tratados com antimaláricos eficazes assim que começam a se sentir doentes. Esses estudos de desafio humano aceleraram de maneira drástica as pesquisas em tratamentos e vacinas contra a malária, pois não é preciso esperar que pessoas contraiam a doença naturalmente antes de descobrir se um novo produto funciona.

Existe uma opção semelhante para uma infecção viral como a covid, quando os riscos para jovens adultos saudáveis são mínimos e há tratamentos eficazes que podem ser administrados aos voluntários assim que começarem a apresentar sintomas. Se conseguirmos superar os desafios científicos e resolver as questões éticas, os desafios humanos cuidadosamente conduzidos podem substituir muitos dos estudos complicados que exigem encontrar pacientes de alto risco no início do curso da doença, dando aos pesquisadores um conhecimento rápido precoce sobre a promessa de novas terapias potenciais.

Voltemos a nosso exemplo hipotético de um novo patógeno. Já desenvolvemos um medicamento, realizamos ensaios clínicos para provar que ele é seguro e eficaz e recebemos o sinal verde para produzi-lo e vendê-lo. É hora de começar a manufaturá-lo. Embora fabricar um medicamento de moléculas pequenas seja mais fácil do que um anticorpo, que por sua vez costuma ser produzido com mais facilidade do que uma vacina, por razões que explicarei no próximo capítulo, ainda vale a pena dedicar um momento para explicar o desafio de ampliar a escala da fabricação.

Primeiro, uma equipe de químicos trabalhará para encontrar

uma maneira consistente de produzir a parte essencial de nosso medicamento, conhecida como ingrediente farmacêutico ativo (IFA), desencadeando uma série de reações que usam elementos químicos e enzimas. O melhor caminho pode envolver até dez etapas: a equipe de químicos começará com certos ingredientes, provocará uma reação entre eles, captará os subprodutos, usará alguns destes em outra reação, e assim por diante, até obter o ingrediente ativo que procuramos. Então, eles o transformarão no formato em que os pacientes o tomarão — comprimido, spray nasal ou injeção.

O controle de qualidade é relativamente fácil para medicamentos de moléculas pequenas, ao contrário do que acontece com as vacinas. Como o produto é apenas uma cadeia de moléculas e não uma coisa viva, podemos usar ferramentas analíticas para confirmar que ele tem todos os átomos necessários em todos os lugares certos.

Esse fato é uma bênção para todos que se preocupam com a equidade do acesso à saúde no mundo todo, porque deu origem a uma das mais importantes inovações globais em termos de saúde nas últimas décadas: fabricantes de medicamentos genéricos comprometidos em criar versões de alta qualidade e baixo custo de fármacos que salvam vidas.

Historicamente, empresas que criam medicamentos estão sediadas em países de renda mais alta. Como custa muito desenvolver um novo produto, elas tentam recuperar o que gastaram o mais rápido possível, vendendo doses a preços mais elevados, que países ricos podem pagar. Não faz sentido mexer no processo de fabricação para diminuir o custo de fazer o produto (reduzindo o número de etapas envolvidas, por exemplo), pois isso exigiria passar de novo por alguns processos regulatórios e, de qualquer modo, se economizaria apenas uma pequena parte do custo total de produção. Isso pode significar que o custo permanece alto demais para países em desenvolvimento, e é por isso que às vezes demora décadas para que os medicamentos disponíveis em larga escala nos países ricos cheguem aos países pobres.

É aí que entram os fabricantes de genéricos de baixo custo. Parte de seu papel é ajudar as pessoas de países pobres a ter acesso aos mesmos medicamentos e outras invenções que salvam vidas que se encontram disponíveis em países ricos.*

Os genéricos deixaram sua marca na saúde mundial há cerca de duas décadas. Na época, medicamentos para o HIV que salvavam vidas eram muito caros para países como o Brasil e a África do Sul, o que significava que milhões de pessoas vivendo com HIV eram excluídas do mercado. Assim, fabricantes de genéricos começaram a replicar medicamentos, violando os direitos de propriedade intelectual das empresas que os tinham criado, e os governos desses países pouco fizeram para fazer valer as patentes dos remédios originais. No início, os detentores das patentes se opuseram, mas acabaram recuando depois de perceber que uma abordagem de preços escalonados funcionaria melhor. Eles disponibilizaram informações sobre seus medicamentos para fabricantes de genéricos de baixo custo, que foram autorizados a vender para países em desenvolvimento sem pagar royalties. Nessa abordagem de preços escalonados, o preço mais alto é cobrado em países ricos, um preço mais baixo em países de média renda e o preço mais baixo possível — apenas ligeiramente superior ao custo de fabricação — em países de baixa renda.

Um dos problemas desse processo é que, uma vez que um medicamento passa a ser genérico, há pouco incentivo para investir na redução do custo de fabricação, já que outras empresas poderiam copiar de imediato seus aperfeiçoamentos. Para resolver

---

* Os fabricantes de genéricos são também a razão pela qual é possível obter versões significativamente mais baratas de alguns dos remédios que tomamos.

isso, doadores contratam especialistas e financiam o trabalho de otimização e os custos iniciais de implementação de um novo processo. Em 2017, por exemplo, a Fundação Gates, ao lado de vários parceiros, ajudou a criar uma forma genérica de uma versão mais eficaz de um coquetel de medicamentos para o HIV, trabalho que foi viabilizado por uma licença gratuita das empresas farmacêuticas que inventaram os medicamentos.

As empresas de genéricos conseguiram reduzir tanto o custo que hoje quase 80% das pessoas que recebem tratamento para o HIV em países de baixa ou média renda estão recebendo a combinação de medicamentos aperfeiçoada. Para ser eficaz, o novo medicamento requer uma dose muito menor — e um comprimido menor — do que os anteriores, o que significa que é muito mais fácil de ser tomado. Também há menos efeitos colaterais e menor probabilidade de que o vírus crie resistência a ele.

É claro que a fabricação de medicamentos genéricos tem desvantagens. À medida que buscavam preços baixos, diminuindo assim suas margens de lucro, alguns fabricantes não mantiveram a qualidade de seus produtos como deveriam. Mas esses são pontos fora da curva, e nunca é demais ressaltar o impacto positivo causado pelos produtores de genéricos de baixo custo, alta qualidade e alto volume. Meses antes de os estudos provarem que o molnupiravir é um antiviral eficaz, a Merck já havia negociado acordos de licenciamento com vários fabricantes de genéricos na Índia, permitindo-lhes fabricar e vender versões genéricas lá e em mais de cem países de baixa e média renda. Pesquisadores desenvolveram maneiras de reduzir o custo de fabricação, e outras organizações ajudaram os laboratórios de genéricos a se preparar para fabricar o medicamento e solicitar a aprovação da OMS. Em janeiro de 2022 — apenas dois meses após o anúncio dos resultados bem-sucedidos do molnupiravir —, essas empresas disponibilizaram 11 milhões de doses para países de baixa e média renda, um primeiro passo para produzir muito mais.

Os fabricantes de genéricos* produzem a grande maioria dos medicamentos usados pela população dos países de baixa e média renda.[19] O programa de malária da OMS, que trabalha em grande parte com fabricantes de genéricos, estimou que acabará ajudando 200 milhões de pessoas a obter remédios para a doença que não chegariam a elas de outra forma.[20] Mesmo nos Estados Unidos, 90% das receitas médicas são de medicamentos genéricos.[21]

Que bom seria se produzir anticorpos fosse tão simples quanto produzir medicamentos. Para fazer anticorpos para o patógeno hipotético que estamos tentando conter, precisaremos encontrar pacientes que sobreviveram à doença, coletar seu sangue e identificar os anticorpos que seus corpos desenvolveram para combatê-la. Como o sangue conterá anticorpos para praticamente todas as doenças que eles já tiveram, teremos de isolar a que estamos procurando mediante a introdução do vírus em um pouco do sangue e observar quais anticorpos grudam nele. São esses os que estamos procurando. (Uma alternativa é fazer o mesmo processo, mas com sangue de camundongos humanizados — roedores nos quais células ou tecidos humanos foram implantados.)

Depois de isolar o anticorpo correto, precisaremos copiá-lo bilhões de vezes. É provável que façamos isso cultivando-os na plataforma de células CHO — células do ovário de hamsters chineses.

Essas células são muito úteis, porque são bastante resistentes, podem ser mantidas indefinidamente e crescem depressa. Hoje

---

* Alguns exemplos: Dr. Reddy Laboratories, Aurobindo, Cipla e Sun (todos com sede na Índia), Teva (com sede em Israel) e Mylan, que agora faz parte da Viatris e Sandoz (nos Estados Unidos e na Europa).

em dia, as células em uso no mundo, em sua maioria, são clones de uma linhagem de células criada por um geneticista chamado Theodore Puck, que trabalhava na Faculdade de Medicina da Universidade do Colorado em 1957. Ele conseguiu pôr as mãos numa única fêmea de hamster cujos ancestrais haviam sido contrabandeados da China em 1948, quando os comunistas estavam expulsando os nacionalistas durante a guerra civil no país.

Infelizmente, a plataforma CHO não produz anticorpos com rapidez suficiente para atender a grande parte da necessidade que surge durante uma pandemia. O mundo fabrica de 5 a 6 bilhões de doses de vacinas todos os anos e apenas cerca de 30 milhões de doses de anticorpos. Os anticorpos CHO também são caros — o custo atual de produção está na faixa de setenta a 120 dólares por paciente, alto demais para muitos países de baixa e média renda. Mas cientistas estão buscando maneiras de resolver esses problemas.

Por exemplo, alguns estão analisando diferentes células hospedeiras que produziriam anticorpos com mais eficiência. Outros, maneiras de encontrar anticorpos mais potentes e altamente seletivos, para diminuir a quantidade de produto por paciente. Já existem ideias sendo testadas, mas ainda não comercializadas, que reduziriam o custo para cerca de trinta ou quarenta dólares por dose. Mas o ideal seria reduzir os custos dez vezes mais, deixando-os abaixo de dez dólares por pessoa, e ao mesmo tempo produzir dez vezes mais doses na mesma quantidade de tempo. Serão necessárias várias melhorias para atingir esse objetivo, mas, assim que tivermos essas ferramentas promissoras, elas poderão ajudar mais pessoas em todo o mundo.

Laboratórios também estão desenvolvendo soluções para o problema das variantes. Uma das abordagens envolve a produção de anticorpos que visam partes do vírus que não mudam, mesmo em diferentes variantes — o que significa que são tão eficazes contra elas quanto contra o vírus original. Outra abordagem envolve a mistura de um coquetel de anticorpos que atacam diferentes partes do vírus, de modo que este tenha muito mais dificuldade de desenvolver resistência a eles.

De volta à doença hipotética para a qual estamos buscando tratamentos. Vamos supor que temos um tratamento aprovado e somos capazes de fabricar muitas doses. Como garantir que ele de fato chegue a todos que precisam?

Mesmo que seu custo seja baixo, alguns países precisarão de doações, a fim de adquirir o suficiente para toda a sua população. Há décadas, países de baixa e média renda recebem ajuda de várias organizações para comprar e fornecer medicamentos. Uma delas, bem conhecida e muito eficaz, é o Unicef; outra, não tão conhecida, é o Fundo Global, que ajuda países a adquirir medicamentos e outras ferramentas que combatem o HIV, a tuberculose e a malária. A entidade é agora o maior financiador mundial desses programas, alcançando mais de cem nações, e em 2020 expandiu seu alcance para incluir suprimentos contra a covid.

Evidentemente, o custo não é o único obstáculo que deve ser superado. Mesmo quando tivermos um tratamento barato, pode ser difícil levá-lo aos pacientes que precisam. E teremos de garantir que eles recebam o tratamento certo no momento certo. (Lembre, por exemplo, que mAbs e antivirais devem ser administrados logo após o início dos sintomas, e um esteroide como a dexametasona só é apropriado em um período posterior da doença, quando do o paciente se encontra em estado grave.)

Mesmo assim, algo à primeira vista tão básico quanto a embalagem do remédio pode deixar as pessoas relutantes em tomá-lo. Alguns medicamentos para o HIV também ajudam a evitar que as pessoas sejam infectadas — a chamada profilaxia pré-

-exposição —, mas muitos pacientes não querem usar um remédio para aids por medo de que os outros pensem que são HIV positivos. Esse problema pode ser resolvido, mas não sem algum esforço, porque não se pode simplesmente passar a produzir comprimidos com aspecto diferente. É preciso testar todos os fatores, como a forma, o tamanho e até a cor da pílula.

Há ainda outras barreiras para atingir pessoas em países de baixa renda. Antes de o laboratório lançar um novo medicamento num mercado em que espera obter grande lucro, ele passa anos estudando como acessar os pacientes certos e treinando profissionais de saúde sobre como usar o produto.* Para se ter uma ideia, a empresa pode gastar com isso quase tanto dinheiro quanto gasta no desenvolvimento e na fabricação do próprio fármaco! Mas quando grande parte das pessoas que precisam de um remédio vive em países pobres, os laboratórios tendem a gastar pouquíssimo tempo ou dinheiro estabelecendo essa base. E a situação é ainda pior durante um grande surto ou pandemia, porque há pouco ou nenhum tempo para se comunicar com fornecedores e pacientes desde o início; portanto, não surpreende que as pessoas não adotem de imediato novos medicamentos ou fiquem confusas sobre como usá-los.

No próximo grande surto, tenho certeza de que teremos opções melhores de tratamento em relação ao que tivemos para a covid. Uma das chaves para que isso aconteça serão grandes bibliotecas de compostos de fármacos que possam ser pesquisadas com rapidez para verificar se as terapias existentes funcionam contra novos patógenos. Já temos algumas dessas bibliotecas, mas precisamos de mais. Isso exigirá grandes investimentos para co-

---

* Às vezes, vão longe demais, como alguns deles fizeram com os opioides.

nectar as universidades, a indústria e as mais recentes ferramentas de software.

Precisamos de bibliotecas que deem conta de muitos tipos de medicamentos, mas alguns deles devem ser vistos como prioridade. São mais promissoras, a meu ver, as terapias panfamiliares e de amplo espectro — anticorpos ou fármacos capazes de tratar uma ampla gama de infecções virais, em especial aquelas que provavelmente causarão uma pandemia. Também poderíamos encontrar maneiras mais eficazes de ativar o que é conhecido como imunidade inata, a parte do sistema imunológico que entra em ação minutos ou horas depois de detectar qualquer invasor estranho — é a primeira linha de defesa do corpo. (Ela difere da resposta imune adaptativa, a parte que se lembra dos patógenos que encontrou antes e sabe como afastá-los.) Ao aumentar a resposta imune inata, um medicamento pode ajudar o corpo a interromper uma infecção antes que esta tome conta dele.

Para disponibilizar essas abordagens promissoras, o mundo precisa investir mais na compreensão de como vários patógenos perigosos interagem com nossas células. Cientistas estão trabalhando em maneiras de imitar essas interações para descobrir com rapidez quais medicamentos podem funcionar em um surto. Alguns anos atrás, vi uma demonstração de um "pulmão em um chip", um dispositivo experimental cabia na palma da mão e funcionava como um pulmão, permitindo que pesquisadores estudassem como diferentes fármacos, patógenos e células humanas afetam uns aos outros.

Com os avanços em inteligência artificial e aprendizado mecânico, é possível agora usar computadores para identificar pontos fracos em patógenos que já conhecemos, e poderemos fazer o mesmo quando surgirem novos. Essas tecnologias também estão acelerando a busca por novos compostos que atacarão esses pontos fracos. Com financiamento adequado, diferentes grupos poderão levar os novos compostos mais promissores aos estudos da fase 1 antes mesmo de haver uma epidemia, ou pelo menos obter várias pistas que ajudem a elaborar depressa um produto quando soubermos como é o alvo.

Em suma, embora a opção terapêutica não tenha nos socorrido da covid, ela é muito promissora para salvar vidas e impedir que futuros surtos prejudiquem os sistemas de saúde. Mas para tirar o máximo proveito disso o mundo precisa investir na pesquisa e nas tecnologias necessárias para encontrar tratamentos muito mais rápido e fornecê-los às pessoas, onde quer que estejam. Se alcançarmos essa meta, da próxima vez que enfrentarmos um surto global, minimizaremos o caos e salvaremos milhões de vidas.

6. Preparar-se para produzir vacinas

Agora que bilhões de pessoas receberam pelo menos uma dose da vacina contra a covid, é fácil esquecer que no início da pandemia as chances não eram muito favoráveis para a humanidade. E vale enfatizar: eram *claramente* desfavoráveis.

O fato de cientistas terem criado várias vacinas eficazes contra o novo coronavírus é por si só algo inusitado na história das doenças contagiosas. E que tenham feito isso em cerca de um ano chega a ser milagroso.

Grandes acumuladoras de dados que são, as empresas farmacêuticas têm meios de medir a probabilidade de um potencial medicamento ou vacina passar por todo o processo até ser aprovado para uso em seres humanos. Essa medida, conhecida como probabilidade de sucesso técnico e regulatório, depende de vários fatores, entre os quais a comprovação da eficácia de produtos similares. Quando se testa uma vacina que funciona mais ou menos como outra já aprovada, suas chances de apresentar bons resultados são maiores.

Do ponto de vista histórico, a probabilidade média de sucesso

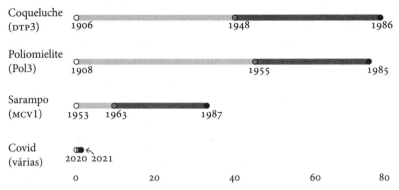

As vacinas contra a covid foram desenvolvidas com uma rapidez impressionante. Em apenas um ano, cientistas criaram vacinas seguras e eficazes contra o vírus. Para efeito de comparação, oitenta anos se passaram entre a identificação da coqueluche e a imunização de 50% da população mundial contra a doença. (Our World in Data.)[1]

de uma vacina candidata é de 6%.[2] (Uma vacina candidata é aquela que pode se tornar uma vacina segura e eficaz, mas ainda está sendo aperfeiçoada. Tal como um projeto de lei que está tramitando no Congresso ou no Parlamento e que pode ou não virar lei.) Isso significa que, de cem candidatas iniciais, apenas seis passarão por todas as etapas até serem aprovadas pelas agências reguladoras. As restantes vão ficar pelo caminho devido aos mais diversos motivos — por não conferirem imunidade suficiente, porque os ensaios clínicos não se mostraram conclusivos, ou porque provocam efeitos adversos imprevistos.

Claro que esse número de 6% é apenas uma média. As probabilidades para medicamentos e vacinas desenvolvidos com base em métodos de eficácia comprovada são um pouco melhores, e o valor é um pouco menor nos casos em que se adotam novas tecnologias. Antes de tudo, é preciso provar que a abordagem fundamental funciona. Em seguida, talvez haja necessidade de comprovar a eficácia da vacina específica assim desenvolvida. Para tanto, é preciso organizar estudos clínicos de grande amplitude, que chegam a mobilizar centenas de milhares de pessoas, e em seguida monitorar milhões de pessoas para a eventualidade de surgirem efeitos adversos danosos. Ou seja, essa é uma corrida com muitos obstáculos.

Felizmente, o vírus da covid é um alvo relativamente fácil para as vacinas, em parte porque as espículas em sua superfície não estão camufladas, como ocorre com proteínas de outros vírus. Daí a taxa de sucesso das vacinas contra a covid ser inusitadamente alta.

Entretanto, o milagre de certa forma subestimado das vacinas contra a covid não é o fato de que elas tenham sido criadas e aprovadas, mas de terem sido criadas e aprovadas num prazo bem menor que o de todas as vacinas anteriores.

Na realidade, tudo correu ainda mais depressa do que muita gente, incluindo eu, estava disposta a prever em público. Em abril de 2020, embora tenha me ocorrido que poderíamos ter uma vacina até o final do ano, escrevi em meu blog que teríamos de esperar até 24 meses — não me pareceu uma atitude responsável levantar a possibilidade de sucesso rápido se não havia uma probabilidade razoável de que isso viesse a acontecer. Em junho, depois de examinar os dados preliminares sobre vacinas promissoras em desenvolvimento, um ex-diretor da FDA declarou ao *New York Times* que, "em termos realistas, os prazos de doze a dezoito meses sugeridos pela maioria das pessoas são uma boa estimativa, ainda que otimista".[3]

Mas o que se passou de fato foi ainda melhor que o esperado. No final de dezembro, a vacina produzida pela Pfizer e pela BioNTech foi aprovada para uso emergencial, apenas um ano depois de detectado o primeiro caso de covid.[4]

Para se ter uma ideia de quão rápido isso aconteceu, vale lembrar que o processo de desenvolvimento de uma vacina — desde a primeira descoberta no laboratório, passando por todos os testes até chegar à aprovação — costuma se estender por um período de seis a vinte anos.[5] Pode levar até nove anos apenas para se chegar à etapa de ensaios clínicos com seres humanos, e mesmo com esses prazos longos não há garantia de sucesso. O primeiro teste de uma vacina contra o HIV começou em 1987, e até hoje nenhuma foi aprovada.

Antes da covid, o recorde para a aprovação de uma vacina era de quatro anos. Esse resultado extraordinário foi alcançado com uma vacina contra o sarampo desenvolvida pelo cientista Maurice Hilleman, um dos mais prolíficos criadores de vacinas de todos os tempos.[6] Das catorze recomendadas hoje em dia para crianças nos Estados Unidos, ele e sua equipe na farmacêutica Merck foram responsáveis por nada menos que oito, dentre elas as que nos protegem do sarampo, das hepatites A e B e da catapora.

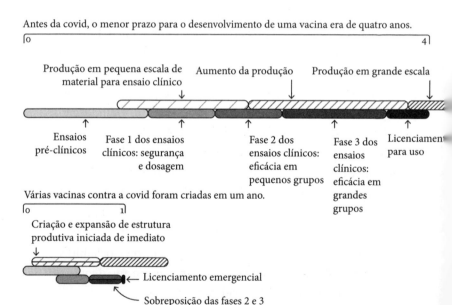

Produção de vacinas. Todas as vacinas passam por um rigoroso processo para assegurar que sejam seguras e eficazes. Várias vacinas para a covid foram aprovadas em apenas um ano graças à sobreposição de etapas dos ensaios clínicos, sem contudo sacrificar a segurança. (NEJM.)[7]

Em 1963, a filha de cinco anos de Hilleman, Jeryl Lynn, ficou com a garganta inflamada. Suspeitando que ela estava com caxumba — doença para a qual ainda não havia uma vacina aprovada —, ele coletou uma amostra de sua garganta com um cotonete longo e a levou para o laboratório, onde isolou o vírus. Mais tarde, usaria a mesma amostra de vírus para criar a primeira vacina contra a caxumba, aprovada em 1967. Essa cepa de caxumba é utilizada até hoje para produzir vacinas e recebeu o nome da menina. Todos aqueles que foram inoculados com a vacina tríplice viral — contra sarampo, caxumba e rubéola — receberam a cepa Jeryl Lynn.

Na época de Hilleman, produzir uma vacina em quatro anos era um feito grandioso. Porém um dos motivos que lhe permitiram tornar o processo relativamente mais rápido foi o fato de que não havia então os critérios éticos rigorosos hoje vigentes para obtenção de consentimento por parte dos voluntários ou para assegurar a qualidade das vacinas. De qualquer modo, se um surto epidêmico está ameaçando virar uma pandemia, quatro anos seriam um desastre.

As implicações para a prevenção a pandemias são óbvias: temos de aumentar a probabilidade de sucesso das vacinas e reduzir o tempo necessário para seu desenvolvimento e aprovação, sem com isso sacrificar a segurança ou a eficácia. Também é essencial que elas sejam produzidas com rapidez e em quantidade suficiente para distribuição no mundo todo num prazo máximo de seis meses depois de identificado o patógeno.

Essa é uma meta ambiciosa e, como mencionei na introdução, talvez pareça pouco realista para algumas pessoas. Mas estou convencido de que é viável e, no restante deste capítulo, pretendo mostrar como isso está a nosso alcance.

O caminho da vacina desde o laboratório até a aplicação requer quatro passos — o desenvolvimento, a aprovação, a fabricação em larga escala e a distribuição —, e vamos examinar as oportunidades de acelerar o processo nessas etapas. Por que em geral pode ser tão difícil criar e testar uma vacina e por que isso demora tanto? O que exatamente se passa nos cinco ou dez anos necessários até que ela esteja pronta para distribuição? A seguir, explico como se conseguiu abreviar esse período — é uma história fascinante de planejamento de longo prazo, incansáveis pesquisas realizadas por dois heroicos cientistas e mais do que um pouco de sorte.

Infelizmente, como se viu no caso da pandemia de covid, uma coisa é conseguir criar e aprovar uma vacina; outra, muito diferente, é evitar uma situação em que alguns têm acesso a ela e outros, não — o que só é possível produzindo e distribuindo doses suficientes para imunizar com rapidez todos que precisam, entre eles os que vivem em países de baixa renda e correm um risco maior de ficar gravemente doentes.

Em 2020 e 2021, a distribuição das vacinas contra a covid foi, para citar de novo Hans Rosling, ao mesmo tempo a pior e a melhor. Elas chegaram a mais pessoas em menos tempo do que em qualquer outra campanha de imunização já realizada. Também chegaram a muita gente nos países pobres com mais rapidez do

Enquanto nos Estados Unidos as pessoas em seus carros fazem fila em locais predefinidos a fim de tomar a vacina, muitos habitantes de regiões rurais de países de baixa ou média renda têm de esperar por doses contadas, distribuídas a pé por agentes sanitários. (À esq.: Paul Hennessy/ SOPA Images/ LightRocket via Getty Images. À dir.: Brian Ongoro/ AFP via Getty Images.)

que em qualquer outra ocasião — mas não ainda na velocidade necessária. Portanto, vamos examinar o que seria necessário para tornar mais justa sua distribuição.

Por fim, ao final deste capítulo, vamos falar de um novo tipo de medicamento que complementaria as vacinas — um remédio inalável que, antes de tudo, impediria o vírus de entrar em nosso corpo. Com ele, assegurar nossa proteção e a dos outros seria tão simples quanto tratar uma rinite alérgica.

Minha introdução ao mundo das vacinas ocorreu no final da década de 1990, quando comecei a me interessar por questões globais de saúde. Ao me dar conta de que em regiões pobres as crianças morriam de doenças que nunca levavam a óbitos infantis em países ricos — e que isso se dava sobretudo porque no segundo grupo as crianças eram imunizadas com determinadas vacinas, ao contrário das outras —, passei a estudar os aspectos econômicos da imunização. Trata-se de um exemplo clássico de fracasso dos mecanismos de mercado: bilhões de pessoas se beneficiariam das grandes inovações da medicina moderna, mas, por serem pobres demais, elas não dispõem de meios para expressar essas necessidades de forma relevante para os mercados. E o resultado é que ficam sem acesso a esses recursos.

Um de nossos primeiros projetos importantes na Fundação Gates foi participar da criação e organização da Aliança das Vacinas, antes conhecida como Aliança Mundial para Vacinas e Imunização (Global Alliance for Vaccines and Immunization, ou Gavi), entidade que coleta e gerencia doações visando facilitar a aquisição de vacinas por países pobres. A Gavi criou um mercado antes inexistente, e desde o ano de 2000 já ajudou a vacinar 880 milhões de crianças, evitando assim cerca de 15 milhões de mortes.[8] Tenho de reconhecer que a Gavi é uma das iniciativas da fundação de que mais me orgulho, e no capítulo 8 conto um pouco mais sobre seu funcionamento e o papel que ela poderia desempenhar na prevenção a pandemias.

Quanto mais nos informávamos sobre a questão das vacinas, mais passei a entender seus aspectos econômicos e científicos. Não se tratava apenas do fato de que os países pobres carecem de recursos para adquirir as vacinas existentes — eles também não têm força no mercado para estimular o desenvolvimento de novas vacinas voltadas para as doenças que mais os afetam. Por isso, a fundação começou a contratar pessoal especializado na criação de vacinas (e medicamentos). Eu mesmo tive de aprender muito sobre química, biologia e imunologia, bem como dedicar muitas horas a conversas com cientistas e pesquisadores do mundo todo, sem falar em várias visitas a fábricas de vacinas.

Em suma, dediquei muito tempo a entender os aspectos financeiros e operacionais do setor de vacinas, e hoje tenho uma boa ideia a respeito de sua enorme complexidade.

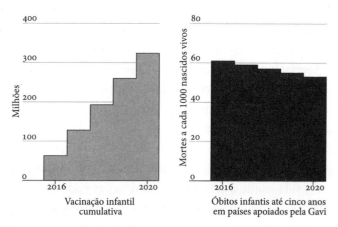

Salvando vidas. A Gavi ajudou a vacinar 324 milhões de crianças só nos últimos cinco anos. O gráfico mostra a redução nas taxas de mortalidade infantil concomitante ao aumento da taxa de vacinação. (Gavi, UN IGME.)[9]

Essa complexidade se deve, em parte, ao fato de termos decidido, enquanto sociedade, não tolerar muitos riscos quando se trata de imunização. A cautela faz sentido: afinal, vacinas são administradas a indivíduos saudáveis, e seria um contrassenso inocular nessas pessoas algo com efeitos adversos danosos. (E ninguém vai querer tomar uma vacina se há a probabilidade de que provoque efeitos adversos graves.) Por esse motivo, o setor é extremamente regulamentado, e as vacinas têm de passar por um longo e rigoroso processo de estudos e monitoração. Mais adiante, vou explicar como esse processo difere da aprovação de novos medicamentos em geral, mas aqui dou um exemplo de quão rigoroso ele é no caso das vacinas: para se construir uma fábrica de vacinas, é preciso respeitar padrões que se aplicam a quase todos os aspectos do edifício, desde a temperatura ambiente e o volume do fluxo de ar até as curvaturas dos cantos das paredes.

Outro fator de complexidade no setor é a natureza do produto. As vacinas são compostas de moléculas volumosas, cerca de 1 milhão de vezes mais pesadas que as moléculas que compõem a aspirina, por exemplo. Muitas delas são criadas em células vivas — as vacinas contra gripe são em geral cultivadas em ovos de galinha —, e, como as coisas vivas são imprevisíveis por natureza, nem sempre é possível obter exatamente o mesmo resultado. No entanto, conseguir toda vez um resultado quase exatamente igual é crucial para se produzir uma vacina segura e eficaz. Para isso, precisamos de equipamentos muito especializados e de técnicos treinados para operá-los, e toda vez que se fabrica um novo lote ainda restam meia dúzia ou mais de variáveis que podem alterar o produto final de forma sutil, mas relevante.

Uma vez definido o método de criação de uma vacina que seja segura para seres humanos, precisamos reproduzir esse método toda vez que a fabricamos — só dessa maneira uma agência reguladora pode saber se o lote atual é idêntico aos anteriores. Em contraste com uma molécula pequena — que alguém pode examinar e dizer: "Pouco importa como se chegou a isso; dá para ver que os átomos certos estão nos locais certos" —, para verificar uma vacina a agência reguladora precisa verificar o modo como ela é produzida e depois fazer um monitoramento contínuo, a fim de garantir que nada seja alterado no procedimento. Na verdade, as dezenas de experimentos complexos que uma empresa precisa realizar para garantir a homogeneidade do produto final contribuem de maneira significativa para o custo final de cada dose. Infelizmente, diversas vacinas que se mostraram promissoras contra a covid sofreram adiamentos consideráveis por esses motivos — não há como abrir mão do rigor nessa área. Em comparação, a reprodução de algo como um programa de computador é moleza. Uma vez depurado, o código pode ser copiado quantas vezes forem necessárias sem que haja preocupação com o aparecimento de elementos novos e prejudiciais. Se a produção de cópias de software acarretasse vez ou outra a introdução de novos problemas, isso impediria que as empresas do setor fossem tão bem-sucedidas.

Além disso, o desenvolvimento de uma nova vacina é muitíssimo dispendioso. Estima-se que o custo total de desenvolvimento e aprovação varia de 200 milhões a 500 milhões de dólares. Esse valor aumenta ainda mais quando se inclui o custo de todos os fracassos inevitáveis ao longo do caminho: de acordo com um estudo muito citado, mas contestado, sobre a criação de medicamentos (não de vacinas), o valor total pode chegar a 2,6 bilhões de dólares, e, como já mencionei, costuma ser muito mais simples do que desenvolver vacinas.[10]

Durante uma epidemia, os fabricantes de vacinas também têm de lidar com as expectativas da população. As pessoas querem uma nova vacina que seja segura e eficaz, querem ter acesso a ela o quanto antes e querem que seja barata.

Não estou aqui defendendo todas as decisões tomadas por

empresas no que se refere ao preço de seus produtos, e tampouco dizendo que devemos ter pena do setor farmacêutico. Porém, se vamos recorrer à capacidade dessas companhias para realizar estudos, testar e produzir medicamentos e vacinas — e não há outra maneira de evitar ou mesmo conter uma pandemia —, então precisamos entender os desafios que elas enfrentam, o processo pelo qual escolhem os produtos a serem desenvolvidos e os incentivos que podem influenciar tais decisões.

Você já deve ter notado que venho usando palavras como "negócio", "setor", "mercados", insinuando que grande parte do trabalho com vacinas é feita pelo setor privado. Isso é proposital. Embora organizações sem fins lucrativos, instituições acadêmicas e governos tenham papéis essenciais a desempenhar — entre outros, o financiamento da pesquisa básica e a distribuição das vacinas —, quase sempre cabe ao setor privado desenvolver as vacinas em suas etapas finais e produzi-las em larga escala.

Isso tem implicações importantes para nossas iniciativas no sentido de impedir que futuros surtos infecciosos se tornem globais. É bom lembrar que nosso objetivo é evitar pandemias. Assim, embora não haja dúvida de que temos de nos capacitar para produzir vacinas em quantidade suficiente para o mundo todo, no caso de doenças que se alastrem antes que possam ser contidas, o melhor mesmo seria impedir que o surto se transforme em pandemia. Para tanto, vamos precisar de vacinas para controlar os surtos regionais, nos quais os infectados em potencial são da ordem de centenas de milhares de pessoas, e não de milhões ou de bilhões. Isso mudará de forma drástica os incentivos para as companhias farmacêuticas. Para quem está à frente de uma dessas empresas, encarregado de torná-la lucrativa, não há por que dedicar iniciativas e recursos para desenvolver uma vacina que será adquirida apenas por um pequeno grupo de compradores, sobretudo a preços tão baixos que excluem a possibilidade de lucro.

Os mecanismos do mercado simplesmente não resolvem a questão. O mundo precisa de um plano para contar com fábricas de vacinas de prontidão e para financiar vacinas novas. Tal plano deve prever recursos para a realização de ensaios clínicos e dos procedimentos de licenciamento, como fez o governo americano no caso da covid, destinando 20 bilhões de dólares para facilitar a preparação de diversas vacinas candidatas.

Esse plano também deve incluir recursos significativos para a pesquisa e o desenvolvimento de vacinas e de outras ferramentas, com uma parte sendo destinada à Cepi, a organização mencionada na introdução que concede bolsas para institutos de pesquisa e empresas particulares voltados para o aperfeiçoamento de vacinas e tecnologias associadas. Em meados de 2021, a Cepi havia captado 1,8 bilhão de dólares para seus programas de enfrentamento da covid, mas os doadores se mostraram bem menos inclinados a financiar trabalhos voltados para futuras pandemias.[11] Isso é compreensível — quando uma doença está matando milhões de pessoas ao redor do mundo, não é fácil despertar o interesse por enfermidades que podem ou não vir a surgir no futuro —, mas esses recursos fazem parte dos bilhões de dólares que necessitamos para salvar milhões de vidas e evitar trilhões de dólares em potenciais prejuízos econômicos.

Outra área para a qual a Cepi pode contribuir é a da criação de vacinas eficazes contra famílias inteiras de vírus — as chamadas vacinas universais. As atuais vacinas contra a covid ensinam o sistema imunológico a atacar parte da proteína espicular na superfície de um determinado coronavírus. Mas pesquisadores estão elaborando vacinas capazes de visar características que se manifestam em *todos* os coronavírus, entre os quais o da covid e seus parentes próximos, e mesmo naqueles que talvez venham a surgir no futuro. Com essa vacina universal contra o coronavírus, nosso organismo estaria preparado para enfrentar vírus que ainda nem sequer existem. Os coronavírus e o vírus da gripe devem ser os alvos preferenciais dela, uma vez que têm sido os responsáveis pelos piores surtos ocorridos nas últimas duas décadas.

Por fim, o plano mundial de vacinas deve estabelecer um sistema para a alocação das doses, de modo que proporcionem o maior benefício para a saúde pública, em vez de simplesmente serem adquiridas pelos países que pagarem mais. Durante a pandemia da covid, a Covax, embora criada para resolver esse problema, ficou longe de alcançar tal objetivo, por motivos quase todos alheios a seu controle.[12] A ideia original era partilhar os riscos intrínsecos ao desenvolvimento das vacinas, com os países mais ricos subsidiando os mais pobres. No entanto, os países ricos acabaram deixando de lado esse arranjo e trataram individualmente com as empresas farmacêuticas, na prática colocando a Covax no fim da fila de compradores e prejudicando sua capacidade de negociar com essas mesmas empresas. Além disso, a aprovação de duas das vacinas com as quais a Covax estava contando levou mais tempo do que o esperado, e por algum tempo ela não foi autorizada a exportar para outros países vacinas de baixo custo produzidas na Índia. Ainda assim, a despeito dos obstáculos, a Covax se tornou o maior fornecedor de vacinas para os países mais pobres. Mas o mundo vai precisar de algo melhor na próxima vez, um tema que vou retomar no capítulo 9.

É claro que o financiamento da pesquisa científica de novas vacinas é apenas uma parte da equação. Essas vacinas têm mesmo de ser desenvolvidas — com rapidez ainda maior do que a alcançada na produção das vacinas contra a covid — e a tecnologia mais promissora para isso é, de longe, a das vacinas de mRNA. Para a maioria das pessoas, elas parecem ter saído do nada, mas na verdade foram o resultado de décadas de trabalho meticuloso de pesquisadores, entre os quais dois que tiveram de lutar com unhas e dentes por sua ideia revolucionária.

Desde seus dezesseis anos, Katalin Karikó sabia que queria ser cientista. Ela sempre teve um fascínio especial pelo RNA mensageiro, ou mRNA, as moléculas que (entre outras funções) comandam a criação de proteínas no corpo humano. Na década de 1980, quando ainda se dedicava ao doutorado em seu país natal, a Hungria, ela se convenceu de que os minúsculos filamentos formados por mRNA poderiam ser introduzidos em células, estimulando o corpo a produzir os próprios medicamentos.

O RNA mensageiro tem esse nome por atuar como uma espécie de intermediário — ele leva as instruções necessárias para a produção de proteínas até as estruturas no interior das células encarregadas de montar essas proteínas. O mRNA funciona como um garçom que anota seu pedido e o leva até a cozinha do restaurante, onde o prato será preparado.

A bioquímica húngara Katalin Karikó contribuiu para o desenvolvimento da tecnologia hoje empregada na fabricação das vacinas de mRNA. (The Gates Notes, LLC/ Studio Muti.)

O uso do mRNA na produção de vacinas significaria uma mudança importante no modo como elas costumam funcionar. Ao infectar nosso corpo, o vírus penetra em determinadas células e usa o mecanismo interno delas para gerar cópias de si mesmo, as quais em seguida são liberadas na corrente sanguínea. Esses vírus recém-criados saem em busca de outras células, que por sua vez são invadidas, dando início a um novo ciclo do processo.

Ao mesmo tempo, nosso sistema imunológico está equipado para detectar no corpo qualquer coisa que tenha uma estrutura desconhecida. Assim, ao topar com algo que não reconhece, o sistema imunológico diz: "Opa, olha aí algo de formato novo circulando. Pelo jeito é prejudicial. Vamos tratar de eliminá-lo".

Nosso corpo é tão engenhoso que consegue perseguir tanto os vírus que flutuam livremente na corrente sanguínea como as células que eles já invadiram. O processo, de forma bem resumida, é o seguinte: para derrotar os vírus no sangue, o sistema imunológico produz anticorpos que se ligam à estrutura específica daquele vírus. (As células que produzem anticorpos são denominadas linfócitos B ou células B, e as que atacam as células infectadas são chamadas de linfócitos T ou células T.) Além dos anticorpos e das células T, o corpo também produz as chamadas células de memória B e T, que, como diz o nome, ajudam o sistema imunológico a se lembrar da estrutura específica do vírus no caso de ele voltar a aparecer.

Em consequência, o sistema imunológico bloqueia a investida inicial do vírus e permite que o corpo esteja mais bem preparado da próxima vez que entrar em contato com esse vírus. No entanto, no caso dos vírus que nos fazem adoecer — como o da covid e o da gripe —, convém reforçar de antemão o sistema imunológico, a fim de que ele consiga neutralizar o vírus em sua primeira tentativa de infecção. E essa é a tarefa das vacinas.

Em muitas vacinas convencionais, o que se faz é injetar no

corpo uma variedade atenuada ou inativa do vírus que se pretende combater. O sistema imunológico, ao notar a presença de um vírus de estrutura nova, entra em ação e aumenta a imunidade do corpo. No caso de um vírus atenuado, sempre há a questão de saber se foi atenuado o suficiente — caso contrário, ele pode sofrer mutações e recuperar a capacidade de causar a doença. Por outro lado, se estiver atenuado demais, ele não ativa uma reação imunológica adequada. São necessários anos de trabalho laboratorial e estudos clínicos para assegurar que as vacinas convencionais sejam seguras e produzam uma boa resposta imunológica.

A ideia por trás das vacinas de mRNA é muito inteligente. Como o mRNA anota os pedidos de proteínas feitos pelo DNA e os leva até a cozinha das células, por que não alterar de maneira certeira esses pedidos? Ao ensinar as células a produzirem proteínas com uma estrutura similar à do vírus, a vacina acionaria o sistema imunológico tal como o faria um vírus atenuado ou inativo.

Se pudessem ser produzidas, as vacinas de mRNA seriam um avanço enorme em relação aos imunizantes convencionais. Uma vez mapeadas todas as proteínas a serem visadas, bastaria identificar aquela que vai servir de alvo para os anticorpos. Em seguida, uma análise do código genético do vírus revelaria as instruções para a produção das proteínas, e esse código seria incorporado à vacina por meio do mRNA. Mais tarde, se fosse necessário atacar uma proteína diferente, bastaria mudar o mRNA. Esse processo levaria, no máximo, algumas semanas. Em vez de pedir uma salada, você pediria ao garçom uma porção de fritas, e o sistema imunológico se encarregaria do resto.

Só havia um problema: tudo isso não passava de teoria. Até então, ninguém havia produzido de fato uma vacina de mRNA. E, na opinião da maioria dos especialistas, nem valia a pena tentar, a começar pelo fato de o mRNA ser instável por natureza e propenso a se degradar com rapidez. E não era nada óbvio que seria possível manter a integridade do mRNA modificado durante todo o tempo que ele levaria para cumprir sua missão. Além disso, como já se comprovara que as células podiam evoluir de modo a não serem sequestradas por mRNA estranhos, era preciso achar uma forma de burlar esse sistema de defesa.

Em 1993, ao realizar pesquisas na Universidade da Pensilvânia, Karikó e seu chefe conseguiram uma façanha que apontou um caminho promissor: eles fizeram com que uma célula humana produzisse uma quantidade ínfima de novas proteínas usando uma versão alterada do mRNA que fora especialmente modificada para se esquivar do sistema de defesa da célula.

Esse foi um avanço crucial, uma vez que, se conseguissem ampliar de forma acentuada a produção dessas proteínas, eles também seriam capazes de criar um tratamento para câncer usando o mRNA. E, embora não fossem o foco do trabalho de Karikó, outros pesquisadores acreditavam que seria possível utilizar o mRNA também para produzir vacinas — contra a gripe, os coronavírus e até diversas formas de câncer.

Infelizmente, as pesquisas de Karikó perderam ímpeto quando o chefe dela deixou a universidade para trabalhar numa empresa de biotecnologia. Com isso, ela não contava mais com um laboratório e os recursos necessários para levar o estudo adiante; embora ela tenha solicitado várias bolsas de pesquisa, nenhuma foi aprovada. O ano de 1995 foi especialmente frustrante para a pesquisadora, que teve de lidar com um falso diagnóstico de câncer, com a precariedade de sua situação profissional na universidade e com o fato de seu marido não poder sair da Hungria por problemas de visto.

Mas Karikó não se deixou abater. Em 1997, ela começou a trabalhar com Drew Weissman, um novo colega na Universidade da Pensilvânia que tivera uma formação promissora, pois fizera pesquisas no NIH sob a orientação de Anthony Fauci, e estava interessado em usar a pesquisa dela com o mRNA para desenvolver vacinas.

Juntos, Karikó e Weissman continuaram a correr atrás da ideia de trabalhar com o mRNA modificado em laboratório. Mas ainda faltava um passo crucial: fazer com que uma quantidade maior de mRNA driblasse o sistema de defesa da célula. E esse problema só seria solucionado com a ajuda de outros cientistas.

Em 1999, Pieter Cullis e seus colegas, que se dedicavam à pesquisa sobre câncer, propuseram que os lipídios — basicamente, minúsculas moléculas de gordura — poderiam ser usados para envolver e proteger outra molécula mais frágil, como a do mRNA.[13] Seis anos depois, foi bem isso que conseguiu fazer, em colaboração com Cullis, o bioquímico Ian MacLachlan, cujas nanopartículas lipídicas abriram o caminho para as primeiras vacinas de mRNA.[14]

Até 2010, quase ninguém no governo federal ou no setor privado demonstrara interesse na possibilidade de criar vacinas baseadas no mRNA. As grandes empresas farmacêuticas haviam tentado, sem sucesso, e alguns cientistas achavam que o mRNA jamais desencadearia uma resposta imunológica suficiente. No entanto, um diretor da Agência de Projetos de Pesquisa Avançada de Defesa (Defense Advanced Research Projects Agency, ou Darpa), o pouco conhecido programa de pesquisa dos militares americanos, considerou a tecnologia promissora o bastante para justificar um programa inicial de financiamento desse tipo de vacina contra doenças contagiosas.

Apesar das perspectivas abertas, esse trabalho pioneiro não levou de imediato à produção das novas vacinas. Tornar isso realidade seria a tarefa de empresas dedicadas a traduzir o avanço tecnológico num produto que pudesse ser aprovado e comercializado. Com essa finalidade, foram fundadas a Moderna, com sede nos Estados Unidos, e a CureVac e a BioNTech, na Alemanha. Em

2014, Karikó passou a trabalhar na BioNTech, que estava pesquisando a criação de uma vacina de mRNA contra o câncer.

As tentativas iniciais foram infrutíferas, embora um ensaio de vacina contra a raiva tenha se mostrado animador. Mesmo assim, Karikó e seus colegas da BioNTech persistiram, assim como os cientistas da Moderna. E aí, quando apareceu a covid, eles logo se empenharam em criar uma vacina contra o novo coronavírus.

Era uma boa aposta. A ideia de que o mapeamento do genoma de um vírus permitiria a criação de uma vacina num prazo de semanas se confirmou plenamente.

Em março de 2020, seis semanas após os cientistas terem sequenciado o genoma do novo coronavírus, a Moderna anunciou que identificara uma vacina candidata de mRNA e começou a produzi-la para os ensaios clínicos. No dia 31 de dezembro, a vacina de mRNA criada pela BioNTech em parceria com a Pfizer foi aprovada para uso emergencial pela OMS. Ao tomar a primeira dose da vacina para a qual tanto contribuíra — poucos dias antes de ser oficialmente aprovada —, Karikó não conseguiu conter as lágrimas.

O impacto que as vacinas de mRNA tiveram sobre a covid é incalculável. Em muitos locais, quase todas as vacinas aplicadas foram desse tipo. No final de 2021, mais de 83% das pessoas imunizadas na União Europeia haviam tomado as vacinas fabricadas pela Pfizer ou pela Moderna, ambas baseadas na tecnologia do mRNA. Nos Estados Unidos, essa proporção chegava a 96%. E no Japão *todas* as pessoas receberam vacinas de mRNA.[15]

A meu ver, a moral da história do mRNA é esta: se o fundamento científico faz sentido, vale a pena apostar em ideias que parecem despropositadas, pois elas podem ser exatamente o avanço de que se precisa. Levou anos para conseguirmos entender o mRNA a ponto de usá-lo para criar vacinas. O fato de a covid não ter surgido cinco anos antes foi para nós um golpe de sorte.

Agora, o objetivo dos pesquisadores de mRNA é aperfeiçoar

VACINAS DE RNA MENSAGEIRO

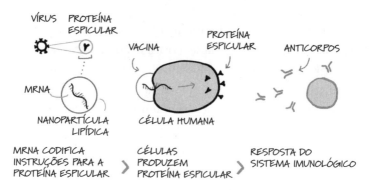

ainda mais e ampliar o alcance dessa tecnologia — por exemplo, tentando criar vacinas contra o HIV e novos tratamentos para muitas enfermidades. Existe até a possibilidade de termos uma única vacina de mRNA que nos proteja não apenas de um, mas de vários patógenos. E, se conseguirmos encontrar fontes adicionais da matéria-prima necessária para a fabricação dessas vacinas, será inevitável uma queda nos preços.

Em surtos epidêmicos futuros, não vamos medir o intervalo entre o primeiro caso detectado e a primeira vacina candidata em termos de anos ou meses, mas de dias ou semanas. E o mRNA quase certamente é a tecnologia que tornará isso possível.

Embora as vacinas baseadas no mRNA sejam a grande novidade na área, as vacinas de vetor viral também são interessantes, ainda que não tenham recebido tanta atenção por serem um pouco mais antigas.

Tal como o mRNA, o uso de vetores virais resultou de anos de pesquisa, e só há pouco tempo foram criadas vacinas desse tipo que podem ser aplicadas em seres humanos. Seu funcionamento se baseia em introduzir no corpo a espícula ou outro alvo proteico que o sistema imunológico deve reconhecer como um elemento estranho. O mecanismo de envio é uma versão de outro vírus — como o que causa a gripe comum —, modificada a ponto de se tornar inócua; e "vetor" é o termo usado para designar esse vírus que serve de veículo para a proteína de superfície contra a qual o sistema imunológico produzirá anticorpos.

Quem recebeu uma vacina fabricada pela Johnson & Johnson ou pela Oxford/AstraZeneca, ou ainda a Covishield, do Serum Institute of India (SII), foi imunizado com uma dose de vetor viral. Embora a produção da proteína de superfície seja mais complexa que a do mRNA, essas vacinas foram desenvolvidas com muita rapidez: as primeiras duas vacinas contra a covid que usam vetores virais chegaram ao mercado em apenas catorze meses, quebrando o recorde anterior para essa técnica. Antes da covid, só haviam sido aprovadas vacinas de vetor viral contra o ebola, e isso depois de um processo de cinco anos.

OS DIVERSOS TIPOS DE VACINAS CONTRA A COVID[16]				
esenvolvedores	Vacina	Tipo de vacina	Data da autorização de emergência da OMS	Estimativa de doses enviadas até o fim de 2021
fizer, BioNTech	COMIRNATY	mRNA	31/12/2020	2,6 bilhões
niversidade de xford, straZeneca	VAXZEVRIA	Vetor viral	15/02/2021	940 milhões

OS DIVERSOS TIPOS DE VACINAS CONTRA A COVID

Desenvolvedores	Vacina	Tipo de vacina	Data da autorização de emergência da OMS	Estimativa de doses enviadas até o fim de 2021
Serum Institute of India (fonte secundária de Oxford/ AstraZeneca)	Covishield	Vetor viral	15 fev. 2021	1,5 bilhão
Johnson & Johnson, Janssen Pharmaceutical	J&J	Vetor viral	12 mar. 2021	260 milhões
ModernaTX Inc, National Institute for Allergy and Infectious Diseases (NIAID)	SPIKEVAX	mRNA	30 abr. 2021	800 milhões
Sinopharm, Beijing Institute of Biological Products	Covilo	Vírus inativo	7 maio 2021	2,2 bilhões
Sinovac Biotech Ltd.	CoronaVac	Vírus inativo	1 jun. 2021	2,5 bilhões
Bharat Biotech	Covaxin	Vírus inativo	3 nov. 2021	200 milhões
Serum Institute of India (fonte secundária da Novavax)	Covovax	Subunidade proteica	17 dez. 2021	20 milhões
Novavax	Nuvaxovid	Subunidade proteica	20 dez. 2021	0 (zero)

OS DIVERSOS TIPOS DE VACINAS CONTRA A COVID

Desenvolvedores	Vacina	Tipo de vacina	Data da autorização de emergência da OMS	Estimativa de doses enviadas até o fim de 2021
Sanofi	Sanofi	MRNA	Desenvolvimento interrompido	0 (zero)
Universidade de Queensland, Commonwealth Serum Laboratories (CSL)	UQ/CSL (V451)	Subunidade proteica	Desenvolvimento interrompido	0 (zero)
Merck, Instituto Pasteur, Themis Bioscience, Universidade de Pittsburgh	Merck (V591)	Vetor viral	Desenvolvimento interrompido	0 (zero)

Há outro tipo de vacina que vem sendo usado por mais tempo do que as vacinas de MRNA ou as de vetores virais. Conhecida como vacina de subunidade proteica, existem versões dela contra a gripe, a hepatite B e o papilomavírus humano (HPV). Em vez de usar o vírus inteiro para ativar o sistema imunológico, essas vacinas introduzem apenas partes dele — daí o termo "subunidade". Sua produção, portanto, é mais simples do que a das vacinas com vírus atenuados ou inativos, porém, como estes últimos, as subunidades proteicas nem sempre desencadeiam uma resposta imunológica forte o bastante. Por esse motivo, podem requerer um adjuvante, uma substância extra que aciona o alarme do sistema imunológico, como se gritasse chamando a atenção dele: "Ei, venha ver essa nova estrutura! Veja se consegue neutralizá-la!".

Por ocasião da covid, a empresa Novavax criou uma vacina de subunidade proteica com adjuvante graças a um procedimento muito complexo: eles modificaram parte do gene que cria a proteína espicular do coronavírus e a introduziram em outro tipo de vírus, depois usaram esse vírus para infectar células extraídas de mariposas (!). As células infectadas de mariposas então geraram espículas similares às do coronavírus, que foram coletadas e mescladas a um adjuvante extraído da casca interna da quilaia — essa árvore originária do Chile produz um dos adjuvantes mais eficazes que existem — para compor a vacina. Quem recebeu a vacina Nuvaxovid ou a Covovax foi imunizado com uma vacina de subunidade proteica.

Por mais otimista que eu seja no que se refere a essas tecnologias, não posso deixar de fazer uma ressalva: *fomos muito eficientes, mas também tivemos muita sorte.* Como os coronavírus haviam originado dois surtos anteriores (Sars-cov e Mers), os cientistas já sabiam muita coisa sobre esses vírus. Foi sobretudo relevante o fato de terem identificado sua característica proteína espicular — as pontas da estrutura em forma de coroa que você já viu em dezenas de imagens — como possível alvo para as vacinas. Então, quando chegou o momento de modificar o mRNA para uma vacina contra a covid, eles já faziam ideia do ponto a visar no vírus.

A lição a extrair disso é que devemos prosseguir com a pesquisa básica sobre um leque ainda maior de vírus e de outros patógenos conhecidos, de modo a entendê-los tanto quanto possível antes do próximo surto. Também precisamos expandir as pesquisas sobre as terapias de amplo espectro que mencionei no capítulo anterior.

No entanto, pouco importa o quanto conseguimos acelerar a criação de novas vacinas durante um surto epidêmico se o processo de aprovação ainda demora anos. Vamos agora examinar em detalhes o funcionamento desse processo e ver se é possível abreviá-lo sem com isso sacrificar a segurança ou a eficácia.

Os seres humanos inventaram as vacinas muito antes de inventarem métodos para assegurar a eficácia delas. Considerado o criador das vacinas modernas, o médico britânico Edward Jenner comprovou, no final do século XVIII, que a inoculação do vírus da varíola bovina — uma doença aparentada à varíola, porém com leves efeitos sobre a saúde — em um menino o tornava imune também à varíola.* O termo "vacina" vem do nome do vírus da varíola bovina, *vaccinia*, que por sua vez deriva de *vacca*, "vaca" em latim.[17]

No final do século XIX, uma pessoa podia se imunizar contra varíola, raiva, peste, cólera e febre tifoide. Mas não havia a certeza de que a vacina funcionava ou de que era segura.

Essa falta de regulamentação teve consequências trágicas. Em 1901, devido à contaminação de uma vacina contra a varíola, houve um surto de tétano em Camden, no estado de Nova Jersey. No mesmo ano, um soro contaminado que em tese oferecia proteção contra difteria, uma infecção bacteriana, causou a morte de treze crianças em St. Louis.[18]

Diante do escândalo provocado por esses incidentes, o Congresso americano começou a regulamentar a qualidade das vacinas e dos medicamentos, com a fundação, em 1902, do Hygienic Laboratory, sob a alçada do Serviço de Saúde Pública (Public Health Service, ou PHS). Mais tarde, a tarefa de regulamentação seria transferida para a FDA, mas a pesquisa federal continuou sendo realizada pelo Hygienic Laboratory, hoje conhecido como NIH.[19]

No capítulo anterior, detalhei todo o processo para se obter a

---

* Como muitos cientistas na época, Jenner se interessava pelos mais variados assuntos. Também era ornitólogo e estudou a hibernação do ouriço-cacheiro.

aprovação de um medicamento. Como ele é quase igual ao processo de aprovação de uma nova vacina, apresento aqui um breve resumo, ressaltando as principais diferenças entre ambos.

Etapa exploratória. De dois a quatro anos de pesquisa básica em laboratório para a identificação de vacinas candidatas.[20]

Estudos pré-clínicos. Um ou dois anos para avaliação da segurança da vacina candidata e comprovar se ela de fato desencadeia uma resposta imunológica em animais.

Fase 1 dos ensaios clínicos. Obtida a aprovação da agência reguladora para a realização de ensaios clínicos em seres humanos, a primeira etapa é um estudo restrito com voluntários adultos bem parecido com os testes de medicamentos. Há algumas diferenças, contudo: em geral, os estudos clínicos com vacinas são feitos com coortes de vinte a quarenta voluntários, para levar em conta o fato de que cada indivíduo tem uma resposta imune própria. Nessa altura, o que se busca é verificar se a vacina provoca efeitos adversos. No entanto, para acelerar o processo, as empresas podem combinar os estudos da fase 1 e da fase 2 num único protocolo (foi o que fez a Johnson & Johnson no desenvolvimento de sua vacina contra a covid). No caso de moléculas pequenas, os ensaios da fase 1 podem ser bem mais restritos.

Fase 2 dos ensaios clínicos. A vacina candidata é administrada a várias centenas de pessoas que formam um grupo representativo da população a ser abrangida, com o objetivo de verificar se a vacina é segura e se reforça de modo adequado o sistema imunológico, além de definir a dosagem correta.

Fase 3 dos ensaios clínicos. Nessa etapa, os ensaios envolvem milhares ou dezenas de milhares de pessoas, metade das quais recebe um placebo e a outra metade, a vacina disponível mais eficaz. São dois os objetivos da fase 3, e ambos requerem um grande número de indivíduos originários das várias comunidades onde é endêmica a doença que se pretende combater. O primeiro é descobrir se a vacina reduz de forma significativa a doença em comparação com o placebo. Uma vez iniciado o ensaio, é preciso aguardar até que haja uma quantidade suficiente de pessoas doentes, para verificar se a maioria das infecções ocorre no grupo vacinado ou no que recebeu o placebo. O segundo objetivo dessa fase é identificar efeitos colaterais adversos mais raros, aqueles que podem surgir, por exemplo, em um indivíduo em cada mil vacinados. Assim, para ter a chance de detectar dez casos com efeitos adversos, serão necessários 20 mil voluntários: 10 mil que vão receber o placebo e 10 mil que serão vacinados.

Para ter certeza de que a vacina vai funcionar para todos que dela necessitam, é preciso que o grupo de voluntários seja diversificado em termos de gênero, localização, raça, etnia e faixa etária. O epidemiologista Stephaun Wallace, do centro de pesquisa contra o câncer do Fred Hutchinson, em Seattle, é um dos muitos cientistas ao redor do mundo empenhados em aperfeiçoar o conjunto de possíveis voluntários.

Negro e criado em Los Angeles, Wallace vivenciou em primeira mão o quanto a questão racial influi no modo como as pessoas são tratadas pela sociedade, inclusive no contexto médico. Ao se mudar para Atlanta com vinte e poucos anos, ele fundou uma organização de apoio a jovens negros portadores de HIV. Essa experiência despertou seu interesse pelas desigualdades no campo da saúde e por iniciativas capazes de sanar essa situação.

O trabalho de Wallace no centro Fred Hutchinson se concentra sobretudo no aperfeiçoamento dos métodos empregados na realização dos ensaios clínicos. Ele e os colegas se esforçam para incluir os mais diversos grupos de pessoas, recorrendo a parcerias com líderes comunitários, adaptando a comunicação para essas comunidades, facilitando a participação dos voluntários nos ensaios e adotando uma linguagem menos técnica e mais acessível nos formulários de consentimento.

Embora estivesse se dedicando ao trabalho com potenciais vacinas contra o HIV quando eclodiu a pandemia, Wallace logo mudou de foco e passou a trabalhar com ensaios clínicos das principais vacinas candidatas contra a covid (assim como alguns tratamentos). Chegou até mesmo a participar como voluntário de um desses ensaios, na esperança de convencer mais pessoas negras como ele de que as vacinas são seguras. Como consequência disso, esses ensaios contaram com uma proporção maior de pessoas não brancas do que os anteriores em que estivera envolvido.

Mesmo com a aceleração do ritmo dos ensaios clínicos das vacinas durante a covid — o que também ocorreu no caso dos medicamentos —, não se baixou a régua nos padrões de segurança e eficácia. Todas as vacinas aprovadas para uso emergencial pela OMS foram testadas de maneira adequada, comprovando sua segurança, em milhares de pessoas ao redor do mundo. Na realidade, como as vacinas contra a covid foram aplicadas em muita gente e mantiveram-se registros minuciosos de sua confiabilidade, hoje os cientistas dispõem de dados precisos sobre a segurança de várias delas no mercado — até em grupos específicos, como o de mulheres grávidas, que em geral não são incluídas em ensaios clínicos de vacinas, devido aos potenciais efeitos adversos para os fetos.

Outro motivo pelo qual as vacinas contra a covid foram aprovadas com tanta celeridade é que os responsáveis por essa aprovação trabalharam sem parar, abreviando para um período de meses um processo que costuma levar anos. Funcionários públicos em Washington, Genebra, Londres e outras cidades pelo mundo se empenharam dia e noite para repassar os dados coletados nos ensaios clínicos, examinando centenas de milhares de páginas da documentação relevante. Vale a pena se lembrar disso quando ouvimos alguém criticar a burocracia governamental. Se você é uma das pessoas que receberam logo a vacina contra a covid, confiando que não sofreria com efeitos adversos graves, agradeça aos inúmeros heróis anônimos na FDA que passaram muitas horas longe de seus familiares para fazer esse trabalho.

Nós precisaremos acelerar ainda mais os ensaios e os procedimentos de aprovação. As iniciativas que mencionei no capítulo 5, voltadas para os preparativos para a realização de ensaios clínicos — estabelecendo protocolos comuns e montando a infraestrutura necessária, por exemplo —, vão contribuir tanto para novas vacinas quanto para novos medicamentos. Além disso, durante a covid, pesquisadores e autoridades reguladoras acumularam muito conhecimento sobre a segurança das vacinas baseadas em mRNA e vetores virais, o que os capacitou a avaliar com rapidez ainda maior as próximas vacinas candidatas.

Vamos retomar agora o exemplo do hipotético surto epidêmico discutido no capítulo 5. Supondo que não fosse possível contê-lo a tempo e que ele se alastrasse pelo planeta, seria inevitável a imunização de bilhões de pessoas. Diversas vacinas já teriam passado pelos processos de aprovação e revisão, estando prontas para ser utilizadas em seres humanos. Em seguida, teríamos de enfrentar outro conjunto de problemas: como produzi-las em quantidade suficiente e distribuir essas doses da forma mais eficiente possível?

Para estimar quantas doses adicionais seriam necessárias, temos de levar em conta o seguinte: o mundo costuma produzir de 5 a 6 bilhões de doses de vacina a cada ano — incluídas aí as vacinas infantis, aquelas contra a gripe, a pólio e várias outras. No caso de um surto gigantesco, teríamos de fabricar quase 8 bilhões de doses de uma nova vacina (uma para cada pessoa no planeta), e talvez até 16 bilhões (no caso de duas doses por vacina). E sem interromper a produção de outras vacinas indispensáveis. Além do mais, teríamos de conseguir isso no prazo de seis meses.

E, para os fabricantes de vacina, haveria desafios em todas as etapas do processo produtivo:

- Na etapa inicial — a da produção dos ingredientes ativos que tornam a vacina eficaz —, eles têm de cultivar células ou bactérias, infectá-las com o patógeno a ser neutralizado e coletar as substâncias resultantes que serão incorporadas à vacina. Para tanto, utilizam um recipiente chamado de "reator biológico" ou "biorreator" — um tanque feito de alumínio reaproveitável ou de plástico descartável. Mas seu suprimento é restrito. No começo da pandemia, esses biorreatores foram adquiridos em enormes quantidades por empresas que esperavam obter resultados no curto prazo. Quem já se viu diante de uma prateleira vazia no supermercado sabe como essas empresas se sentiram diante da escassez de biorreatores.
- Em seguida, é preciso misturar a vacina com outras substâncias a fim de torná-la mais eficaz ou estável. No caso de uma vacina de mRNA, utiliza-se um lipídio para proteger o mRNA; outras vacinas talvez necessitem de um adjuvante. Infelizmente, como a quilaia é uma árvore pouco comum, o seu uso como adjuvante faz com que a linha de produção de vacinas fique na dependência das remessas das cascas. No futuro, precisaremos produzir versões sintéticas dos adjuvantes de modo a expandir rapidamente a capacidade de fabricação de vacinas.
- Por fim vem a etapa de acondicionar a vacina em frascos. Para tanto, são utilizados equipamentos estéreis e de alta precisão para encher os frascos fabricados de acordo com especificações rigorosas, as quais definem até o tipo de vidro e de tampa. (A certa altura na pandemia de covid, houve o temor de que se esgotassem as reservas mundiais da areia de alta qualidade usada na fabricação desse tipo de vidro.) Em seguida, os fras-

cos devem receber etiquetas que seguem as normas do país para o qual as vacinas foram vendidas, as quais incluem termos específicos, em conformidade com normas, que variam de um país para o outro. (Durante a covid, a Fundação Gates participou de várias iniciativas que visavam a simplificação e a padronização das normas de etiquetagem.)

Há anos vem ocorrendo uma discussão no campo da saúde global sobre as circunstâncias em que o licenciamento compulsório temporário de patentes seria uma forma efetiva de ampliar a produção de vacinas ou medicamentos. Em alguns casos, isso contribuiu para disponibilizar medicamentos de baixo custo, como no caso dos tratamentos de HIV mencionados no capítulo 5. Esse movimento ganhou novo fôlego em 2021, quando defensores dessa medida solicitaram que a Organização Mundial do Comércio promovesse o licenciamento compulsório no caso das vacinas contra a covid.

Havia de fato uma necessidade premente de produzir mais vacinas, e existem maneiras de se fazer isso, como mencionarei mais adiante neste capítulo. Infelizmente, os apelos a esse tipo de licenciamento vieram tarde demais para fazer diferença no abastecimento. É limitada a quantidade de instalações e de pessoas no mundo com capacidade para produzir vacinas que atendam a todos os critérios nacionais e globais de segurança e eficácia. E, como a maioria das vacinas é obtida por meio de procedimentos muito específicos, não se pode simplesmente adaptar uma fábrica especializada, digamos, em vacinas de vetor viral para que produza vacinas de mRNA. Isso depende da instalação de novos equipamentos e de treinamento de mão de obra e, mesmo assim, a fábrica teria de passar pelo processo de aprovação pelas autoridades.

Vamos supor que as empresas fossem obrigadas a divulgar as receitas de suas vacinas já aprovadas. Agora a empresa B fica interessada em reproduzir uma vacina aprovada da empresa A, comprometendo-se a cumprir todos os requisitos necessários. No entanto, não basta conseguir a receita de A — a empresa B também vai precisar de informações sobre os processos de manufatura, os dados acumulados nos ensaios clínicos e os detalhes das interações de A com o órgão regulador. E, como parte dessas informações também diz respeito a outros produtos, a empresa A — que talvez planeje recorrer ao mesmo procedimento para criar outra vacina — pode considerar inaceitável essa divulgação.

De qualquer modo, se B seguir adiante e acabar alterando, ainda que minimamente, o processo produtivo de A, a empresa terá de passar de novo por todo o ciclo de ensaios clínicos, o que anula qualquer vantagem em reaproveitar a receita de A. E no final de tudo, as duas empresas lançarão dois produtos à primeira vista similares, mas que podem ter diferentes níveis de segurança e eficácia — semeando confusão sobre as vacinas num momento em que é crucial que todos tenham o máximo de clareza. A empresa B deixa de correr o risco de ser processada pela empresa A, mas não ganha nada além disso.

A produção de uma vacina também é bem mais complicada que a de um medicamento. Vale lembrar que muitos remédios resultam de processos químicos bem definidos e mensuráveis. Não é o que ocorre com a maioria das vacinas, cuja fabricação com frequência depende de organismos vivos — de bactérias a ovos de galinha.

Seres vivos não agem necessariamente da mesma maneira ao longo do tempo, ou seja, mesmo que se reproduza o mesmo procedimento, nem sempre se obtém o mesmo resultado em ambas as ocasiões — e é muito mais difícil comprovar que todos os aspectos importantes da versão original estão presentes nas cópias. Sim, o processo de fabricação de uma vacina envolve milhares de etapas! Mesmo um fabricante experiente teria dificuldades para reproduzir os procedimentos de outra empresa, ainda mais quando não conta com a assistência técnica dos produtores originais.

É por esse motivo que temos medicamentos genéricos, mas não vacinas genéricas. Embora essa situação possa mudar no futuro, sobretudo com o amadurecimento da tecnologia das vacinas de mRNA, por enquanto não dá para contar com essa possibilidade. Em 2021, o licenciamento compulsório de patentes não teria expandido de forma significativa o abastecimento de vacinas contra a covid quando se fez necessário.

As decisões cruciais que determinaram com que rapidez haveria uma quantidade suficiente de vacinas para o mundo inteiro foram tomadas em 2020. Na primeira metade do ano, várias organizações — entre as quais Cepi, Gavi, governos nacionais e a Fundação Gates — se reuniram com muitas das empresas especializadas em vacinas para encontrar soluções que permitissem a fabricação da maior quantidade possível de doses. Não foi adotada a abordagem de abrir as patentes e deixar a cargo dos fabricantes a construção das fábricas e a realização dos ensaios, mas privilegiou-se a opção de incentivar a cooperação e o compartilhamento de todas as informações — incluindo o projeto das fábricas e os métodos para controle da qualidade do produto —, bem como a colaboração com as autoridades reguladoras. Até então, acordos desse tipo tinham ocorrido raras vezes, mas, dada a urgência da fabricação acelerada, essa foi a melhor maneira de ampliar a capacidade de produção sem comprometer a qualidade e os procedimentos de aprovação das vacinas.

Esse acordo só foi possível graças a um esquema de licenciamento: uma empresa que desenvolveu uma vacina candidata viável concorda em licenciar a fabricação das doses nas instalações de outra.[21] Elas partilham não só a receita da vacina, mas também as informações sobre como prepará-la na prática, assim como sobre pessoal técnico, dados e amostras biológicas. Como se você comprasse o livro de receitas de um chef renomado e, em seguida, ele aparecesse na sua casa com os ingredientes e ensinasse a preparar uma delas.

Esses são arranjos complexos que requerem a contabilidade do custo e do tempo associados à transferência de tecnologia, a negociação das licenças necessárias e a definição de termos aceitáveis por ambas as partes. E isso numa situação repleta de incentivos para afastar as empresas: imagine a Ford oferecendo suas fábricas para que a Honda produza ali seus carros.

No entanto, quando funcionam, tais arranjos são dignos de nota: foi um acordo desse tipo — e não um licenciamento compulsório de patentes imposto pelo governo — que possibilitou ao SII produzir 1 bilhão de doses de vacina contra a covid a um custo muito baixo e em tempo recorde.

Antes da covid, quase todas as vacinas destinadas aos países de baixa e média renda não foram produzidas por meio de acordos desse tipo, mas por fabricantes de baixo custo que dependiam do financiamento de organizações filantrópicas para o desenvolvimento parcial de seus produtos. No entanto, durante a pandemia, empresas fecharam mais acordos do que nunca. Em menos de dois anos, uma única companhia, a AstraZeneca, firmou acordos com 25 fábricas em quinze países. (Vale lembrar que ela também concordou em abrir mão de seus lucros com a vacina contra a covid.) A Novavax assinou um acordo com o SII — resultando numa vacina hoje aplicada em diversos países —, e o mesmo fez a Johnson & Johnson com duas empresas, a indiana Biological E. Limited e a sul-africana Aspen Pharmacare. No total, esses acordos resultaram na produção de bilhões de doses adicionais da vacina. E no futuro, tais acordos poderão ser feitos ainda com mais rapidez se as empresas preservarem as relações que construíram, de modo que não tenham de começar do zero durante o próximo surto epidêmico.

Tenho a esperança também de que esse seja um problema que as vacinas de mRNA vão ajudar a resolver. Muitas das tecnologias convencionais para a produção de vacinas são extremamente complexas e, portanto, com muitos detalhes a serem ajustados num acordo de licenciamento entre empresas. No entanto, como o procedimento básico do uso do mRNA é muito similar — envolvendo a mera substituição do mRNA antigo pelo novo e assegurando que o lipídio seja feito da maneira correta —, o compartilhamento de tecnologia entre empresas é um processo bem mais simples. Por outro lado, existem novas tecnologias modulares em desenvolvimento que, se bem-sucedidas, vão baratear e facilitar a construção e a manutenção das fábricas. Isso as tornaria mais flexíveis, permitindo que fossem adaptadas conforme a necessidade de produção de tipos diferentes de vacinas.

Por fim, algumas medidas devem ser tomadas por organizações internacionais como a OMS e a Cepi. Caberia à OMS promover a padronização dos rótulos dos frascos, de modo que as empresas não tenham de imprimir tantas etiquetas diferentes para a mesma vacina. Já a Cepi deveria se encarregar da compra antecipada de matéria-prima e frascos, e de sua posterior distribuição para os fabricantes que estejam desenvolvendo as vacinas candidatas mais promissoras. Foi isso que ela fez com frascos de vidro durante a pandemia de covid, assegurando uma reserva de suprimento caso alguma empresa não tivesse feito encomendas em volume suficiente.

As vacinas contra a covid reduzem de forma significativa o risco de complicações graves e óbitos, mas o acesso a elas depende em grande parte do local onde a pessoa vive — num país de alta, média ou baixa renda. Em 2021, mais da metade da população mundial recebeu ao menos uma dose. Nos países de baixa renda, porém, isso ocorreu com apenas 8% dos habitantes — e, ainda pior, indivíduos jovens e saudáveis nos países ricos, que talvez não viessem a adoecer nem morrer de covid, foram vacinados antes dos idosos e dos agentes de saúde e equipes médicas mais vulneráveis dos países de baixa renda.[22]

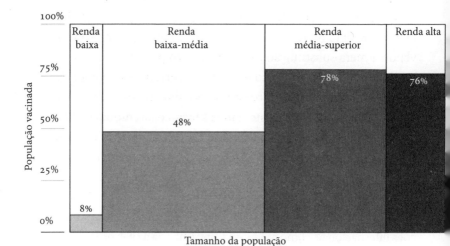

Disparidade na vacinação. Em dezembro de 2021, a taxa de vacinação dos países mais ricos era mais alta do que a dos de baixa renda. A largura das barras é proporcional à fatia da população global que cada uma delas representa. (Our World in Data.)[23]

Em tese, consideramos possível reduzir essa desigualdade por meio de uma alocação mais justa das vacinas disponíveis. É verdade que, durante a pandemia, os países ricos não honraram seu compromisso de compartilhar mais de 1 bilhão de doses com os países mais pobres — porém, mesmo que o tivessem feito, tal quantidade não bastaria para acabar com essa disparidade. E o compartilhamento de doses por si só não é uma solução permanente — há poucos motivos para imaginar que os países ricos se mostrarão mais dispostos a isso no futuro. Quantos políticos vão querer dizer aos eleitores jovens que estes não podem ser imunizados porque as vacinas foram doadas a outros países, numa época em que as escolas permanecem fechadas e as pessoas continuam a morrer?

É por isso que, a meu ver, em vez de nos concentrarmos sobretudo na realocação de doses, uma abordagem mais realista seria expandir a capacidade de produção de vacinas — dessa forma, deixaria de ser premente a questão dos critérios de distribuição de um suprimento limitado. Em 2021, a Casa Branca divulgou um plano engenhoso e com metas ambiciosas: desenvolver, testar, fabricar e distribuir uma vacina segura e eficaz para todo o planeta num prazo de seis meses após a detecção de uma ameaça epidêmica.[24] No caso de uma vacina de duas doses, isso significa produzir cerca de 16 bilhões de doses no prazo aproximado de seis meses após a identificação do patógeno.

Portanto, vamos repassar as etapas necessárias para a fabricação de doses suficientes para o mundo todo, começando pela formação do preço das vacinas e os meios para torná-las mais baratas.

Devido ao custo elevado do desenvolvimento de novos produtos, as empresas que criam novas vacinas tentam recuperar o investimento o quanto antes por meio da venda de doses a preços mais altos, que podem ser absorvidos pelas nações mais ricas. Mesmo que o processo original de produção resulte em vacinas muito caras, há pouco incentivo para que estas sejam reprojetadas, uma vez que teriam de ser submetidas de novo a todo o procedimento de aprovação pelas autoridades reguladoras.

No caso de algumas vacinas, a solução foi colaborar com fabricantes de países em desenvolvimento para que se criasse uma nova vacina para a mesma doença, assegurando ao mesmo tempo que os custos de produção permanecessem muito baixos. Isso é muito mais fácil do que criar uma vacina do zero, pois já se sabe de sua viabilidade e da resposta imune a ser estimulada.

A vacina pentavalente — que protege contra cinco doenças — é um bom exemplo. A mais usada foi desenvolvida no início da década de 2000, mas havia apenas um fabricante e, a um preço de 3,5 dólares por dose, era muito cara para os países de média e baixa renda. A Fundação Gates e seus parceiros se associaram a dois fabricantes de vacinas na Índia — a Bio E. e a sii, as mesmas empresas que mais recentemente passaram a produzir vacinas contra a covid — a fim de desenvolver uma vacina pentavalente acessível a todos. Essa iniciativa permitiu a redução do preço para menos de um dólar por dose e a ampliação da cobertura vacinal de modo que mais de 80 milhões de crianças recebessem três doses de vacina por ano — um aumento de dezesseis vezes na cobertura em comparação com 2005.

Acordos similares levaram à criação de novas vacinas para reduzir dois importantes fatores de mortalidade infantil: os rotavírus e a bactéria pneumocócica (causadora de pneumonia). Tanto o Serum Institute como a Bharat Biotech, ambas empresas indianas, criaram vacinas baratas contra o rotavírus que hoje estão disponíveis para todas as crianças da Índia, bem como em vários países africanos. As duas empresas estão empenhadas em aumentar ainda mais o acesso das nações mais pobres a essas vacinas. E, enquanto eu escrevia este livro, a Índia anunciou que irá ampliar o acesso à vacina pneumocócica para o país todo — uma decisão que vai salvar dezenas de milhares de crianças todos os anos, uma vez que a cobertura atual abrange menos da metade do país.[25]

Nas duas últimas décadas, a Fundação Gates foi o maior patrocinador da fabricação de vacinas nos países em desenvolvimento. Uma das lições dessa experiência é que a criação de todo um ecossistema para a produção delas é um processo longo e difícil. Mas também aprendemos que é possível superar os obstáculos.

Para começar, há a questão da aprovação pelas agências reguladoras. Cabe à OMS aprovar todas as vacinas adquiridas por órgãos das Nações Unidas, como a Covax, por exemplo. Se a vacina já foi aprovada nos Estados Unidos, na União Europeia ou em alguns outros países, então a OMS age relativamente rápido. Se não for o caso, a revisão da organização tende a ser muito mais rigorosa, podendo demorar até um ano (embora a OMS esteja tentando acelerar o processo de aprovação para todas as vacinas).

A Índia e a China, que contam com uma sólida infraestrutura para a fabricação de vacinas, estão empenhadas em obter uma certificação que torne ainda mais rápida a aprovação de seus produtos pela OMS. Assim que a conseguirem, as vacinas e outras inovações originárias desses países poderão ser usadas pelo resto do mundo num prazo ainda menor do que o atual. Na África, grupos regionais trabalham em conjunto com a OMS e outros parceiros para aprimorar a regulamentação sanitária no continente, e os governos já começaram a adotar normas internacionais para as vacinas, de modo que os fabricantes não precisem se adaptar às regras distintas vigentes em cada país.

Além dos procedimentos de aprovação, há outro desafio: no intervalo entre os surtos, os fabricantes de vacina precisam contar com outros produtos para tornar seu negócio viável em termos econômicos. À medida que forem aprovadas novas vacinas contra a malária, a tuberculose e o HIV, o mercado de vacinas será ampliado como um todo, possivelmente criando condições para que surjam novos produtores. Enquanto isso, os países podem se encarregar do processo de envasamento e rotulação — distribuindo vacinas feitas em outros lugares.

Em meados da década de 2000, durante uma viagem ao Vietnã, visitei um posto de saúde rural para conhecer em primeira mão algumas das dificuldades enfrentadas pela população local. Como grande entusiasta e patrocinador de vacinas, eu estava interessado sobretudo nos problemas da distribuição delas em sua etapa final, ou seja, desde um local de armazenamento, passando por uma clínica remota, até a aplicação nos pacientes.

Esse posto de saúde acabara de receber um lote da nova vacina contra o rotavírus que mencionei no capítulo 3, mas havia uma questão. Para demonstrá-lo, um dos agentes de saúde pegou alguns frascos e tentou colocá-los numa caixa de refrigeração portátil. (Nessas caixas são transportadas as vacinas quando os agentes saem em campo.)

Os novos frascos não cabiam na caixa.

Isso parece um detalhe insignificante, mas é um problema e tanto. A maioria das vacinas perde a eficácia quando não é mantida resfriada — em geral entre 2 e 8°C — durante o transporte da fábrica até seu destino final. Se um posto de saúde não tem condições de manter os frascos nessas temperaturas, as doses precisam ser descartadas. (A manutenção da temperatura correta durante todo o processo é conhecida como "preservação da cadeia de frio".)

O fabricante da vacina contra o rotavírus logo sanou o problema, mudando o tamanho dos frascos, mas esse é um exemplo claro de um aspecto de suma importância na vacinação: a distribuição das vacinas por todas as partes do mundo é um tremendo desafio logístico, e decisões à primeira vista inócuas, como o tamanho de um frasco, podem pôr tudo a perder.

A boa notícia é que a preservação da cadeia de frio e outros problemas de distribuição foram resolvidos na maioria das regiões. Hoje, 85% das crianças recebem ao menos três doses da vacina pentavalente a que me referi. No entanto, conseguir chegar aos 15% remanescentes não é muito fácil.

A fim de assegurar que todas as crianças recebam as vacinas básicas que beneficiam a maior parte do mundo e, com isso, criar condições para que os surtos contagiosos sejam controlados antes de se alastrarem por todo o planeta, precisamos ter a capacidade de fazer com que as vacinas cheguem a todos os lugares, mesmo os mais remotos. Vejamos agora o caminho que uma vacina percorre desde a fábrica até a imunização.

Dependendo do destino final, o percurso pode incluir até sete etapas distintas. Depois de chegar a um país por via aérea ou marítima, o contêiner com as vacinas é levado para um centro

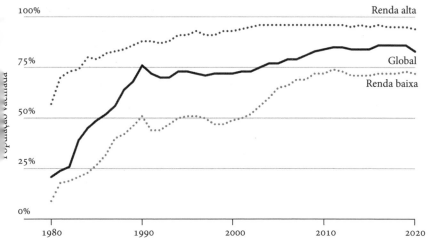

As taxas de vacinação globais nunca foram tão altas. O percentual de crianças que recebem três doses de vacinas trivalentes (contra difteria, tétano e coqueluche) teve um aumento extraordinário desde 1980. (OMS.)[26]

nacional de armazenamento. Dali é enviado a um armazém regional, em seguida um municipal, depois um distrital e, por fim, a um posto de saúde local. Então, um agente de saúde, carregando um lote de vacinas, segue para as áreas remotas, imunizando os moradores em suas casas ou nas proximidades.

Em todas essas etapas, é preciso manter as vacinas na temperatura adequada, e não apenas nos diversos locais de armazenagem, mas também durante o transporte de um ponto a outro. O fornecimento de eletricidade pode falhar em qualquer um desses lugares, desligando geladeiras e aumentando o risco de as vacinas perderem sua eficácia. A vacina de mRNA da Pfizer, por exemplo, precisa ser armazenada a −70°C — uma grande dificuldade para países em desenvolvimento, onde manter as doses resfriadas já representa um desafio.

No fim das contas, as vacinas só chegam às pessoas que vão se beneficiar delas por causa dos agentes de saúde empenhados nessa etapa final. O trabalho deles requer muita atenção e vigor físico — muitas vezes, caminham quilômetros todos os dias para cumprir sua missão — e pode ser arriscado. A depender da vacina que está sendo administrada, eles têm de preparar cada dose, diluindo o pó num líquido e ajustando cuidadosamente as respectivas proporções. As agulhas podem entupir durante a aplicação. Eles precisam ficar atentos para eventuais vacinas falsificadas. E ainda devem manter um registro preciso de todas as pessoas que foram imunizadas.

Um esforço fenomenal está sendo feito para resolver esses problemas. Seringas de uso único contam com um mecanismo de segurança que impede que o vacinador se machuque ou a reutilize. Elas se revelaram literalmente uma salvação durante a imunização de crianças contra a coqueluche e outras doenças, mas, no decorrer da pandemia do novo coronavírus, a demanda aumentou tanto que chegou a ameaçar os programas de vacinação infantil. O Unicef e outras organizações se viram obrigados a intervir de modo a aumentar a oferta e a distribuição desse tipo de seringa.

No Nepal, uma agente de saúde caminha vários quilômetros por dia, muitas vezes em áreas inóspitas e remotas, a fim de aplicar vacinas. (The Gates Notes, LLC/ Uma Bista.)

Na Índia, as equipes de vacinação passaram a usar um refrigerador portátil que impede o congelamento dos frascos. Pesquisadores estão empenhados no desenvolvimento de vacinas que não precisam ser mantidas em baixa temperatura em todas as etapas do percurso. Também estão reduzindo os custos de transporte e aproveitando melhor o espaço dos refrigeradores com a adoção de pacotes menores de frascos, além de simplificar os procedimentos para os agentes de saúde ao eliminar a necessidade de preparo de vacinas em pó.

Códigos de barras impressos nos rótulos dos frascos vão permitir que os vacinadores usem o celular para confirmar a procedência das vacinas, do mesmo modo como escaneamos um QR code para ver o cardápio de um restaurante. O escaneamento das etiquetas permite saber com exatidão quantos frascos foram utilizados, facilitando o reabastecimento dos postos de vacinação. E métodos avançados para a administração das vacinas, como a substituição de seringas e agulhas por um adesivo dotado de microagulhas — algo parecido com os adesivos de nicotina usados por quem pretende parar de fumar —, tornariam o procedimento mais seguro para todos e podem simplificar a administração dos imunizantes.

Você já deve ter lido (aqui ou em outro lugar) que o objetivo principal das vacinas é prevenir o adoecimento grave e a morte, e não a infecção. Claro que isso não é o ideal: uma vacina perfeita deveria impedir o contágio, o que contribuiria muitíssimo para reduzir a disseminação da doença, pois nenhuma pessoa já vacinada transmitiria o patógeno para outras. Um bom exemplo disso é a vacina contra o sarampo: duas doses asseguram uma proteção da ordem de 97% contra a infecção.[27]

Criar outras vacinas que sejam assim eficazes é um objetivo de longo prazo, e um caminho especialmente promissor é o de administrá-las de maneiras distintas, em partes diferentes do corpo. Pense em como contraímos o vírus da covid — ele entra em nosso corpo pelas narinas e vias respiratórias e se agarra ao muco ali existente. No entanto, uma vacina aplicada no ombro não gera muita imunidade nas células desse muco. Para tanto, provavelmente será melhor se contarmos com vacinas inaláveis, por meio de um spray nasal ou da ingestão de uma fórmula líquida.

Os seres humanos têm anticorpos adaptados para atuar nas superfícies úmidas do nariz, da garganta, dos pulmões e do trato digestivo. Esses anticorpos podem se conectar a mais pontos de um vírus do que os anticorpos da corrente sanguínea, o que os torna mais eficientes para neutralizar os vírus. (Segundo um artigo inédito que li, essas células, pelo menos em camundongos, talvez proporcionem uma proteção dez vezes maior.)

No futuro, vamos poder inalar ou ingerir uma vacina capaz de imunizar nosso organismo contra infecções graves e potencialmente letais, bem como reforçar a imunidade na superfície das mucosas — protegendo e reduzindo a probabilidade de transmitirmos um vírus ao respirar, tossir ou espirrar. Quando solicitaram a Larry Brilliant e outros cientistas que sugerissem uma vacina fictícia contra o vírus hipotético que aparece no filme *Contágio*, eles escolheram um spray nasal — porque, explicaram depois, "em escala mundial, seria mais fácil sua produção, distribuição e administração".[28]

Além desses novos métodos de aplicação de vacinas, devemos explorar outra possibilidade: o uso de medicamentos bloqueadores de infecções administrados em conjunto com vacinas. Esse tipo de medicamento proporcionaria uma proteção de curto prazo contra infecções, e a vacina funcionaria como uma barreira, uma proteção prolongada contra as enfermidades mais graves. Esse medicamento seria usado por ocasião de uma disseminação muito rápida de uma doença contagiosa, mas, caso se mostre pouco eficaz ou não seja tomado com a frequência adequada, ainda restaria a vacina para nos manter longe dos hospitais.

A tecnologia por trás desses medicamentos ainda está se aprimorando, mas se chegarmos ao ponto em que seja possível desenvolvê-los com rapidez — como ocorre com as vacinas de mRNA — e distribuí-los sob a forma de pílulas ou de sprays nasais, eles seriam um instrumento fenomenal para debelar um surto epidêmico.

E se forem baratos e de efeito prolongado — alguns centavos por uma dose cujo efeito dura um mês ou mais —, até faria sentido usá-los para conter as infecções respiratórias sazonais. No princípio de cada mês, toda criança em idade escolar receberia uma dose. E poderiam ser montados postos de vacinação nos quais, de tantas em tantas semanas, as pessoas passariam para dar uma inalada protetora.

Há muita pesquisa instigante sendo feita sobre essa categoria de medicamentos, que denominarei bloqueadores. A empresa Vaxart, por exemplo, acumulou dados promissores sobre um bloqueador oral do vírus da gripe e vem aperfeiçoando outro contra o novo coronavírus. De maneira geral, contudo, essa abordagem não vem recebendo a atenção que merece, considerando-se sua relevância tanto para doenças novas quanto para as já existentes. Governos e empresas precisariam investir muito mais nessa área, com o objetivo específico de torná-la acessível e de fácil utilização em países tanto de baixa como de alta renda.

No entanto, nenhuma dessas ferramentas fará diferença se as pessoas se recusarem a usá-las. Toda vez que converso com alguém sobre bloqueadores ou vacinas, seja o indivíduo cientista, político ou jornalista, sempre paira a sombra de um tema crucial: o da rejeição às vacinas. E, logo mais, imagino que teremos de lidar também com a rejeição aos bloqueadores.

Pesquisadores que estudam a rejeição às vacinas chegaram a algumas conclusões. Uma delas é que suas causas são múltiplas. Sem dúvida, o temor e a desconfiança são fatores importantes. Também relevantes são o nível de confiança das pessoas nas autoridades e a capacidade que elas têm de obter informações atualizadas e precisas. Muitos americanos negros, por exemplo, desconfiam das intenções do governo no campo da saúde pública, e esse ceticismo é compreensível. Ao longo de quarenta anos, o PHS conduziu o infame Estudo da Sífilis Não Tratada de Tuskegee — um horrendo experimento no qual se observaram os efeitos dessa doença em centenas de indivíduos negros, sem que eles fossem informados do verdadeiro diagnóstico, e até evitando o tratamento quando este ficou disponível, onze anos após o início do estudo.

Também existem fatores socioeconômicos que nada têm a ver com o medo, a desconfiança ou a desinformação — por exemplo, a dificuldade de acesso aos postos de vacinação. Muitas pessoas não contam com transporte para ir a um local de vacinação situado longe demais. Talvez não possam se ausentar do trabalho ou não consigam alguém para cuidar de seus filhos. A segurança é outro ponto a ser levado em consideração no caso de mulheres que precisam percorrer grandes distâncias sozinhas para se vacinar.

Mas com o tempo aprendi que não se consegue convencer os mais hesitantes apenas apresentando-lhes fatos. É preciso encontrá-los ali onde eles estão — em termos literais e figurados.

Isso significa que as vacinas têm de ser acessíveis ou gratuitas e oferecidas em locais e horários convenientes para a população. Pode ajudar muito se essas pessoas virem políticos e celebridades sendo imunizados. E, talvez o mais importante, elas precisam ouvir a verdade de fontes confiáveis, como líderes religiosos e agentes de saúde com os quais têm familiaridade.

Na Zâmbia, para se obter informações confiáveis, basta sintonizar o rádio na estação FM 99.1. Uma vez por semana, Astridah Banda, uma freira católica e assistente social, apresenta o *Programa de Conscientização da Covid-19*, no qual ela e convidados discutem temas da área de saúde — com foco na prevenção da covid — e respondem às dúvidas dos ouvintes. Quando a doença chegou à Zâmbia, Banda se deu conta de que a maioria dos boletins oficiais de saúde era escrita em inglês. Embora este seja um dos idiomas oficiais do país, muita gente fala apenas uma das muitas línguas locais, ficando sem acesso aos comunicados do governo. Ela então procurou a rádio comunitária Yatsani e se dispôs a fazer um programa no qual traduziria os boletins para os idiomas locais e difundiria outras informações sobre o coronavírus. Hoje o programa tem mais de 1,5 milhão de ouvintes.

Em qualquer surto de doenças infecciosas, iniciativas como a da freira Astridah Banda, combinadas a outras medidas, são fundamentais. O aumento da cobertura vacinal requer tanto oferta quanto demanda — uma oferta adequada de vacinas e uma demanda por parte da população. Como argumentei neste capítulo, iniciativas e tecnologias inovadoras vão nos ajudar a produzir e distribuir doses de vacina para todos. Igualmente importante é fazer com que as pessoas se disponham a tomá-las.

Este capítulo ressalta dois pontos importantes. Primeiro, por mais horrível que tenha sido a pandemia de coronavírus, tivemos muita sorte por conseguir produzir vacinas em prazos tão apertados. E, segundo, ainda estamos vendo apenas o início dos benefícios que elas podem nos proporcionar. Como não podemos supor que teremos tanta sorte na próxima vez — e como há oportunidades fenomenais de salvar vidas além das ameaças pandêmicas —, o que o mundo deve fazer é se empenhar ao máximo para tornar as vacinas ainda melhores.

A freira e assistente social Astridah Banda divulga informações sobre a covid na rádio comunitária Yatsani, em Lusaka, na Zâmbia. (The Gates Notes, LLC/ Jason J. Mulikita.)

Há seis áreas que me parecem prioritárias em termos de investimentos e pesquisas:

Vacinas universais. Graças ao advento da tecnologia do mRNA, temos condições de criar vacinas que visem a diversas variantes do mesmo patógeno, ou até múltiplos patógenos. Com isso, podemos obter vacinas que nos imunizem contra os coronavírus, o vírus da gripe e o vírus sincicial respiratório — e, com alguma sorte, até erradicar essas três famílias de patógenos.

Dose única. Um dos grandes obstáculos para a imunização contra o coronavírus é a necessidade de se administrar várias doses da vacina. Isso não é um incômodo para quem tem acesso fácil aos postos de vacinação, não tem filhos pequenos que necessitam de cuidados nem problemas para se ausentar do local de trabalho, mas para muita gente é uma barreira difícil de ser transposta. Novas formulações vacinais poderiam, com a dose única, conferir a mesma proteção hoje obtida com duas doses. Em função das atuais pesquisas, estimo que esse seja um objetivo viável a médio prazo. E uma vacina ideal nos protegeria pelo resto da vida, em vez de requerer reforços anuais. O avanço do conhecimento sobre o sistema imunológico nos permitirá alcançar esse tipo de proteção de longo prazo.

Proteção total. As melhores vacinas contra a covid disponíveis (no momento em que escrevo, pelo menos) reduzem o risco de infecção, mas não o eliminam. Se conseguirmos desenvolver vacinas que confiram proteção total, será possível reduzir de maneira significativa o alastramento da doença — e os casos de escape vacinal ficariam no passado. Para tanto, um caminho é reforçar a proteção da mucosa, sobretudo na boca e no nariz.

Fim das caixas com gelo. A administração das vacinas seria bem mais fácil, sobretudo nos países em desenvolvimento, se elas não tivessem de permanecer resfriadas o tempo todo. Pesquisadores vêm se debruçando sobre esse problema ao menos desde 2003, e ainda não temos uma solução definitiva. Esta, quando vier, vai revolucionar a logística da distribuição de vacinas em países pobres.

Qualquer um pode administrar as vacinas. Se vacinas e medicamentos de bloqueio do contágio fossem distribuídos sob a forma de pílulas ou de sprays nasais, o procedimento de vacinação seria muito mais simples do que as atuais injeções. E os adesivos dotados de microagulhas que já mencionei tornariam obsoletas as seringas e agulhas. A própria pessoa poderia se vacinar, sem a ajuda de um agente de saúde treinado para aplicar injeções, com a vacina sendo armazenada em temperatura ambiente nos mais diversos pontos de distribuição. Já estão sendo testados protótipos de novas formas de administração da vacina contra o sarampo, e, embora os estudos estejam avançados, ainda será preciso mais tempo e pesquisa para que fiquem prontas para a comercialização e a produção em grandes quantidades, mas também para que a tecnologia dos adesivos seja estendida a outras doenças.

Aumento da capacidade produtiva. Para que esses avanços tenham impacto, não basta que sejam aperfeiçoados e aprovados. Também vamos precisar oferecê-los em enormes quantidades — a fim de atender todos — e no prazo estipulado de seis meses. Isso só será possível com a instalação de fábricas espalhadas pelo mundo, incluindo nas regiões mais afetadas pelas doenças. E precisamos encontrar soluções para que essa nova infraestrutura se mantenha viável do ponto de vista econômico, mesmo nos períodos em que não houver ameaça iminente de uma pandemia.

7. Praticar, praticar, praticar

Em julho de 2015, a revista *The New Yorker* publicou um artigo que atraiu muita atenção em toda a Costa Oeste dos Estados Unidos.[1] Como moro perto de Seattle, lembro que, na mesma hora em que o enviava por e-mail a alguns amigos, o artigo chegava em minha caixa de entrada em mensagens de outros conhecidos. E ele virou um tema frequente de conversas à mesa naquele verão.

O título era "The Really Big One: An Earthquake Will Destroy a Sizable Portion of the Coastal Northwest. The Question Is When" [O maior de todos: um terremoto vai arrasar uma parte considerável do litoral da região noroeste. A única dúvida é quando]. A autora — uma jornalista chamada Kathryn Schulz, que receberia o prêmio Pulitzer pelo artigo — explicava que um enorme trecho do litoral oeste da América do Norte, abrangendo desde o Canadá até os estados de Washington e Oregon, assim como o norte da Califórnia, está situado perto da Zona de Subdução Cascadia. Cascadia é uma falha geológica que se estende por centenas de quilômetros sob o oceano Pacífico, assinalando o encontro de duas placas tectônicas, uma das quais está deslizando para baixo da outra.

As zonas de subducção são por natureza instáveis e tendem a provocar terremotos. Sismólogos estimam que, na zona de Cascadia, terremotos violentos ocorrem em média a cada 243 anos, e o último deles foi registrado por volta de 1700. Não há consenso em torno dessa média de 243 anos, e é possível que o período entre grandes sismos em Cascadia seja bem mais longo. Mas, ao ler o artigo, ninguém que mora na região pôde contestar o fato de que o último terremoto em Cascadia aconteceu há mais de 315 anos.

O texto mencionava projeções catastróficas: um terremoto na zona de Cascadia e o tsunami por ele desencadeado poderiam matar quase 13 mil pessoas, ferir outras 27 mil e provocar o deslocamento de 1 milhão de habitantes da região. O número de vítimas seria ainda maior se o sismo ocorresse durante o verão, quando as praias da Costa Oeste ficam lotadas de turistas.

A fim de testar o estado de prontidão da região do Noroeste Pacífico para enfrentar um megaterremoto dessa magnitude, o governo federal dos Estados Unidos organiza uma série de exercícios periódicos de simulação em grande escala que recebeu o nome de Emergência Cascadia (Cascadia Rising). Em 2016, o exercício mobilizou milhares de pessoas de dezenas de órgãos governamentais, Forças Armadas, ONGS e empresas.[2] Um extenso relatório de avaliação apresentou os resultados detalhados e divulgou uma série de lições extraídas dessa simulação. Entre outras conclusões, o relatório afirmava que "os requisitos da resposta a uma catástrofe dessa ordem são fundamentalmente distintos de qualquer outra resposta já mobilizada [...]. Será preciso uma resposta em massa". Outra simulação da série Cascadia Rising está prevista para meados de 2022.

Adoraria poder afirmar que o Cascadia Rising resultou em mudanças significativas e que o Noroeste Pacífico está tão capacitado quanto possível para enfrentar um terremoto catastrófico.

Infelizmente, não é o que ocorre. Para começar, a adaptação dos edifícios da região de modo a torná-los resistentes a sismos seria inviável em termos financeiros.

Ainda assim, vale a pena realizar essas simulações. Pelo menos, nota-se um empenho do governo em alertar a população para o problema.

Tendemos a usar os termos "treino" e "exercício" como se fossem intercambiáveis, mas, no contexto da preparação para desastres, eles não significam a mesma coisa.

Um treino é um teste de apenas parte de um sistema — por exemplo, para verificar se o alarme de incêndio está funcionando, ou se todos os moradores de um prédio sabem como sair dele com rapidez.

Depois, subindo na escala da complexidade, há o chamado exercício *tabletop*, uma discussão de gabinete voltada para a identificação e solução dos problemas. Em seguida, um pouco mais complexo, vem o exercício funcional, uma simulação de desastre que testa o funcionamento de todo o sistema, mas sem mobilizar pessoas ou equipamentos.

Por fim, existem os exercícios de simulação completa, como o Cascadia Rising. Eles são concebidos para se aproximar o máximo possível do evento real — com participantes fingindo estarem doentes ou feridos, e veículos deslocando pessoas e equipamentos.

Assim que comecei a me informar sobre preparação e prevenção a pandemias, fiquei abismado ao descobrir que não há nenhuma iniciativa em curso no sentido de promover exercícios de simulação completa, concebida para testar a capacidade mundial de detectar e enfrentar um surto epidêmico. Como diz o programa de preparação da oms num guia de 2018 para a realização de exercícios contra surtos de doenças, iniciativas e recursos consideráveis foram investidos por países ao redor do globo para o desenvolvimento de planos nacionais de contingência contra a gripe e dos requisitos necessários para enfrentar uma pandemia de gripe. No entanto, para serem eficazes, esses planos precisam ser testados, avaliados e atualizados de tempos em tempos por meio de exercícios de simulação.[3]

Já foram feitos muitos exercícios dos tipos *tabletop* e funcional para o enfrentamento de surtos de doenças, mas talvez apenas alguns em escala nacional visando simular um surto de gripe ou coronavírus.* O primeiro destes, em 2008, foi realizado pela Indonésia, que organizou um exercício de simulação completa contra surtos epidêmicos em Bali. Porém não há nenhum caso de exercício de simulação abrangendo regiões inteiras ao redor do mundo.[4]

---

* Há casos de simulações referentes a doenças transmitidas por animais. Por exemplo, quatro anos depois de um surto da doença da vaca louca em 2001, o Reino Unido e cinco países escandinavos realizaram simulações para testar a sua prontidão.

Embora nem sempre os detalhes estejam disponíveis, pois os governos costumam manter sob sigilo os resultados de tais exercícios — sobretudo no caso de simulações completas —, é evidente que pouco se avançou nesse sentido. Um modelo positivo é o Vietnã, que vem realizando simulações regulares com vários níveis de complexidade e adotando medidas para sanar os problemas, e com isso se viu mais bem preparado para lidar com a pandemia de coronavírus.

No entanto, na maioria dos casos, tais exercícios em outros países tiveram como resultado apenas uma série de questionamentos e oportunidades desperdiçados.

Um exemplo é o Reino Unido, que realizou dois exercícios simulados — Winter Willow, em 2007, e Cygnus, em 2016 — enfocando surtos de gripe. O exercício Cygnus, em particular, revelou que o governo tinha problemas para se preparar para a situação e deu origem a uma série de recomendações sigilosas que não foram aproveitadas — o que causou um escândalo assim que o jornal *The Guardian* as divulgou no primeiro ano da pandemia de covid.[5]

Algo similar ocorreu nos Estados Unidos em 2019, quando o governo realizou o exercício Crimson Contagion, uma série de simulações cujo objetivo era saber se o país estava preparado para enfrentar uma epidemia causada por um novo vírus de gripe.[6]

Supervisionado pelo Departamento de Saúde e Recursos Humanos, o Crimson Contagion foi dividido em duas etapas. Na primeira, organizou-se uma série de seminários e exercícios *tabletop* entre janeiro e maio, em que representantes de todos os escalões de governo, assim como do setor empresarial e de ONGs, se reuniram para discutir os planos existentes para enfrentar um surto epidêmico.

Na segunda etapa, tais planos foram testados por meio de exercícios funcionais. Durante quatro dias, em agosto de 2019, os participantes esmiuçaram um cenário no qual turistas em visita à

China adoeciam com problemas respiratórios causados por um vírus. Partindo do aeroporto de Lhasa, eles visitavam outras cidades chinesas antes de voltarem para seus respectivos países.

O vírus se revelava tão contagioso quanto o da gripe de 1918, e apenas um pouco menos letal. Ele se espalhava com rapidez de uma pessoa para outra, sendo identificado pela primeira vez nos Estados Unidos, em Chicago, de onde chegava rapidamente a outras cidades importantes.

O exercício tinha início 47 dias depois de detectado o primeiro caso nos Estados Unidos. Nas regiões do Sudoeste, Meio-Oeste e Nordeste, o número de casos variava de moderado a alto. Modelos previam que o vírus iria infectar 110 milhões de pessoas no país, das quais 7 milhões acabariam sendo hospitalizadas e 586 mil morreriam no final.

Durante os quatro dias seguintes, os participantes do exercício debateram as decisões inusitadas para quem não estivesse familiarizado com as medidas de enfrentamento a surtos de doenças: quarentenas, equipamentos de proteção pessoal, distanciamento social, fechamento de escolas, comunicados públicos e aquisição e distribuição de vacinas. Hoje, é evidente, todos esses termos fazem parte de nosso vocabulário cotidiano.

O âmbito do exercício funcional Crimson Contagion era enorme, abrangendo dezenove órgãos e agências federais, doze estados, quinze nações e grupos indígenas, 74 Secretarias de Saúde municipais, 87 hospitais e mais de uma centena de grupos do setor privado. Concluído o exercício, os participantes se reuniram para avaliar o que havia acontecido. Embora certas coisas tivessem funcionado bem, eles constataram muitas vulnerabilidades. Cito a seguir algumas delas, que vão parecer estranhamente familiares.

Ninguém no exercício entendeu o que de fato cabia ao governo federal fazer, em contraposição às responsabilidades dos outros. O Departamento de Saúde e Recursos Humanos não tinha uma autoridade inequívoca para conduzir a resposta federal. Não havia recursos suficientes para a compra de vacinas (nessa simulação, já existia uma vacina disponível, mas ainda não aplicada, contra a cepa visada). As lideranças estaduais não sabiam a quem recorrer para obter informações confiáveis. Havia enormes discrepâncias na forma como cada estado planejava usar os recursos escassos — aparelhos médicos de ventilação, por exemplo — e alguns nem sequer tinham algum plano de contingência.

Alguns dos problemas chegavam a ser cômicos de tão banais, como se tivessem sido inspirados na série de TV *Veep*. As agências federais alteravam de maneira imprevisível os nomes das convocatórias para reuniões, gerando confusão entre os participantes. Às vezes, o nome de uma reunião incluía siglas irreconhecíveis e as pessoas não apareciam. Os governos estaduais, que já sofriam com falta de pessoal, tinham dificuldade para atender a todos os telefonemas e, ao mesmo tempo, organizar a própria resposta.

É revelador que, no relatório oficial do governo sobre os resultados do exercício Crimson Contagion — datado de janeiro de 2020, a mesma época em que começaram a aumentar os casos de covid —, o termo "diagnóstico" apareça apenas três vezes em 59 páginas. O relatório apenas assinala que testes diagnósticos seriam um dos muitos suprimentos insuficientes em uma pandemia. Apenas algumas semanas depois, é claro, a incompetência dos Estados Unidos para ampliar sua capacidade de testagem se tornaria tragicamente óbvia. Este é um ponto a ressaltar: o fracasso americano em testar sua população num nível similar ao alcançado por outras nações está entre os maiores erros cometidos por qualquer país durante esta pandemia.

O exercício Crimson Contagion não foi a primeira simulação concebida para testar o estado de prontidão dos Estados Unidos para lidar com um surto infeccioso. Essa honra talvez vá para um exercício *tabletop* batizado com o lúgubre nome de Dark Winter (Inverno Sombrio), realizado durante dois dias, em junho de 2001, na base Andrews da Força Aérea, em Washington, D.C.

Surpreendentemente, a simulação não foi organizada pelo governo federal, mas por organizações independentes cujos líderes estavam cada vez mais preocupados com a possibilidade de um ataque biológico terrorista no país e queriam chamar a atenção para o problema.

Na simulação Dark Winter, um grupo terrorista dissemina o vírus da varíola nas cidades de Filaldélfia, Oklahoma e Atlanta, contagiando um total de 3 mil pessoas. Menos de dois meses depois, 3 milhões de pessoas estariam infectadas, com cerca de 1 milhão de mortos. Um participante da simulação, conhecido meu, comentou que o resultado era Varíola 1, Humanidade 0.[7]

Outros exercícios vieram em seguida: Atlantic Storm em 2005 (outro ataque com varíola), Clade X em 2018 (surto de um novo vírus de gripe), Event 201 em 2019 (surto de um novo coronavírus), uma simulação na Conferência de Segurança em Munique em 2020 (ataque biológico com um vírus de gripe modificado).*

Mesmo que cada um desses exercícios americanos tenha imaginado um cenário diferente e usado métodos distintos, eles tinham três coisas em comum. A primeira é que chegaram basicamente às mesmas conclusões — há enormes deficiências na capacidade dos Estados Unidos e do resto do mundo para conter surtos infecciosos e impedir uma pandemia — e propuseram medidas para sanar essas vulnerabilidades.

Outra coisa que esses exercícios têm em comum é que nenhum deles levou a mudanças significativas que tornariam o país

---

* A Fundação Gates foi um dos patrocinadores do exercício Event 201. Adeptos de teorias da conspiração sugeriram que ali se previu a covid. Como deixaram claro os organizadores, não se tratava de uma predição, o que foi ressaltado na época. Há uma declaração sobre isso em <centerforhealthsecurity.org>.

mais bem preparado para enfrentar um surto epidêmico. Ainda que tenham sido feitos alguns ajustes nos níveis federal e estadual, basta lembrar o que ocorreu desde dezembro de 2019 para constatar que essas mudanças foram insuficientes.

O terceiro ponto em comum é que, com exceção do Crimson Contagion, todas as outras simulações americanas ocorreram apenas em gabinetes, não envolvendo em nenhum caso a mobilização de pessoas e equipamentos reais.

Os exercícios de simulação completos não são realizados com a mesma frequência dos exercícios *tabletop* e funcionais pelo motivo óbvio de que são dispendiosos, demorados e atrapalham a rotina de muita gente. Além disso, algumas autoridades do setor da saúde pública argumentam que a melhor maneira de nos prepararmos para uma pandemia é simular surtos menores, o que significa não se preparar apenas para aquilo que pode acontecer numa epidemia ou numa pandemia — problemas como interrupções na cadeia de suprimentos, fechamento da economia e interferências políticas por parte de chefes de Estado. Também é provável que, até 2020, a ameaça de um contágio global parecesse remota demais para muita gente e, portanto, não justificava o esforço e o custo de um exercício de simulação completo em condições reais.

Depois de dois anos de pandemia de covid, esse argumento é bem mais defensável. O mundo precisa realizar muitas simulações completas para verificar quanto está de fato preparado para enfrentar o próximo surto infeccioso de grandes proporções.

Na maioria dos países, esses exercícios podem ser feitos por instituições nacionais de saúde pública, centros de operações de emergência e comandos militares, com a equipe da GERM, que descrevi no capítulo 2, cuidando do assessoramento e da monitoria. No caso dos países de baixa renda, teremos de montar esquemas de financiamento para que desenvolvam essa capacitação.

Vejamos como seria um exercício completo que simulasse

um surto contagioso. Os organizadores escolheriam uma cidade e atuariam como se ela estivesse à mercê de uma epidemia grave que poderia se estender para o âmbito nacional ou global. Com que rapidez um teste diagnóstico do patógeno pode ser desenvolvido, fabricado em grande escala e distribuído nos lugares em que é necessário? Com que eficiência e rapidez consegue o governo transmitir informações adequadas para a população? Como as autoridades sanitárias locais lidam com as quarentenas? E se — como agora sabemos que pode ocorrer — houver interrupção das cadeias de abastecimento, ou as autoridades locais tomarem decisões equivocadas, ou ocorrerem interferências por parte de líderes políticos?

Caberia aos organizadores montar um sistema para a notificação de casos e o sequenciamento genético do patógeno. Eles precisariam recrutar voluntários que implementassem medidas não farmacêuticas, ajustar tais medidas em função do ritmo de disseminação da doença e avaliar o impacto econômico delas durante uma emergência real.

E se o patógeno se difundisse de início por meio do contato entre humanos e animais, o exercício teria de avaliar a capacidade do governo para sacrificar esses animais.* Suponhamos que seja uma gripe aviária disseminada por galinhas: como muita gente depende dessas aves para sua sobrevivência, haveria relutância em sacrificá-las com base na mera possibilidade de que elas propaguem um vírus de gripe. Nesse caso, o governo tem recursos para compensar essas perdas, e há um mecanismo para implementar isso?**

---

* Em novembro de 2020, o governo dinamarquês ordenou o sacrifício de 15 milhões de visons devido a uma mutação do vírus da covid que poderia infectar seres humanos.

** Para mais detalhes das implicações de um exercício desse tipo, ver o documento da oms "A Practical Guide for Developing and Conducting Simulation

Para tornar o exercício ainda mais realista, programas de computador podem gerar eventos-surpresa de tempos em tempos, introduzindo no plano problemas novos para verificar como todos respondem ao imprevisto. Tais programas também poderiam ser usados para monitorar a simulação como um todo e registrar as medidas adotadas para revisão posterior.

Além de aconselhar os países no planejamento de seus exercícios simulados, a equipe da GERM avaliaria a prontidão de outras maneiras — por exemplo, examinando em que medida os sistemas de saúde deles detectam e respondem a doenças não pandêmicas. No caso de um país onde a malária é endêmica, com que antecedência o sistema detecta surtos maiores? E no caso da tuberculose e das infecções sexualmente transmissíveis, como rastreia os contatos recentes dos indivíduos cujos testes têm resultado positivo? Por si mesmos, esses indicadores não diriam aos pesquisadores nada que precisam saber, mas proporcionariam pistas sobre as vulnerabilidades do sistema que requerem atenção. Países que contam com um sistema eficiente de detecção, notificação e manejo das doenças endêmicas também estão bem colocados para enfrentar uma ameaça pandêmica.

O papel mais importante da GERM será analisar os resultados dos exercícios de simulação e de outras medidas de preparação, registrando as respectivas recomendações — as sugestões para reforçar as cadeias de abastecimento, os melhores métodos para a coordenação intergovernamental, os acordos para a distribuição de medicamentos e outros suprimentos — e, em seguida, exercer pressão sobre os líderes mundiais para que tais medidas sejam postas em prática. Já vimos quão pouco as coisas mudaram depois de exercícios simulados de surtos como o Dark Winter, o Crim-

---

Exercises to Test and Validate Pandemic Influenza Preparedness Plan", disponível em <who.int>.

son Contagion e outros. Infelizmente, não há nenhuma inovação que nos assegure que os relatórios conclusivos não sejam apenas incluídos num site e depois esquecidos. Cabe às lideranças políticas e às autoridades decisórias evitar que isso aconteça.

Para termos uma ideia das possíveis abrangências desses exercícios de simulação completos, examinaremos a seguir dois exemplos de preparação para desastres, começando por uma iniciativa relativamente restrita.

No verão de 2013, o Aeroporto Internacional de Orlando, na Flórida, simulou um grave desastre aéreo, num exercício concebido para cumprir uma exigência do governo federal no sentido de que todos os aeroportos americanos organizem uma simulação completa a cada três anos.[8] Nessa simulação de 2013, segundo artigo da revista *Airport Improvement*, um hipotético jato transportando 98 passageiros e tripulantes apresenta problemas no sistema hidráulico e acaba caindo sobre um hotel a 1,5 quilômetro do aeroporto.

O exercício mobilizou seiscentos voluntários, que fizeram o papel das vítimas, e quatrocentos socorristas, bem como o pessoal de dezesseis hospitais. A simulação ocorreu num local usado em treinamentos, com três aeronaves e um prédio de quatro andares projetado para que bombeiros aprendam a combater incêndios reais. Primeiro foi preciso estabelecer uma cadeia de comando. Coube aos socorristas fazer a triagem das vítimas, prestar os primeiros socorros quando possível e transportar os demais feridos para o hospital. Os responsáveis pela segurança tiveram de lidar com a multidão de curiosos. Amigos e parentes das vítimas precisavam ser notificados. Era preciso manter os jornalistas informados. No fim, a um custo de cerca de 100 mil dólares, a simulação apontou a necessidade de melhorar alguns aspectos da resposta ao acidente.

Na outra ponta do espectro de complexidade, temos o exercício de simulação completo realizado por militares americanos em agosto de 2021.[9] Durante duas semanas, tropas da Marinha e do corpo de fuzileiros navais participaram do maior exercício de treinamento naval dos últimos trinta anos. O nome que recebeu — Exercício de Grande Escala (Large-Scale Exercise 2021, ou LSE 2021) — não dá ideia de toda a sua amplitude. Simulando uma guerra com duas potências mundiais, o LSE 2021 abrangeu dezessete fusos horários e mobilizou mais de 25 mil militares, além de, por meio de recursos de realidade virtual, possibilitar a participação de unidades militares estacionadas ao redor do mundo, permitindo que todos compartilhassem informações em tempo real.

A analogia entre jogos de guerra e jogos de germes não é perfeita. A interrupção de um surto epidêmico, afinal, é muito diferente de travar uma guerra. Os países devem trabalhar juntos, e não investir uns contra os outros. E, ao contrário de exercícios militares, as simulações de epidemias podem envolver a população, não diferindo muito, portanto, dos treinamentos corriqueiros contra incêndios.

Mesmo assim, a amplitude do LSE é impressionante. O exercício criou a oportunidade para que organizações dispersas pelo mundo compartilhassem informações e tomassem decisões ponderadas em pouco tempo. Não há como ficar sabendo de algo assim e não pensar: *É disso que precisamos para enfrentar uma pandemia.*

Um bom modelo de simulação é o exercício completo adotado pelo Vietnã em agosto de 2018, a fim de verificar com que eficiência o sistema detectava um patógeno potencialmente perigoso.[10] Fiquei impressionado com o nível de detalhamento a que chegaram os vietnamitas.

Quatro atores foram contratados para desempenhar o papel de pacientes, parentes e conhecidos e receberam roteiros com informações cruciais que transmitiriam ao pessoal médico (que fora informado de que se tratava de uma simulação). No primeiro dia, um ator simulando ser um empresário de 54 anos procurou o pronto-socorro de um hospital na província de Quang Ninh, no nordeste do país, queixando-se de tosse seca, fadiga, dor muscular e dificuldade para respirar. Na consulta, o médico o submeteu a uma anamnese exaustiva e descobriu que o empresário viajara havia pouco para o Oriente Médio, onde poderia ter sido infectado pelo vírus da Mers — um fato que, em conjunto com os sintomas relatados, era suficiente para que fosse internado e posto em isolamento.

A notícia do caso preocupante levou minutos para subir pela cadeia de comando, e logo uma equipe de resposta rápida chegou ao hospital e à residência do paciente. Foram retiradas amostras para testes da garganta dos atores, as quais em seguida foram substituídas por outras com o vírus causador da Mers. Embora as amostras não tenham sido levadas a um laboratório, os organizadores da simulação aguardaram o tempo exigido pelo transporte até que os técnicos fizessem testes reais e corretamente detectassem os casos positivos da doença.

Nem tudo correu bem no exercício — foram detectadas várias falhas no processo —, mas na verdade seria surpreendente se não fosse assim. O importante é que as falhas foram identificadas e, sobretudo, corrigidas.

Esse exercício completo foi restrito em comparação com as simulações regionais e nacionais de que o mundo precisa, mas incluiu muitos dos componentes indispensáveis. Se fossem organizados por mais países e em mais regiões, exercícios similares a esse evitariam que cometêssemos um erro clássico: o de nos preparar para uma guerra do passado.

É tentador acreditar que o próximo patógeno importante será tão transmissível e letal quanto o coronavírus e tão suscetível a inovações como as vacinas de mRNA. Porém e se não for assim? Não há nenhum motivo biológico para que seja menos letal. Ele poderia infectar silenciosamente milhões de pessoas antes de o primeiro indivíduo começar a se sentir mal. Nosso corpo talvez não seja capaz de neutralizá-lo com anticorpos. Com os "jogos de germes", poderemos examinar uma ampla variedade de patógenos e de cenários prováveis no próximo surto epidêmico.

Levando em conta que a probabilidade de uma pandemia é maior que a de uma guerra mundial, seria conveniente que a equipe da GERM organizasse um exercício global, na escala do LSE, ao menos uma vez por década. Cada região deveria realizar outro exercício completo na mesma década, sob orientação da GERM, e caberia aos países organizar simulações mais restritas com seus vizinhos.

Há um motivo para esperar que os relatórios gerados por futuros exercícios não sejam ignorados: a experiência. No princípio da covid, muitos especialistas achavam que os países que haviam passado pelo surto de Sars em 2003 estavam mais bem equipados para enfrentar a pandemia. A suposição era que, tendo vivenciado a gravidade daquele surto, eles estavam preparados — em termos políticos, sociais e psicológicos — para adotar as medidas necessárias para se protegerem. E tal suposição se confirmou. Entre os países mais afetados em 2003 estavam a China continental, Hong Kong, Taiwan, Canadá, Cingapura, Vietnã e Tailândia. E quando eclodiu a covid, a maioria desses locais respondeu de maneira rápida e decisiva, contendo os casos de contágio por mais de um ano.

Talvez as simulações Crimson Contagion, Dark Winter e outras não tenham tido um impacto maior porque os cenários imaginados pareciam na época muito improváveis — ao menos para a maioria das pessoas e dos políticos. Agora, contudo, a ideia de um vírus se alastrando por todo o planeta, ocasionando a morte de milhões de pessoas e prejuízos de trilhões de dólares, é algo muito real para todos nós. Deveríamos considerar o surto de uma doença infecciosa no mínimo tão sério quanto nos parecem os terremotos e tsunamis. A fim de evitar outra pandemia como a de covid, precisamos treinar formas de conter o quanto antes o avanço de patógenos, descobrir qual parte dos sistemas de resposta deve ser melhorada e estar dispostos a realizar mudanças, por mais difícil que sejam.

Até aqui neste livro, limitei-me a tratar de patógenos que ocorrem de forma natural. Mas há outro cenário, ainda mais assustador, que essas simulações contra doenças transmissíveis devem levar em conta: o de um patógeno liberado de maneira intencional, com o objetivo de adoecer ou matar o maior número possível de pessoas. Em outras palavras, o bioterrorismo.

O uso de vírus e bactérias como armas remonta a séculos. Em 1155, o imperador Frederico i, do Sacro Império Romano, montou um cerco ao vilarejo de Tortona (no atual território da Itália), e conta-se que ele teria envenenado os poços de água locais com cadáveres humanos. Mais recentemente, no século xviii, soldados britânicos distribuíram a indígenas americanos cobertores que haviam sido usados por vítimas de varíola. Na década de 1990, membros da seita Aum Shinrikyo liberaram gás sarin no metrô de Tóquio, causando a morte de treze pessoas, e há indícios de que repetiram o ataque com toxina botulínica e antraz em quatro outras ocasiões, mas sem fazer vítimas. E, em 2001, uma série de ataques com antraz enviado pelo correio causou a morte de cinco pessoas nos Estados Unidos.

Hoje em dia, o patógeno natural cujo uso como arma é mais temível é, sem dúvida, a varíola. Essa é a única doença humana que foi erradicada por completo, embora ainda existam amostras armazenadas em laboratórios governamentais nos Estados Unidos e na Rússia (e talvez em outros países).

O que torna a varíola especialmente assustadora é o fato de que ela se espalha com rapidez pelo ar e tem uma altíssima taxa de letalidade, causando a morte de cerca de um terço de todos os infectados. E, como a maioria dos programas de vacinação foi suspensa depois da erradicação da doença em 1980, hoje não resta quase ninguém imune a ela. Os Estados Unidos ainda mantêm uma reserva de vacinas contra a varíola suficiente para proteger toda a sua população, mas, como vimos no caso das vacinas contra a covid, a distribuição dessas doses não seria algo simples — sobretudo com as pessoas em pânico por causa de um ataque — e não se sabe como o restante do mundo poderia ser imunizado.

Parte desse risco decorre do colapso da União Soviética. Como observa meu amigo Nathan Myhrvold em seu artigo "Strategic Terrorism", embora um acordo internacional tenha banido as armas biológicas em 1975, os soviéticos só interromperam seu programa depois de 1990 — "produzindo assim milhares de toneladas de antraz e varíola para uso militar, bem como outras armas biológicas muito mais exóticas e baseadas em vírus geneticamente modificados".[11]

As probabilidades de que terroristas tenham acesso a essas armas já existentes são agravadas pelo fato de que as técnicas que permitem a modificação genética de patógenos não são mais um domínio apenas de cientistas especializados e vinculados a programas governamentais sigilosos. Graças aos avanços alcançados nas últimas décadas no campo da biologia molecular, estudantes em centenas de faculdades e universidades ao redor do mundo podem aprender tudo o que é preciso para criar uma arma biológica. Além disso, algumas publicações científicas divulgam informações que um terrorista poderia usar para produzir um novo patógeno, uma política editorial que desencadeou um debate caloroso sobre a melhor forma de compartilhar os resultados de pesquisas sem ao mesmo tempo aumentar esse risco.

Ainda não testemunhamos um ataque violento com uma arma biológica criada em laboratório, mas isso sem dúvida é uma possibilidade. Na verdade, durante a Guerra Fria, soviéticos e americanos produziram uma variedade de antraz resistente a antibióticos e capaz de se esquivar a todas as vacinas. Um Estado ou mesmo um pequeno grupo terrorista que desenvolvesse uma variedade de varíola resistente a tratamentos e vacinas seria capaz de matar mais de 1 bilhão de pessoas.

Além disso, é possível projetar um novo patógeno com alta taxa de transmissão e letalidade, mas que não cause sintomas imediatos. Tal patógeno iria se disseminar de forma silenciosa por todo o planeta, talvez durante anos, antes de ser detectado. O HIV, que evoluiu naturalmente, funciona dessa maneira: embora as pessoas infectadas possam transmitir o vírus a outras com rapidez, o estado de saúde delas pode começar a declinar só quase uma década depois, permitindo assim que o vírus continue a circular livremente durante anos. Um patógeno que atuasse dessa maneira, mas sem depender de um contato íntimo para sua difusão (como ocorre com o HIV), provocaria uma pandemia muito pior que a de aids.

"Para colocar a coisa em perspectiva", escreve Nathan Myhrvold, um único ataque fatal com 100 mil vítimas "mataria mais gente do que todos os mortos nos atos terroristas registrados na história. Seriam necessários de mil a 10 mil terroristas suicidas com bombas para um estrago equivalente." Catástrofes dessa escala — os tipos de eventos que podem causar a morte de centenas de milhares, milhões ou mesmo bilhões de pessoas — merecem muito mais atenção do que vêm recebendo.

Bem, sou uma pessoa otimista, com uma propensão natural a buscar soluções. Mesmo assim me vejo forçado a reconhecer que é difícil compilar uma lista de respostas que sejam adequadas à ameaça do bioterrorismo. Ao contrário de um patógeno natural, uma doença concebida e disseminada de maneira intencional pode ser projetada para se esquivar às nossas medidas de prevenção.

Se quisermos nos preparar para um ataque deliberado, precisamos ampliar as medidas necessárias para o enfrentamento de uma ameaça natural. Os exercícios de simulação de epidemias podem incluir cenários de ataques desse tipo e testar nossa prontidão. Tratamentos e vacinas mais eficazes continuam sendo importantes, seja qual for a origem do patógeno. Testes diagnósticos mais precisos e que proporcionem resultados em trinta segundos permitiriam a triagem de pessoas em aeroportos e eventos públicos, os locais mais prováveis para a difusão de um patógeno modificado, além de serem, claro, extremamente úteis para testagens diárias. O sequenciamento genômico em grande escala é útil tanto num surto de gripe comum como no caso de um ataque biológico. E, mesmo que este jamais ocorra, é reconfortante para todos saber que tais instrumentos estão disponíveis.

Também precisamos de abordagens especificamente pensadas para o enfrentamento de ataques deliberados. Espero que um dia possamos contar, em aeroportos e locais onde se reúne muita gente, com dispositivos capazes de detectar patógenos no ar e no esgoto, mas a tecnologia para tanto ainda está alguns anos distante de nós. Em 2003, o governo americano fez uma tentativa de implementar uma versão em escala muito maior dessa abordagem, com o programa BioWatch, no qual foram instalados, em cidades por todo o país, detectores de antraz, varíola e outros patógenos na atmosfera.

Embora ainda esteja em funcionamento em 22 estados americanos, o programa BioWatch é considerado por muitos um fiasco. Entre outras falhas, ele depende de o vento estar soprando numa direção específica e demora até 36 horas para confirmar a presença de um patógeno. Por vezes, os detectores deixam de funcionar pelo motivo mais banal: estarem desconectados da rede elétrica.

Independentemente de as máquinas farejadoras do ar terem futuro ou não, a possibilidade de um ataque bioterrorista é mais um motivo para os países destinarem muito mais recursos e se empenharem em pesquisas voltadas para a detecção, o tratamento e a prevenção de doenças que podem se alastrar pelo globo. Dadas as implicações desses ataques para a segurança nacional e a possibilidade de o número de vítimas ser da ordem de milhões de pessoas, uma parcela maior dessas pesquisas deveria ser financiada por verbas dos orçamentos de defesa. Enquanto o orçamento do Pentágono chega a cerca de 700 bilhões de dólares por ano, o dos Institutos Nacionais de Saúde é de apenas 43 bilhões de dólares anuais. No que se refere a recursos, portanto, o Departamento de Defesa opera num nível completamente diferente.

Embora eu seja otimista quanto à capacidade da ciência de nos fornecer ferramentas cada vez melhores para lidar com surtos de doenças de qualquer origem, os governos também dispõem de um recurso que não poderia ser mais simples em termos tecnológicos: as recompensas financeiras. Há precedentes para isso: os governos não raro oferecem recompensas monetárias em troca de informações que levem à prisão de criminosos e terroristas. Dada a escala dos danos a que hoje estamos expostos, eles deveriam estar dispostos a pagar quantias significativas para informantes que ajudem a frustrar um ataque biológico.

Seja qual for o plano final contra o terrorismo biológico, ele terá de sobreviver às constantes mudanças políticas. No início da década de 1980, quando dirigia o CDC, Bill Foege colaborou com um programa do FBI para detectar e responder a tentativas de bioterrorismo.[12] Faziam parte do programa simulações de ataques com diferentes doenças, que buscavam saber como eles poderiam ocorrer, bem como um plano defensivo para cada uma delas. O sucessor de Foege, convencido de que esse tipo de ataque jamais aconteceria, simplesmente encerrou o programa. Se os Estados Unidos e o resto do mundo destinarem recursos suficientes a esses "jogos de germes" e atraírem a atenção das pessoas, vai ser bem mais difícil para alguma autoridade nomeada por critérios políticos interferir em medidas de proteção à população.

8. Vencer a disparidade sanitária entre países ricos e pobres

De modo geral, a resposta mundial à covid foi surpreendente. Em dezembro de 2019, ninguém tinha ouvido falar da doença. E, apenas dezoito meses depois, diversas vacinas haviam sido criadas, testadas, fabricadas e distribuídas para mais de 3 bilhões de pessoas, quase 40% da população mundial. Nunca os seres humanos reagiram a uma doença global tão rapidamente ou com tanta eficiência. Em um ano, realizamos algo que costuma levar meia década ou até mais.

Entretanto, mesmo com esses números extraordinários, houve (e continua havendo) disparidades alarmantes.

Para começar, a pandemia não afetou a todos da mesma maneira. Como vimos no capítulo 4, entre os alunos da terceira série do ensino fundamental nos Estados Unidos, os negros e latinos tiveram um aproveitamento escolar duas vezes pior que o dos brancos e ásio-americanos. Em todas as faixas etárias no país, negros, latinos e indígenas têm uma probabilidade duas vezes maior de morrer de covid em comparação com brancos.[1]

Em termos gerais, o impacto da pandemia foi maior nos países de baixa e média renda. Em 2020, ela empurrou quase 100 milhões de pessoas para a pobreza extrema, um crescimento de cerca de 15% — o primeiro aumento desse tipo em décadas.[2] E a estimativa é que em 2022 só um terço das economias desses países retorne aos níveis de renda anteriores à pandemia, ao contrário de praticamente todas as economias mais avançadas.

Como de costume, as populações que mais sofreram são também aquelas que receberam menos ajuda. Durante a pandemia, os habitantes dos países pobres tiveram muito menos acesso a testes ou tratamentos do que as pessoas que vivem em países ricos. No entanto, a disparidade mais profunda ocorreu com as vacinas.

Em janeiro de 2021, quando as vacinas contra a covid ficaram prontas, o diretor-geral da oms, Tedros Adhanom Ghebreyesus, abriu uma reunião do conselho da entidade fazendo uma avaliação sombria.[3] "Mais de 39 milhões de doses de vacina estão começando a ser aplicadas em pelo menos 49 países de renda mais alta", afirmou. "Apenas 25 doses foram administradas num dos países de renda mais baixa. Não 25 milhões; nem 25 mil; mas apenas 25."

Em maio do mesmo ano, a defasagem apontada por ele chegou à primeira página dos jornais. "A pandemia tomou dois rumos", anunciava uma matéria do *New York Times*. "Nenhuma morte em algumas cidades. Milhares em outras. As diferenças [nas respostas à pandemia] continuam a aumentar enquanto as vacinas se concentram nos países ricos."[4] Um funcionário da oms denunciou essa disparidade como "um escândalo moral".[5]

Os exemplos são abundantes. No final de março de 2021, 18% dos americanos estavam completamente imunizados, contra apenas 0,67% dos indianos e 0,44% dos sul-africanos.[6] No fim de julho, esses números haviam saltado para 50% dos americanos, contra apenas 7% dos indianos e 6% dos sul-africanos. Pior ainda, nos países ricos, pessoas com pouca probabilidade de ficarem gravemente doentes estavam sendo vacinadas antes de muita gente que corria alto risco de ser hospitalizada nos países pobres.

Para muitos, tratava-se de uma situação ao mesmo tempo escandalosa e chocante. Como era possível que bilhões de doses de uma vacina eficaz fossem distribuídos de forma tão desigual? Muitos saíram às ruas em protesto, enquanto políticos faziam discursos emotivos e se comprometiam a doar doses.

No círculo das pessoas que têm um envolvimento direto com questões da saúde global, contudo, a reação foi bem diferente. Claro que elas também ficaram indignadas com essas injustiças. Mas tinham consciência de que o novo coronavírus nem sequer era a *pior* desigualdade no âmbito da saúde global.

Até o final de 2021, a pandemia tinha causado mais de 17 milhões de mortes adicionais, ou seja, além daquelas que teriam normalmente ocorrido.[7] É impossível não ficar horrorizado com esse número. No entanto, vamos compará-lo com o das mortes nos países em desenvolvimento no decorrer da última década:* 24 milhões de mulheres e bebês morreram antes, durante e logo depois do parto.[8] Doenças diarreicas causaram a morte de 19 milhões de indivíduos. O HIV matou quase 11 milhões de pessoas, e a malária outros 7 milhões, em sua maioria crianças e grávidas. E isso apenas nos últimos dez anos — essas doenças vêm causando mortes há muito mais tempo, e não vão desaparecer quando acabar a pandemia. Elas continuam matando ano após ano e, ao contrário da covid, não estão entre as principais preocupações do mundo.

Quase todos que morrem dessas doenças vivem em países de baixa e média renda. O lugar em que a pessoa vive e suas condições financeiras determinam, em grande medida, as probabilidades de ela morrer jovem ou chegar saudável à idade adulta.

---

* No período de 2010 a 2019, o último ano para o qual existiam dados disponíveis enquanto este livro estava no prelo.

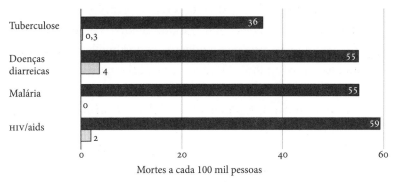

Disparidade sanitária. Muita gente na África subsaariana ainda morre de doenças quase nunca letais na América do Norte. (IHME.)[9]

Algumas dessas doenças afligem sobretudo países tropicais de baixa renda, um dos motivos pelos quais costumam ser ignoradas pelo resto do mundo. Durante a última década, a malária matou 4 milhões de crianças na África subsaariana, mas menos de uma centena nos Estados Unidos.

A probabilidade de uma criança nascida na Nigéria morrer antes de completar cinco anos é cerca de 28 vezes maior do que no caso de uma criança nascida nos Estados Unidos.

Hoje, quem nasce nos Estados Unidos tem a expectativa de viver 79 anos,* ao passo que os nascidos em Serra Leoa vivem em média apenas sessenta.[10]

Em outras palavras, disparidades sanitárias não são nada incomuns. Creio que, para muita gente nos países ricos, o maior choque com a resposta desigual do mundo à pandemia de covid não foi por esta ser algo fora do normal, mas porque as desigualdades na área da saúde quase sempre permanecem invisíveis. O

---

* As disparidades nas condições de saúde em geral também existem no âmbito nacional, tanto quanto no internacional. Nos Estados Unidos, mulheres negras têm probabilidade três vezes maior de morrer no parto do que mulheres brancas.

que a covid — um problema que afetou o mundo inteiro — deixou claro para todos é quão desiguais são os recursos.

Não se trata aqui de cobrar responsabilidades ou de apontar o dedo para aqueles que não dedicam a vida a melhorar a saúde no mundo como um todo. O importante é salientar que todos esses problemas merecem mais atenção. O fato de a maioria dos que sofrem dessas doenças viver em países de baixa e média renda não as torna menos horríveis.

Meu pai encontrou uma maneira muito bonita de exaltar a dimensão moral desse fenômeno. Anos atrás, ao discursar numa conferência da Igreja Metodista Unida, ele disse o seguinte:

> Pessoas que sofrem de malária são seres humanos. Não são fatores de segurança nacional. Não são consumidores para nossas exportações. Não são aliados na guerra contra o terrorismo. São seres humanos que têm um valor inestimável e absolutamente independente de nós. São pessoas que têm mães que as amam, filhos que dependem delas e amigos que lhes querem bem — e temos a obrigação de ajudá-las.

Concordo com ele. Quando Melinda e eu criamos a Fundação Gates, há duas décadas, decidimos que seu objetivo principal seria fornecer recursos para amenizar — e com o tempo eliminar — essa desigualdade.

Mas argumentos morais não bastam para convencer os governos dos países mais ricos a investir recursos suficientes para reduzir ou eliminar doenças que não estejam matando sua própria população. Por sorte, existem argumentos pragmáticos que reforçam ainda mais essa causa, entre os quais a ideia de que a melhoria nas condições de saúde reforça a estabilidade e facilita as relações internacionais. Há anos venho defendendo tal tese, e agora, com a pandemia de covid, temos um benefício adicional: os investimentos em novos medicamentos e nos sistemas de saúde podem contribuir para conter outros surtos epidêmicos antes que se alastrem pelo planeta.

Quase tudo que precisamos fazer para combater doenças infecciosas, como é o caso da malária, em geral também é útil no caso de pandemias futuras, e vice-versa. Não se trata de uma escolha binária na qual temos de decidir entre usar o dinheiro para evitar pandemias ou para manter programas contra as doenças transmissíveis. Na verdade, é o oposto. Não só *podemos* como *devemos* fazer ambas as coisas, pois elas são complementares e se reforçam mutuamente.

Vamos agora rever os avanços já alcançados em termos de saúde global, e o que tornou possível esse progresso. Por piores que sejam as disparidades mencionadas, elas são menores hoje do que em qualquer outro momento do passado; no que se refere a medidas básicas de saúde, sem dúvida estamos nos movendo na direção certa. A história desse progresso é empolgante e tem tudo a ver com nossa capacidade para evitar pandemias.

A esta altura, eu poderia citar dezenas de estatísticas para mostrar como as disparidades na saúde vêm diminuindo ao longo dos anos. Mas vou me restringir a um único tema: a mortalidade infantil.

Do ponto de vista clínico, há um bom motivo para usarmos a mortalidade infantil como indicador da saúde no mundo. O aumento das chances de sobrevivência de crianças requer uma série de intervenções, como cuidados obstétricos, vacinação infantil, melhor educação para as mulheres e dietas mais nutritivas. Quando a taxa de mortalidade infantil é baixa, é sinal de que o país vem conseguindo aprimorar a realização de todas essas coisas.

Mas há outro motivo para a escolha desse indicador: quando avaliamos a saúde através da lente da mortalidade infantil, é inevitável a percepção da importância do que está em jogo. A morte de uma criança é algo revoltante. Como pai, não consigo imaginar nada pior, e daria minha vida para proteger a de meus filhos. Para cada criança sobrevivente, há uma família inteira que foi poupada da pior angústia que se pode conceber.

Então, vejamos como o mundo está se saindo de acordo com essa medida fundamental da condição humana.

Em 1960, quase 19% das crianças morreram antes de completar cinco anos. Vale a pena refletir sobre isso: *Quase uma em cada cinco crianças no planeta não chegou a completar cinco anos de vida*. E as disparidades eram enormes: na América do Norte, a taxa de mortalidade era de 3%, ao passo que na Ásia chegava a 21%, e na África, a 27%. Se você vivesse na África e tivesse quatro filhos, é bem possível que tivesse de enterrar um deles.

Trinta anos depois, em 1990, a taxa global de mortalidade infantil havia caído pela metade, para pouco menos de 10%. Na Ásia, era um pouco inferior a 9%. Já na África, embora tenha havido queda similar, ela foi menos drástica.

Agora avancemos mais três décadas, até 2019, o último ano para o qual temos dados disponíveis. Nesse ano, em todo o mundo, menos de 4% das crianças morreram antes de completar cinco anos. Na África, porém, a taxa ainda foi quase o dobro disso.

Reconheço que são muitos números. Para simplificar, vamos usar a fórmula 20-10-5. Em 1960, 20% das crianças morreram em todo o mundo. Em 1990, foram 10%. Hoje, menos 5% delas não chegam aos cinco anos. Ou seja, o mundo vem reduzindo a taxa de mortalidade infantil pela metade a cada trinta anos, e é provável que isso volte a ocorrer bem antes de 2050.

Esse é um dos grandes avanços na história da humanidade, algo que todo estudante do ensino médio deveria saber de cor. Quem quiser se lembrar de um único fato que ilustre a trajetória da saúde humana nos últimos cinquenta anos deve guardar na memória esses números: 20-10-5.

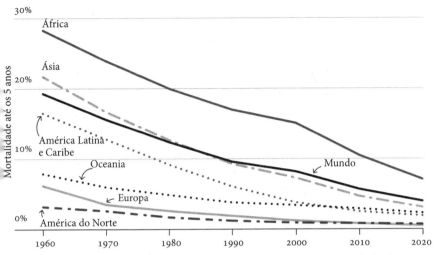

Mais crianças sobrevivem hoje do que em qualquer outro período da história. Em 1960, quase 20% das crianças não chegavam a completar cinco anos. Atualmente, esse número é inferior a 5%. (UN.)[11]

No entanto, 5% ainda é uma taxa intoleravelmente alta, equivalendo a mais de 5 milhões de óbitos infantis por ano. Evitar 5 milhões de mortes parece uma tarefa inviável quando se toma esse número de maneira isolada, mas quando entendemos seu contexto e quanto já avançamos, ele se torna um desafio e uma inspiração para obtermos resultados ainda melhores. Pelo menos é o que ocorre comigo. Esse é o foco principal de meu trabalho desde que passei a me dedicar em tempo integral à Fundação Gates.

Depois de anos fazendo palestras sobre a fórmula 20-10-5 e lendo incontáveis tuítes e comentários no Facebook, sei que surge a pergunta inevitável: salvar todas essas crianças não levaria à superpopulação do planeta?

Essa é uma preocupação compreensível. Parece algo intuitivo: se mais crianças sobrevivem, mais rápido se torna o crescimento da população mundial. Na verdade, eu mesmo cheguei a ter essa preocupação.

Mas estava equivocado. A resposta é, de maneira enfática e indubitável, não — taxas menores de mortalidade infantil *não* contribuem para a superpopulação.

A melhor explicação quanto a isso foi dada por meu amigo Hans Rosling. Vi Rosling pela primeira vez em 2006, quando deu uma palestra inesquecível no TED Talks intitulada "The Best Stats You've Ever Seen" [As melhores estatísticas que você já viu].* Hans havia passado décadas trabalhando com saúde pública, sobretudo em países pobres, e aproveitou a palestra para compartilhar fatos surpreendentes sobre os avanços no setor.

Depois, acabei conhecendo Hans melhor e convivendo com ele. Eu admirava as formas engenhosas e criativas que ele encontrava para demonstrar que os países com as maiores taxas de mortalidade infantil — como Somália, Chade, República Centro-Africana, Serra Leoa, Nigéria e Mali — também eram os países com as taxas de natalidade mais elevadas.[12]

Quando a mortalidade infantil diminui, há também uma redução no tamanho da família média. Foi o que aconteceu na França do século XVIII, na Alemanha do final do século XIX e no Sudeste Asiático e na América Latina na segunda metade do século XX.[13]

São várias as explicações para isso; uma delas — sobretudo em lugares onde não existe um sistema de aposentadoria ou outro tipo de apoio previdenciário para idosos — é que muitos pais sentem que precisam ter filhos em quantidade suficiente para que possam contar com eles ao ficarem mais velhos. Se há uma grande probabilidade de alguns dos filhos não chegarem à idade adulta, os pais tomam a decisão racional de tê-los em maior número.

A redução no tamanho das famílias teve uma consequência notável: o mundo recentemente passou pelo que Hans chama de

---

* Ela pode ser acessada em <www.ted.com/talks/hans_rosling_the_best_stats_you_ve_ever_seen>. Garanto que você não vai se arrepender.

"pico de crianças" — ou seja, chegou ao ápice a quantidade de crianças com até cinco anos, e daqui para a frente esse grupo demográfico tende a diminuir.* Qual é a vantagem disso? Como explica o Fundo para a População das Nações Unidas em seu site,[14]

> a quantidade menor de crianças por domicílio leva em geral a mais investimentos por criança, maior facilidade para que as mulheres entrem no mercado de trabalho e maior poupança familiar para a velhice. Quando isso ocorre, o benefício para a economia nacional pode ser considerável.

Portanto, a saúde está melhorando em quase todos os lugares, com grandes ganhos para o bem-estar das pessoas. Embora ainda sejam significativas, as disparidades na saúde global estão diminuindo.

Por mais espantosa que seja, essa história é apenas o pano de fundo para o que importa saber agora. Qual foi a causa dessas mudanças? E como podemos acelerá-las de modo que também contribuam para a prevenção de pandemias?

Tentar explicar um fenômeno global que dura décadas e afeta bilhões de pessoas é um empreendimento arriscado. Livros inteiros foram escritos sobre aspectos isolados do declínio da mortalidade infantil e das desigualdades na área da saúde, e aqui estou dedicando ao tema apenas um capítulo. Vou me concentrar nos fatores mais diretamente relevantes para evitar pandemias, mas ressaltando que muitos outros ficaram de fora, entre os quais a produtividade agrícola, o comércio global, o crescimento econômico e a difusão dos direitos humanos e da democracia.

---

* A população global continuará a aumentar por um tempo, à medida que as mulheres nascidas durante o "pico de crianças" crescerem e entrarem na idade reprodutiva.

Não é por acaso que muitos dos instrumentos usados contra a covid tenham raízes na saúde global. Na verdade, em praticamente todas as etapas da resposta à pandemia foram usados sistemas, equipes e ferramentas que só existiam em decorrência de investimentos anteriores na melhoria das condições de saúde das populações carentes. As marcas do trabalho global na área da saúde estão presentes em todos os aspectos da resposta dos países à covid.

Apresento a seguir uma lista — e é uma lista parcial — das sobreposições nessa área.

ENTENDER O VÍRUS

No início da pandemia, cientistas precisavam saber com o que estavam lidando. Para tanto, recorreram ao sequenciamento genético, uma tecnologia que acelerou o desenvolvimento das vacinas (ao revelar com rapidez o código genético do novo coronavírus) e possibilitou a detecção e o monitoramento de suas variantes assim que se espalharam pelo mundo.

Não é de surpreender que as primeiras variantes do coronavírus tenham sido descobertas em algum lugar que não os Estados Unidos. Os americanos foram lentos na coleta de amostras de vírus e seu sequenciamento — embora houvesse capacidade técnica para tanto, ela simplesmente não foi usada. Em comparação com muitos outros países, os Estados Unidos passaram o primeiro ano da pandemia em voo cego.

Felizmente, vários países na África — em especial a África do Sul e a Nigéria — estavam mais bem preparados, tendo investido na criação de uma sólida rede de laboratórios de sequenciamento genético. O objetivo original era ajudar no combate a doenças que afetam de maneira desproporcional o continente africano. Porém, com a eclosão da pandemia de covid, esses laboratórios estavam prontos para lidar com o novo desafio e, como haviam passado por anos de aprimoramento, conseguiram produzir mais resultados — e com mais rapidez — do que seus congêneres americanos. Os laboratórios sul-africanos foram os primeiros a detectar a variante delta do vírus da covid, bem como a posterior variante ômicron.

Do mesmo modo, como expus no capítulo 3, a modelagem computacional foi de grande ajuda para entendermos esta pandemia e pode desempenhar um papel ainda mais relevante nas iniciativas de prevenção de outras. Mas o fato é que o uso desse tipo de modelagem para a compreensão das doenças infecciosas não teve início com o surgimento da covid.

O IHME — cujos modelos computacionais foram citados com frequência pela Casa Branca e pela imprensa durante a pandemia — foi criado em 2007 exatamente para examinar as causas de óbitos em países pobres. O Imperial College montou seu centro de modelagem em 2008, visando avaliar o risco de surtos epidêmicos e a eficácia das diferentes respostas. Nesse mesmo ano, fundei e recrutei pessoal para o IDM, concebido para ajudar pesquisadores a entenderem melhor a malária e dar aconselhamento sobre os meios mais efetivos de erradicação da pólio — e agora o instituto vem colaborando com governos para que estes conheçam melhor o impacto das medidas contra a covid. O fato de essas instituições — e outras similares — se revelarem úteis após a eclosão da covid é uma prova de que o investimento em saúde global também contribui para o enfrentamento das pandemias.

GARANTIR SUPRIMENTOS ESSENCIAIS

Outro passo crucial, nos meses iniciais da pandemia e antes mesmo da disponibilidade de vacinas, foi assegurar o fornecimento de itens de prevenção (como máscaras), oxigênio, ventiladores médicos e outros equipamentos essenciais no salvamento de vidas. Essa não foi uma tarefa fácil para ninguém — até os Estados Unidos encontraram dificuldades para adquirir e distribuir esses equipamentos no início —, mas a situação se mostrou muito pior em países mais pobres. E uma das organizações a que estes puderam recorrer foi o Fundo Global.

Criado em 2002 para apoiar a luta contra o HIV, a tuberculose e a malária em países de baixa e média renda, o Fundo Global tem obtido enorme sucesso. É hoje o mais importante patrocinador não governamental de iniciativas nessa área. Graças a ele, hoje quase 22 milhões de pessoas com HIV/aids recebem os remédios que lhes permitem continuar vivas. Todos os anos, o fundo distribui quase 190 milhões de mosquiteiros, que são colocados sobre as camas como proteção contra os mosquitos que transmitem os parasitas causadores da malária. Em duas décadas, cerca de 44 milhões de vidas foram salvas. Anos atrás, declarei que o Fundo Global era a melhor coisa que os seres humanos já tinham feito uns pelos outros. Penso desse modo até hoje.

Para dar conta de todas essas realizações, o fundo teve de encontrar maneiras de chegar até as pessoas necessitadas. Assim, criou mecanismos de financiamento que lhe permitem obter recursos e usá-los o mais rápido possível. E precisou montar esquemas de distribuição de medicamentos em algumas das regiões mais remotas do planeta. E uma rede de laboratórios. E cadeias de abastecimento.

Quando o Fundo Global mobilizou todos esses recursos para enfrentar a pandemia, os resultados foram impressionantes. Em apenas um ano, ele levantou quase 4 bilhões de dólares para a resposta à covid, colaborando com uma centena de governos e mais de uma dezena de programas que atendiam a vários países.[15] Graças ao fundo, os países puderam adquirir testes diagnósticos, oxigênio e suprimentos médicos; tiveram acesso a equipamentos de proteção individual para seus profissionais de saúde; e conseguiram ampliar o rastreamento de pessoas infectadas. Infelizmente, nem todas as notícias eram boas. Embora cerca de um sexto dos recursos adicionais tenha ajudado os programas de combate ao HIV, à tuberculose e à malária, ainda houve recuos notáveis: as mortes causadas pela tuberculose, por exemplo, aumentaram em 2020, pela primeira vez em mais de uma década.[16]

PRODUZIR E TESTAR NOVAS VACINAS

Quando entraram em ritmo acelerado, as iniciativas para o desenvolvimento de uma vacina contra a covid se apoiaram bastante no trabalho anterior com outras doenças. Por exemplo, a tecnologia do mRNA estava sendo pesquisada havia décadas, graças a investimentos privados interessados em seu potencial como tratamento do câncer, mas também a investimentos públicos, visando utilizá-la no combate a doenças infecciosas e bioterrorismo.

Em seguida, no momento de realizar os ensaios clínicos das vacinas — processo que costuma ser longo e dispendioso, como vimos no capítulo 6 —, pesquisadores se voltaram para a Rede de Pesquisas de Vacinas Contra o HIV (HIV Vaccine Trials Network, ou HVTN), cuja infraestrutura se revelou crucial no caso das vacinas contra a covid. Embora pouquíssimos ensaios destas últimas tenham sido realizados na África, a maioria deles só pôde ser feita graças à excelente infraestrutura para ensaios desse tipo existente na África do Sul, criada com recursos destinados ao desenvolvimento de vacinas para o HIV. Assim, o primeiro indício da eficácia das vacinas contra uma variante do coronavírus foi obtido nos ensaios sul-africanos.

ADQUIRIR E DISTRIBUIR VACINAS

Anos atrás, popularizou-se um meme que dizia que, se eu estivesse andando na calçada e visse uma nota de cem dólares caída no chão, nem me daria ao trabalho de pegá-la. Nunca tive a oportunidade de comprovar essa teoria, mas tenho certeza de que ela não é verdadeira. Claro que me abaixaria para pegar uma nota de cem dólares! Antes, contudo, olharia ao redor para descobrir quem a deixara cair, pois ninguém gosta de perder dinheiro. E se não visse ninguém, ficaria com os cem dólares e não teria dúvidas quanto a seu destino: eu os doaria à Gavi, a organização que mencionei no capítulo 6.

Parte de sua missão é ajudar países pobres a comprarem vacinas, mas a Gavi faz muito mais do que isso.[17] Ela também apoia os países na coleta de dados que permitem avaliar a eficácia de suas iniciativas e a identificar o que pode ser aprimorado. Também os ajuda a montar cadeias de abastecimento, de modo que vacinas, seringas e outros equipamentos indispensáveis sejam devidamente distribuídos. E ainda promove a capacitação de lideranças no setor da saúde, a fim de que possam conduzir com mais eficiência os programas de vacinação e ampliar a cobertura vacinal de seus países.

Quando a Fundação Gates participou da criação da Gavi em 2001, visando facilitar o acesso de todas as crianças do mundo às vacinas, não prevíamos o papel que a organização iria ter no combate a uma pandemia como a de covid. Mas, em retrospecto, agora parece óbvio: a Gavi foi um excelente investimento tanto para salvar a vida de crianças como para enfrentar a covid. Depois de passar grande parte das últimas duas décadas auxiliando países pobres a melhorar os sistemas de vacinação, a Gavi adquirira a capacidade e a experiência para se mostrar relevante por ocasião de um desastre global.

Entre outras contribuições, ela é uma das três organizações que dirigem a Covax, voltada para a distribuição de vacinas contra o coronavírus nos países em desenvolvimento. Embora tenha levado mais tempo do que se esperava para alcançar seus objetivos (pelos motivos que elenquei no capítulo 6), a Covax merece crédito por duas ações importantes: ela distribuiu 1 bilhão de doses de vacinas que nem sequer estavam disponíveis um ano antes, e conseguiu isso com mais rapidez do que qualquer outro programa similar anterior. (Uma façanha ainda mais complexa do que parece: embora a Gavi e o Unicef tenham criado muita infraestrutura para campanhas de vacinação, a missão de ambas é imunizar crianças e, em alguns casos, adolescentes. Elas tiveram de adaptar os sistemas para imunizar adultos durante a covid.)

Não são apenas as iniciativas globais de imunização que se mostraram compensadoras com a eclosão da covid. Países que vinham reforçando seus programas de vacinação também se mostraram mais preparados para enfrentar a pandemia. Vamos examinar um deles.

Após ter conquistado a independência em 1947, a Índia iniciou uma ampla campanha para erradicar a varíola — iniciativa que implicou reformas no sistema de saúde, treinamento de pessoal para as vacinações, aquisição de equipamentos para a cadeia de frio, acesso às regiões mais remotas do país e criação de um sistema de vigilância para detecção de doenças infecciosas.[18] Tudo isso demandou décadas de esforços, que foram muito bem-sucedidos: em 1975 foi registrado o último caso da doença no país.

Em seguida, no início da década de 1980, as autoridades sanitárias se voltaram para outro problema: as baixas taxas de vacinação infantil de rotina. Na época, o percentual de crianças indianas imunizadas não chegava a 10%. Ampliando os sistemas criados para erradicar a varíola, o governo decidiu aumentar de forma exponencial a cobertura vacinal das crianças. Foi um êxito inequívoco: as taxas de vacinação saltaram e o número de casos caiu. Em 2000, por exemplo, foram registrados no país mais de 38 mil casos de sarampo; vinte anos depois, menos de 6 mil.[19] Todos os anos, o programa indiano de imunização aplica as vacinas básicas em mais de 27 milhões de recém-nascidos, bem como doses de reforço em mais de 100 milhões de crianças de até cinco anos.

A implantação desse amplo programa de imunização foi um investimento excelente muito antes do aparecimento da covid, e, quando esta se disseminou, o país voltou a se beneficiar dele. Contando já com um sistema estabelecido, a Índia criou com rapidez quase 348 mil postos públicos de vacinação e mais de 28 mil postos privados para aplicação das vacinas contra a covid — incluindo muitos em áreas montanhosas agrestes nas regiões Norte e Nordeste. Até meados de outubro de 2021, o país havia administrado nada menos que 1 bilhão de doses de vacina contra o coronavírus. E, com base nos sistemas já existentes, o governo criou rapidamente uma plataforma que lhe permitiu rastrear os suprimentos de vacinas, registrar quem fora vacinado e dar às pessoas um certificado digital provando que elas estavam imunizadas.

Em meados de janeiro de 2022, um ano após o início da vacinação, a Índia já tinha aplicado mais de 1,6 bilhão de doses, e mais de 70% de sua população adulta recebera duas doses. O governo ainda tem muito trabalho a fazer, sobretudo para aumentar a cobertura vacinal dos jovens de até dezoito anos, mas o fato é que seria impossível para o país ter feito tanto e em tão pouco tempo sem a existência de um programa anterior de vacinação bem organizado.

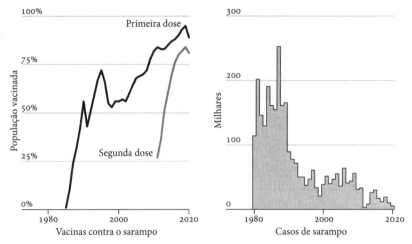

Erradicação do sarampo na Índia. Os casos da doença tiveram uma queda vertiginosa com o aumento da cobertura vacinal. A primeira dose da vacina começou a ser aplicada no país em meados da década de 1980; anos depois foi introduzido o regime vacinal de duas doses. (OMS.)[20]

SUPERAR OS DESAFIOS LOGÍSTICOS

Países que pouco tempo antes haviam realizado campanhas de vacinação contra a pólio — como foi o caso tanto da Índia como do Paquistão — contavam com outra vantagem: os centros de operações de emergência nos âmbitos nacional e regional. (Esses centros de controle de campanhas de saúde públicas foram abordados no capítulo 2.) Quando eclodiu a pandemia, eles constituíram um modelo natural para a coordenação das atividades de combate à covid.

No Paquistão, por exemplo, as autoridades sanitárias interromperam as campanhas de imunização contra a pólio no princípio de 2020, devido aos riscos de transmissão da covid inerentes ao deslocamento dos vacinadores de uma comunidade para outra. Em março, contudo, elas vislumbraram uma oportunidade:

podiam criar um centro de operações de emergência para a covid com base no modelo usado na campanha da pólio.

No prazo de poucas semanas, mais de 6 mil profissionais de saúde experientes no reconhecimento de sinais de pólio foram treinados para detectar sintomas de covid.[21] Uma central de atendimento para receber notificações de possíveis casos de pólio foi adaptada para os casos de covid; qualquer pessoa no país podia fazer uma ligação gratuita e receber informações confiáveis de um profissional qualificado. Funcionários do centro de operações da pólio foram transferidos para o centro de comando de resposta à covid para registrar o número de casos, coordenar o rastreamento de contatos e compartilhar essas informações com outras instâncias governamentais — atividades que eles antes haviam realizado nas campanhas contra a pólio.[22] Os mapas, gráficos e estatísticas pendurados em todas as paredes agora se referiam ao enfrentamento da covid.

E, graças aos investimentos consideráveis feitos no sistema de saúde, o governo paquistanês estava preparado para distribuir as vacinas contra o coronavírus assim que elas ficaram disponíveis. Em meados de 2021, o país estava imunizando cerca de 1 milhão de pessoas por dia, uma proporção bem maior da população do que a registrada na maioria dos países de renda baixa e média; e, no final do ano, o Paquistão alcançou a marca de 2 milhões de pessoas vacinadas por dia.[23]

Isso me leva a uma crítica que venho ouvindo há anos. As iniciativas para erradicar uma doença constituem algo que especialistas chamam de "abordagem vertical" — ou seja, são ações radicais e focadas para acabar com determinada doença. Em contrapartida, uma "abordagem horizontal" implica iniciativas para a solução simultânea de muitos problemas distintos. Quando reforçamos os sistemas de saúde, por exemplo, podemos esperar melhorias nos indicadores de malária, mortalidade infantil, cuidados obstétricos e assim por diante.

A crítica a que me refiro é que as iniciativas verticais ocorrem em detrimento das horizontais, e que estas, por sua própria natureza, constituem uma maneira mais eficaz de salvar e melhorar a vida das pessoas quando há limitação de recursos e de pessoal.

Não concordo com essa crítica. O modo como a infraestrutura das campanhas contra a pólio foi reaproveitada no enfrentamento da covid mostra que as capacitações de ordem horizontal e vertical não constituem um jogo de soma zero. E a covid não é o único exemplo. Durante o surto de ebola na África Ocidental em 2014, os profissionais nigerianos envolvidos na campanha contra a pólio foram mobilizados para contê-lo. Sem eles, os quase 180 milhões de habitantes do país teriam corrido um risco muito maior — e, na verdade, nos países em que não havia infraestrutura para erradicação da pólio, o surto de ebola foi bem mais grave.

O fortalecimento de um músculo não precisa ocorrer à custa da debilitação de outro. Ao aprimorarmos a capacidade global de detectar e responder a surtos epidêmicos — sobretudo os mais perigosos, aqueles que provocam doenças respiratórias —, os investimentos realizados acabarão beneficiando os sistemas de saúde como um todo. O oposto também é verdadeiro: quando profissionais de saúde são bem treinados, contando com as ferramentas necessárias, e toda a população recebe cuidados básicos, os sistemas de saúde têm condições de interromper os surtos antes que se disseminem por toda parte.

No trabalho que faço na Fundação Gates, costumo defender o aumento da ajuda para o setor de saúde de países em desenvolvimento. Muita gente que não está familiarizada com esse assunto fica surpresa ao saber quão reduzido é o financiamento envolvido.

Quando somamos todos os recursos destinados por governos, fundações e outros doadores a países de baixa e média renda para que melhorem a saúde de suas populações, o que constatamos? De qual valor estamos falando se levarmos em conta todos os auxílios financeiros para covid, malária, HIV/aids, cuidados obstétricos e infantis, saúde mental, obesidade, câncer, redução do tabagismo etc.?

Em 2019, a resposta seria de 40 bilhões de dólares por ano — o total anual do que classificamos como ajuda para o desenvolvimento no setor da saúde.[24] Em 2020, quando os países ricos aumentaram de forma generosa as contribuições para conter a pandemia, esse valor chegou a 55 bilhões de dólares. (No momento em que escrevo, os dados relativos a 2021 ainda não estão disponíveis, mas estimo que sejam equivalentes ao do ano anterior.)

Talvez 55 bilhões de dólares anuais pareçam muito dinheiro para a saúde global, mas isso depende do contexto. Esse valor equivale a cerca de 0,005% da produção econômica anual do mundo todo. A cada ano, só os gastos com perfume no mundo são superiores a isso.[25]

Desses 55 bilhões de dólares anuais, os Estados Unidos respondem por cerca de 7,9 bilhões por ano — mais do que qualquer outro país. E isso corresponde a menos de 0,2% do orçamento de seu governo federal.

Portanto, todo cidadão de um país doador pode se sentir bem com o impacto desse gasto, pois os resultados são extraordinários.

Vale recordar aqui a fórmula 20-10-5 que já mencionei. Pois bem, essa redução na mortalidade infantil só foi possível por causa desse dinheiro. O gráfico a seguir mostra o declínio acentuado na mortalidade de crianças com menos de cinco anos desde 1990:

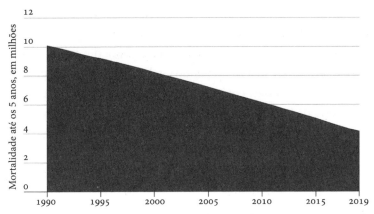

Mortalidade infantil reduzida pela metade. Uma das maiores conquistas da humanidade foi a incrível diminuição da mortalidade infantil. Aqui se pode ver o declínio significativo nas mortes causadas por doenças infecciosas, deficiência nutricional e condições neonatais. (IHME.)[26]

E o gráfico a seguir mostra o progresso feito pelo mundo no que se refere às piores causas de mortalidade infantil nos últimos trinta anos:

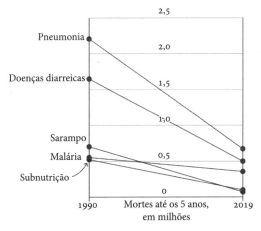

Enfrentando doenças evitáveis. Investimentos feitos por instituições como a Gavi, o Fundo Global e a U. S. President's Malaria Initiative contribuíram muito para a acentuada redução da mortalidade infantil. (IHME.)[27]

Note-se a enorme queda nas mortes causadas por doenças diarreicas e pela pneumonia, que se deve em grande parte aos programas da Gavi. As mortes por malária também diminuíram, graças à crucial contribuição do Fundo Global, assim como de programas governamentais, como a U. S. President's Malaria Initiative (Iniciativa da Presidência dos Estados Unidos contra a Malária).

Esse avanço histórico em escala global significa que milhões de famílias não tiveram de enterrar um filho. E, como sabemos agora, essas realizações asseguram outro benefício: também nos ajudam a evitar pandemias.

9. Criar — e financiar — um plano para evitar pandemias

Uma das muitas lições trazidas pela covid é que todos nós precisamos ser muito cautelosos ao prever o curso de uma doença. O novo coronavírus frustrou expectativas e surpreendeu a comunidade científica várias vezes, e isso deve ser levado em conta por todos que buscam vislumbrar o que vem pela frente — como me proponho a fazer neste capítulo, escrito no final de janeiro de 2022.

Com base no que sabemos sobre o vírus e suas variantes, muitos cientistas agora estão convencidos de que, em meados de 2022, o mundo talvez comece a sair da etapa aguda da pandemia. Em termos globais, o número de mortes vai diminuir, graças à proteção conferida pelas vacinas e pela imunidade natural obtida por quem já foi infectado. Países com poucos casos de covid e altas taxas de outras doenças infecciosas, como a malária e o HIV, poderão justificadamente voltar a atenção para essas ameaças persistentes.

Porém, mesmo que isso aconteça — e é o que espero —, o trabalho não vai acabar, pois é provável que a covid se torne uma doença endêmica. As populações dos países de baixa e média renda continuarão necessitando de mais acesso a testes e tratamentos. Cientistas também terão de estudar duas questões cruciais que afetam nosso modo de convivência com a covid. Primeiro, quais fatores afetam nossa imunidade ao coronavírus? Quanto mais entendermos sobre o que determina nossa imunidade, maior será a possibilidade de mantermos reduzida a taxa de mortalidade. E, segundo, qual é o impacto da chamada covid longa? Um conhecimento maior sobre essa síndrome (que discuti en passant no capítulo 5) vai permitir que ela seja tratada pelos médicos e, ao mesmo tempo, esclarecer as autoridades de saúde pública sobre suas consequências em todo o mundo.

Infelizmente, também pode ser que, quando você estiver lendo este capítulo, ainda não tenhamos saído da fase mais aguda. Uma variante mais perigosa que as outras pode surgir — por exemplo, uma que se espalhe com mais facilidade, provoque sintomas mais graves ou consiga driblar ainda mais a imunização. Se as vacinas e a imunidade natural não evitarem a alta taxa de mortalidade de uma nova variante, o mundo terá pela frente um problema e tanto.

Por isso é indispensável que governos nacionais, pesquisadores científicos e setor privado continuem buscando ferramentas novas e aperfeiçoadas que nos protejam dos efeitos mais graves da covid, caso tenhamos de lidar com uma nova ameaça. Cabe aos governos proteger suas populações, recorrendo a estratégias adaptadas ao fato de que, agora, em cada região a epidemia de covid tem uma feição própria. A ocorrência de novas ondas de covid se espalhando pela população depende de quantas pessoas foram vacinadas, de quantas se infectaram, de ambos os fatores e também de nenhum deles. As autoridades sanitárias terão de ajustar as estratégias conforme os dados disponíveis sobre o que é mais eficaz em cada região.

Para fundamentar essas decisões, os governos precisam contar com informações de melhor qualidade sobre a incidência da covid. Muitas vezes, sobretudo nos países em desenvolvimento, os dados sobre a doença resultam de testes clínicos restritos e de informações desatualizadas, coletadas em grupos específicos, como profissionais de saúde ou doadores de sangue. Com o apoio de um sistema de vigilância permanente de doenças, os países podem obter informações cruciais, como as formas mais eficazes de implementar intervenções não farmacêuticas, sem ao mesmo tempo prejudicar a recuperação econômica.

Se tivermos sorte, passaremos a lidar com a covid como se ela fosse uma doença endêmica, tal como acontece com os surtos sazonais de gripe. Entretanto, havendo um arrefecimento ou um recrudescimento da covid, também é essencial não deixarmos de lado outro objetivo de longo prazo: a prevenção contra a próxima pandemia.

Por décadas, muita gente alertou sobre a necessidade de nos prepararmos para uma pandemia, mas na realidade quase ninguém considerou isso uma prioridade. Então veio a covid, e contê-la se tornou o item mais importante na agenda global. Neste momento, minha preocupação é que, se ela de fato arrefecer, a atenção mundial vai se voltar para outros problemas, e a prevenção de pandemias retornará ao segundo plano — se não for de todo esquecida. Precisamos agir agora, enquanto todos ainda se lembram de quão terrível foi essa pandemia e sentem a urgência de não permitir que algo equivalente volte a acontecer.

Ao mesmo tempo, a experiência pode ser um embuste. Não podemos supor que a próxima ameaça pandêmica seja similar à covid. Talvez ela não seja tão mais danosa para os idosos do que para os jovens, ou talvez se dissemine por superfícies ou por excrementos humanos. Talvez seja mais infecciosa, transmitindo-se com mais facilidade de uma pessoa a outra. Ou talvez seja mais letal. Pior ainda, ela pode ser ao mesmo tempo mais letal *e* mais infecciosa.

Há também a possibilidade de que ela seja criada por seres humanos. Mesmo que as iniciativas mundiais devam se concentrar sobretudo na proteção contra patógenos naturais, os governos devem se empenhar com seriedade nos preparativos para um ataque terrorista com armas biológicas. Como argumentei no capítulo 7, grande parte desse trabalho requer medidas que teríamos de implementar de qualquer maneira, como aprimorar a vigilância contra doenças e criar condições para que medicamentos e vacinas sejam produzidos com rapidez. No entanto, é preciso que autoridades de defesa se unam a especialistas em saúde, a fim de planejar políticas, definir programas de pesquisa e realizar exercícios de simulação contra patógenos capazes de matar milhões ou mesmo bilhões de pessoas.

Sejam quais forem as características da próxima grande epidemia, precisamos de planos melhores do que os atuais e de recursos que possam ser mobilizados com rapidez. Felizmente, essas ferramentas estão sendo desenvolvidas. Nos Estados Unidos, na Europa e na China, os governos já financiam pesquisas experimentais preliminares e apoiam o desenvolvimento de produtos. A Índia, a Indonésia e outros países emergentes também vêm dando passos nessa direção. Empresas farmacêuticas e de biotecnologia estão fazendo investimentos consideráveis para que as ideias exploradas em laboratórios cheguem ao mercado.

O que falta, na maioria dos países, é um plano concreto — uma iniciativa nacional de pesquisa que privilegie as melhores ideias científicas. Nesse plano deve constar com clareza quem são os responsáveis pelos programas associados a pandemias, pela monitoração do cumprimento desses programas, pela testagem das ideias, pela implementação das mais promissoras e pela conversão destas em produtos que possam ser fabricados em grande escala no menor prazo possível. Sem um plano desse tipo, os governos vão se limitar a medidas reativas e tardias ao se depararem com o próximo surto epidêmico. Aí será preciso improvisar um plano com a pandemia já em andamento, e essa sem dúvida não é a melhor maneira de proteger a população.

Essa situação é comparável ao modo como os governos lidam com a defesa nacional, no qual estão definidas com clareza todas as funções, como avaliar as ameaças, desenvolver a capacidade de resposta e assegurar por meio de exercícios que esta seja posta em prática. Precisamos de estratégias contra surtos epidêmicos que sejam tão claras, rigorosas e completas quanto os melhores planos de contingência militares.

E não podemos esquecer que, além de evitar pandemias, há outra enorme vantagem em todo esse empreendimento: também poderemos erradicar famílias inteiras de vírus respiratórios, entre eles os coronavírus e os vírus da gripe, que causam muito sofrimento e prejuízos. O impacto sobre as vidas humanas e as economias em todo o mundo será extraordinariamente benéfico.

A meu ver, são quatro as prioridades de um plano global para a erradicação das doenças respiratórias e para a prevenção de pandemias. Depois de apresentar cada uma delas, discutirei o que elas requerem em termos de financiamento.

1. PRODUÇÃO E DISTRIBUIÇÃO DE FERRAMENTAS MAIS APERFEIÇOADAS

Meu trabalho nas áreas de tecnologia e filantropia está baseado numa ideia simples: a inovação pode melhorar a vida de todos e resolver problemas importantes, seja tornando a educação acessível a mais pessoas, seja reduzindo a mortalidade infantil. Sobretudo nas últimas décadas, ocorreram avanços na biologia e na medicina que levaram a novas maneiras de tratar e prevenir doenças.

Mas a inovação não acontece do nada. Como mostra a história das vacinas de mRNA, ideias novas precisam de apoio e pesquisa, às vezes durante décadas, até que resultem em algo de uso prático. Por isso, o passo inicial de qualquer plano para a prevenção de pandemias deveria ser a manutenção do investimento na pesquisa de vacinas, tratamentos e diagnósticos melhores.

Embora as vacinas de mRNA sejam muito promissoras, pesquisadores dos setores público e privado deveriam explorar outras abordagens, como as vacinas com proteínas adjuvantes que descrevi no capítulo 6, uma vez que elas poderiam proteger as pessoas por mais tempo, reduzir os casos de escape vacinal ou atacar partes dos vírus que talvez venham a se manter inalteradas em variantes futuras. Em última análise, o objetivo deve ser o desenvolvimento de vacinas que nos protejam por completo contra famílias inteiras de vírus, sobretudo daqueles que atacam o sistema respiratório — essa é a chave para a erradicação dos coronavírus e dos vírus da gripe. Todos os atores envolvidos na pesquisa e no desenvolvimento de vacinas — patrocinadores governamentais e filantrópicos, pesquisadores de universidades, empresas de biotecnologia e fabricantes e desenvolvedores de produtos farmacêuticos — têm de contribuir para a identificação das melhores ideias preliminares e a criação das condições para que estas se tornem viáveis na prática.

Tão relevante quanto as vacinas é o desenvolvimento de medicamentos bloqueadores de infecções, que proporcionariam proteção imediata contra patógenos respiratórios. Cabe aos governos estimular a adoção dessa abordagem — por exemplo, uma vez disponíveis esses bloqueadores, concedendo reembolsos federais aos médicos que os prescreverem aos pacientes, assim como ocorre hoje com outros medicamentos e vacinas.

Também precisamos aprimorar a capacidade de testar e aprovar novos produtos — como vimos nos capítulos 5 e 6, esse ainda é um processo demorado demais. Algumas iniciativas, como o ensaio RECOVERY, no Reino Unido, estabeleceram de antemão protocolos e infraestrutura, o que tornou mais fácil uma resposta após a eclosão da covid. Deveríamos aperfeiçoar esses modelos, ampliando nossa capacidade de realizar ensaios clínicos em todo o mundo, a fim de sabermos o quanto antes o que funciona melhor quando uma nova doença ainda está circulando em poucos países. As agências reguladoras poderiam definir com antecedência a forma como são escolhidos os participantes e as ferramentas de software que permitiriam às pessoas se inscreverem em ensaios clínicos assim que eclodisse uma nova doença. E, associando os resultados de testes diagnósticos ao sistema de ensaios clínicos, seria possível sugerir aos médicos que incentivem a participação de seus pacientes em ensaios clínicos de grande escala.

É necessário, ainda, que estejamos preparados para fabricar muitas doses no menor prazo possível. O mundo precisa contar com uma capacidade de produção em larga escala — o suficiente para proporcionar a cada habitante do planeta todas as doses indicadas de uma nova vacina, e isso no prazo de seis meses após a detecção de um patógeno que pode se alastrar pelo globo. Durante a covid, quando os países que mais produzem vacinas foram muito afetados pela pandemia, eles foram forçados a restringir as exportações a fim de garantir um estoque suficiente para sua própria população. Entretanto, como interessa ao mundo a imunização de todos, vamos ter de levar em conta esse fator complicador, investindo na expansão da capacidade manufatureira e em inovações que facilitem as transferências de tecnologia e os acordos de licenciamento entre empresas.

A China e a Índia contam com empresas especializadas na

fabricação em larga escala de novos produtos e devem fazer parte dessas iniciativas. Outros países podem assumir o compromisso de garantir parte da capacidade industrial necessária. Se a China, a Índia, os Estados Unidos e a União Europeia se empenharem em proporcionar um quarto dessa capacidade no curto prazo e os países da América Latina e da África prosseguirem com a instalação de novas fábricas, creio que será possível uma solução global.

Outra área de pesquisa crucial está na redução dos problemas associados à *distribuição* das vacinas, como a manutenção da cadeia de frio. Uma das soluções consistiria em adesivos dotados de microagulhas, os quais também tornariam a vacinação menos dolorosa e possibilitariam que as próprias pessoas se imunizassem. Vacinas contra o sarampo em adesivos desse tipo já estão em estágio avançado de testes, mas ainda resta muito a fazer para que esse recurso seja barato o suficiente para ser usado em grande escala.

Outras ideias promissoras incluem vacinas administradas por meio de sprays nasais, vacinas que ofereceriam proteção durante décadas, vacinas de dose única e combinações de vacinas contra vários patógenos (por exemplo, contra o coronavírus e o vírus da gripe).

Se a produção de vacinas contra a covid em apenas um ano constituiu uma surpreendente história de sucesso, não se pode dizer o mesmo quanto ao tempo decorrido para o desenvolvimento de tratamentos para a doença. A despeito das expectativas iniciais, minhas e de outros, decorreram quase dois anos para obtermos antivirais eficazes contra o novo coronavírus — e dois anos numa pandemia são uma eternidade. Agora que estamos prestes a usar esses medicamentos, deveríamos também criar sistemas que nos permitam desenvolver e aplicar tratamentos desse tipo com muito mais rapidez no futuro.

Para tanto, uma etapa essencial é a formação de um repositório com milhões de compostos antivirais contra os vírus comuns que atacam as vias respiratórias, incluindo medicamentos que atuem contra uma ampla gama de cepas virais. Se tivermos três ou mais desses compostos, é possível combiná-los de forma a reduzir a probabilidade de surgimento de uma variante resistente a remédios. (É o que fazemos hoje no caso dos tratamentos para o HIV: a mescla de três antivirais limita a difusão dos vírus resistentes.) Todos os pesquisadores deveriam ter acesso a esses repositórios, para se informar sobre quais compostos já existem e quais áreas de pesquisa são mais promissoras. Imprescindível também é que eles se dediquem ao estudo da covid longa, para saber quais são suas causas, como ajudar as pessoas acometidas e se os futuros patógenos podem provocar sintomas similares de longa duração.

Também é importante aproveitar os avanços da inteligência artificial e de outros softwares para o desenvolvimento de antivirais e anticorpos com mais celeridade. Várias empresas já vêm alcançando resultados significativos nessa área. Em resumo, o que elas fazem é construir um modelo 3-D do patógeno visado — pode ser até um patógeno jamais visto —, assim como modelos de vários medicamentos que poderiam neutralizá-lo. O computador então simula em pouco tempo a interação desses modelos, determinando quais remédios são mais viáveis, qual é a melhor forma de aperfeiçoá-los e, conforme o caso, até projetando novos fármacos a partir do zero.

E é fundamental ampliar os incentivos para que os fabricantes de medicamentos genéricos tornem os antivirais disponíveis em menos tempo do que ocorreu na pandemia de covid. Encomendas antecipadas em benefício de países de baixa e média renda cumprem essa função, permitindo que tais laboratórios iniciem a produção ainda durante o andamento dos processos de aprovação. (As encomendas antecipadas eliminam o risco de prejuízos para essas empresas, caso os medicamentos não sejam aprovados.)

Uma última observação sobre pesquisa biomédica. Muito já se escreveu sobre como e onde a covid começou. Considero muito fortes os indícios de que o vírus tenha saltado de um animal para um ser humano, e não, como algumas pessoas argumentaram, que tenha escapado de um laboratório de pesquisa. (Conheço gente bem informada que não julga, como eu, tão sólida assim a evidência da transmissão animal. Talvez essa questão nunca seja resolvida de forma conclusiva.) No entanto, independentemente da origem do coronavírus, até a remota possibilidade de vazamento de patógenos por laboratórios deveria inspirar governos e cientistas a redobrarem os cuidados relativos à segurança desses institutos de pesquisa, criando normas globais e realizando inspeções nas instalações que lidam com patógenos associados a doenças transmissíveis. A última morte causada por varíola ocorreu em 1978, quando uma fotógrafa e médica da Universidade de Birmingham contraiu a doença ao ser infectada por acidente em seu local de trabalho, ocupado também por um laboratório que pesquisava a varíola.[1]

Além de administrar as vacinas e os tratamentos mais eficientes, precisamos incentivar as inovações na área dos diagnósticos. Os testes devem ter dois objetivos: permitir que as pessoas saibam o quanto antes se estão infectadas e, em seguida, que tomem medidas apropriadas (como o isolamento, por exemplo), e também permitir que as autoridades de saúde saibam o que está acontecendo na comunidade. Uma parte dos testes com resultado positivo deve ser examinada e sequenciada, para que as variantes do vírus sejam detectadas o mais cedo possível. A rápida realização de testes PCR e a adoção de quarentenas explicam em grande parte por que alguns países, como a Austrália, registraram uma quantidade muitíssimo menor de casos e óbitos. Cabe aos governos tirar lições desses exemplos e descobrir maneiras de expandir com rapidez sua capacidade de realizar testes — e ao mesmo tempo incentivar as pessoas a serem testadas, proporcionando tratamento para todos os infectados, sobretudo os mais vulneráveis às formas graves da doença.

Por isso, os pesquisadores devem continuar empenhados — e contar com os recursos para tanto — em desenvolver testes PCR de alto desempenho, que apresentam todos os benefícios de um teste PCR comum, mas produzem mais resultados em bem menos tempo. Muito baratos, eles não requerem os suprimentos de reagentes que limitaram nossa capacidade de testes durante a covid e se adaptam com facilidade para a detecção de um novo patógeno cujo genoma acabou de ser sequenciado.

Precisamos ainda apoiar o desenvolvimento de novos tipos de testes que facilitem a coleta de amostras e proporcionem resultados mais rápidos. Com diagnósticos de baixo custo similares aos de testes de gravidez — conhecidos como testes de fluxo lateral —, torna-se possível testar comunidades inteiras. Outro recurso útil são os aparelhos do tipo do LumiraDx, mencionados no capítulo 3: eles podem ser usados para uma ampla variedade de testes já existentes, e também podem ser adaptados com rapidez para novos testes. Se, num surto epidêmico futuro, a coleta de amostras com um cotonete especial pela própria pessoa se mostrar viável, como ocorreu na pandemia de covid, seremos capazes de empregar essa técnica para expandir a capacidade de testes até em países de baixa renda.

2. ESTABELECER A GERM

Como levará alguns anos para que o grupo que propus no capítulo 2 seja devidamente organizado, desde já precisamos dar os primeiros passos nessa direção. Para que a GERM se torne realidade, os governos têm de contribuir com recursos e lhe assegurar pessoal suficiente e capacitado. Há muitas entidades aptas a assessorar esse projeto, mas seu orçamento anual deve ser quase todo garantido pelos governos dos países ricos e administrado através da oms como um recurso global.

Para que os recursos e as iniciativas da germ sejam bem aproveitados, também serão necessários investimentos numa área complementar: a infraestrutura de saúde pública. Não se trata aqui de médicos, enfermeiros e clínicas — falarei sobre isso mais adiante —, mas de epidemiologistas e outros especialistas em vigilância sanitária e na resposta a surtos epidêmicos, que assessoram as lideranças políticas para que tomem decisões bem embasadas durante uma crise.

Em geral, as instituições de saúde pública não recebem tanta atenção e financiamento governamental quanto merecem — nos níveis estadual (o que inclui os Estados Unidos), nacional ou global (sob o controle da oms). Isso não causa surpresa, uma vez que se trata sobretudo de um trabalho de prevenção de doenças e, como lembram os especialistas desse setor, ninguém se sente grato por não ter contraído uma doença. Ainda assim, dada essa pouca atenção, há muito que aprimorar nos órgãos de saúde pública, por exemplo, o modo como recrutam e valorizam o pessoal competente, bem como o uso que fazem de sistemas informatizados. (Em 2021, a Microsoft colaborou com um órgão de saúde pública americano que usava programas de software lançados duas décadas antes.) Esses órgãos públicos são fundamentais para uma resposta rápida e eficiente durante um surto epidêmico e têm de ser aprimorados.

3. MELHORAR A VIGILÂNCIA SANITÁRIA

Desde sempre negligenciada pela população em geral, agora a vigilância sanitária está começando a ser valorizada. Mas, em todo o mundo, ainda falta muito para que ela atue como deveria.

Uma iniciativa crucial é aperfeiçoar o registro civil e os dados demográficos nos países em desenvolvimento. No mínimo, muitos países de baixa e média renda precisam de sistemas mais confiáveis de registro de nascimentos e mortes, que são indispensáveis para a atuação nacional de vigilância sanitária, tal como vimos no caso de Moçambique, discutido no capítulo 3. Depois, a partir dessa base, caberia ampliar a capacidade de sequenciamentos genômicos, autópsias com procedimentos pouco invasivos de retirada de amostras, monitoramento de águas residuais e servidas, entre outras práticas. O objetivo final, para quase todos os países, é adquirir a capacidade de detectar e reagir aos surtos epidêmicos que ocorrerem em seus territórios — independentemente de se tratar de tuberculose, malária ou outra doença de que nunca ouvimos falar.

Além disso, os diferentes sistemas globais de vigilância sanitária têm de ser integrados, permitindo às autoridades de saúde pública identificar o quanto antes os vírus emergentes e já disseminados, onde quer que apareçam. Esses sistemas deveriam adotar abordagens tanto passivas como ativas e exibir os dados em tempo real — pois, além de terem pouca serventia, dados desatualizados muitas vezes levam a conclusões equivocadas. Como venho enfatizando neste livro, é essencial que os resultados dos testes diagnósticos sejam vinculados aos sistemas de saúde pública, de modo que as autoridades possam realizar um acompanhamento mais preciso dos surtos e compreendam melhor as doenças endêmicas. Um bom modelo disso é o Estudo da Gripe em Seattle. E, em países como os Estados Unidos, onde a testagem pode ser muitíssimo dispendiosa, cabe aos governos criar incentivos para baratear os testes diagnósticos e colocá-los ao alcance de todos.

Por fim, é preciso ampliar a capacidade de sequenciamento genômico de patógenos. A ação nesse sentido levada a cabo na África foi recompensadora — graças aos sequenciamentos ali realizados, o mundo logo ficou sabendo de pelo menos duas novas variantes da covid — e o momento atual é oportuno para aumentar os investimentos nessa área; por exemplo, com o apoio a programas como a Africa Pathogen Genomics Initiative (Iniciativa para a Genômica de Patógenos na África), visando criar uma rede de laboratórios interconectados que compartilhem dados genômicos. Há uma rede similar na Índia, e o mesmo modelo está sendo adotado no sul e no sudeste da Ásia, mas deveria ser estendido a outras regiões. A China também conta com um setor de sequenciamento genômico muito eficiente, mas que precisa ser incorporado ao sistema global. E esse trabalho de sequenciamento tem muitos benefícios, além da prevenção de outra pandemia — por exemplo, pode revelar aos governos novos aspectos da genética dos mosquitos da malária, bem como da transmissão da tuberculose e do HIV.

O campo da genômica se beneficiaria de mais investimentos em inovações como o sequenciador Oxford Nanopore e o aplicativo para celulares que mencionei no capítulo 3, os quais tornam possível o sequenciamento de genomas em muitos outros lugares. Faltam pesquisas que esclareçam como as alterações na estrutura genética de um patógeno afetam sua atuação no corpo humano. Hoje em dia temos condições de mapear as mutações em versões diferentes de um patógeno, mas não sabemos se determinada mutação resultaria numa variante mais transmissível, ou se provocaria formas mais graves da doença. Ainda não temos respostas para essas questões, que constituem uma área promissora para a pesquisa científica.

4. MELHORAR OS SISTEMAS DE SAÚDE

Quando me envolvi na área da saúde global, meu foco foi sobretudo no desenvolvimento das novas ferramentas a que estou me referindo aqui. *Com a criação de uma nova vacina contra o rotaví-*

rus, pensei, *podemos evitar a morte de crianças causada por esse tipo de vírus*. Com o tempo, porém, constatei que as limitações dos sistemas de saúde — sobretudo no nível mais básico, a chamada atenção primária à saúde — impedem que vacinas e outros recursos cheguem aos pacientes que mais se beneficiariam deles.

Grande parte das iniciativas da Fundação Gates teve como objetivo ajudar a melhorar esses sistemas e assegurar que todas as crianças tenham acesso a novas vacinas — são investimentos que salvam vidas e, ao mesmo tempo, lançam as bases do crescimento econômico.* Assim que um país deixa de ser pobre e entra no grupo de média renda, seu governo passa a contar com recursos próprios para financiar programas de saúde. Muitos países concluíram essa transição nas últimas décadas e, hoje, menos de 14% da população mundial vive em países de baixa renda que ainda necessitam de ajuda externa para financiar seus sistemas de saúde primária.

A pandemia do coronavírus causou uma devastação nos sistemas de saúde de todos os países — segundo estimativa da OMS, até maio de 2021 mais de 115 mil profissionais de saúde haviam morrido de covid —, mas a situação é ainda mais grave em países de baixa renda. O problema principal é que eles não contam com recursos, especialistas ou instituições que assegurem o atendimento básico de saúde a toda a população, e ainda menos com condições para enfrentar um surto epidêmico de grande escala. Durante a pandemia, essa situação só piorou, pois muitos países ricos interromperam os programas de ajuda externa ou realocaram recursos para o tratamento de outras doenças e para o combate à covid.

---

* Também é importante que cientistas empenhados em desenvolver inovações se preocupem com que estas sejam baratas e de fácil aplicação em todos os lugares, e não apenas nos países mais ricos. Desde o início a distribuição deve ser levada em conta.

É preciso reverter essa tendência. Os exemplos de governos ricos continuam sendo a Suécia e a Noruega, que destinam ao menos 0,7% do PIB para a ajuda a países de baixa e média renda, sendo grande parte desse dinheiro aplicada especificamente na melhoria das condições sanitárias. (Logo mais voltarei a esse percentual de 0,7%.)

Países de baixa e média renda, por sua vez, têm muito a aprender com os vários exemplos positivos de outras regiões do mundo. Como o Sri Lanka, que dedicou anos a montar um sistema eficiente de atenção primária à saúde, o que contribuiu para reduzir de maneira significativa a mortalidade infantil e durante o parto, mesmo quando o país ainda era muito pobre.

Enquanto se recuperam da pandemia, os governos fariam bem em privilegiar os gastos com saúde que atendam a vários objetivos simultâneos. Por exemplo, a contratação de mais profissionais de saúde significa também mais pessoal para a gestão dos casos de malária, para a oferta de testes e tratamentos de HIV e para o rastreamento dos contatos dos pacientes de tuberculose. E, equipados com novos métodos de diagnóstico integrados a sistemas digitalizados — como um aparelho portátil de ultrassom capaz de avaliar o estado de um feto e detectar pneumonia viral, tuberculose e câncer de mama —, esses profissionais podem formar a espinha dorsal de um sistema de saúde dinâmico que proporciona às autoridades uma visão sem precedentes das causas das doenças e mortes no país.

Todavia, como ficou evidente na pandemia de covid, os países de baixa e média renda não são os únicos que precisam aprimorar seus sistemas de saúde. Apesar dos poucos casos exemplares de nações que reagiram com presteza, o fato é que em nenhum lugar do mundo a resposta à covid foi perfeita. Por isso, todos os países, dos mais pobres aos mais ricos, deveriam considerar algumas medidas.

A primeira delas, sem dúvida, é reforçar a atenção primária à saúde. Em muitos países de baixa renda — e também nos Estados Unidos —, a maior parte dos gastos nacionais com saúde está voltada para tratamentos hospitalares de pessoas com doenças em estado avançado, e a saúde primária recebe recursos insuficientes.[2] No entanto, estudos comprovam que um investimento maior nos cuidados primários pode na verdade reduzir o gasto total com o sistema de saúde: se os casos de hipertensão são diagnosticados com antecedência durante o atendimento básico, o paciente pode ser tratado com medicamentos baratos e fazer alterações em seu estilo de vida, evitando-se assim as consequências mais graves e custosas — infarto, insuficiência renal, AVC — que demandam dispendiosas internações hospitalares. Estima-se que 80% dos problemas de saúde podem ser tratados com êxito por programas eficientes de atenção primária à saúde.

Outra medida crucial é a definição, antes de uma crise, das responsabilidades relativas a cada instância. Simulações de surtos, como o exercício Crimson Contagion, comprovaram que é grande a probabilidade de uma resposta caótica — basta lembrar a confusão criada pela decisão banal de mudar os nomes das convocatórias das reuniões —, mas quase nada foi feito para sanar esse tipo de problema. E agora sabemos quais são as consequências da indecisão.

Durante a epidemia de covid, sobretudo no início, houve muita confusão nos Estados Unidos sobre o que os governos estaduais podiam ou deviam fazer e o que era da alçada do governo federal. Do mesmo modo, na Europa, houve dúvidas por algum tempo sobre quem se encarregaria da aquisição das vacinas, os países ou a União Europeia. Numa emergência, não há nada pior do que a falta de clareza e de certeza quanto à responsabilidade de cada um.

Todos os países precisam contar com uma autoridade suprema no enfrentamento à pandemia, alguém com competência para traçar um plano e colocá-lo em prática de modo a conter o surto contagioso. Essa autoridade também deve cuidar das regras para a obtenção e distribuição dos suprimentos essenciais, bem como ter acesso a todos os dados e modelagens relevantes. No âmbito internacional, essa tarefa ficaria a cargo da GERM.

Governos e doadores necessitam, ainda, de um fórum global no qual possam coordenar as ações de maneira conjunta e em favor dos países pobres — por exemplo, criando com antecedência um mecanismo que lhes permita liberar recursos para a compra de vacinas, testes e outros suprimentos, evitando a criação de campanhas de levantamento de fundos em meio à crise. Também deveriam estabelecer com antecedência os princípios que vão orientar a distribuição desses suprimentos, de modo que estes cheguem o mais rápido possível àqueles que deles necessitam.

Nos Estados Unidos, o governo federal é a instância mais bem posicionada para promover o desenvolvimento e a produção em grande escala de vacinas, tratamentos e equipamentos de proteção individual. Mas a administração dos testes e dos recursos hospitalares é por natureza de caráter local. E no que se refere à distribuição e aplicação das vacinas? Embora sempre existam cadeias de abastecimento nacionais e mesmo globais, também a etapa final da aplicação das vacinas é uma atividade de caráter local. Um país que se mostrou muito eficiente na definição das responsabilidades de cada uma dessas instâncias foi o Japão, que pode servir de excelente modelo nesse sentido.

Os planos dos governos nacionais têm de levar em conta a distribuição de todas as ferramentas necessárias, como máscaras, testes, medicamentos e vacinas. E isso não é um problema apenas dos países de baixa e média renda; em quase todos os lugares houve dificuldades para a aplicação das vacinas contra a covid. A criação de sistema de dados mais aperfeiçoados tornará mais fácil a alocação dos suprimentos e o controle das pessoas já imunizadas.

Durante a pandemia, alguns países, como Israel, conduziram bem esse processo de verificação, mas a maioria falhou grandemente.

Como é impossível melhorar de um dia para o outro os serviços de atenção primária à saúde, as nações que se empenharem nisso em períodos de normalidade estarão mais preparadas para enfrentar uma ameaça pandêmica. Um país que já montou uma cadeia de abastecimento e formou pessoal para esclarecer a população sobre a transmissão do ebola ou para a imunização contra o sarampo, por exemplo, conta com uma infraestrutura básica e profissionais competentes para usá-la. Como Bill Foege certa vez comentou, "as melhores decisões dependem da melhor ciência, mas os melhores resultados dependem da melhor gestão".

Os países mais ricos têm uma história valorosa de pioneirismo no campo das inovações. O governo americano, por exemplo, financiou a pesquisa que resultou na criação dos microchips, os quais, por sua vez, desencadearam a onda de avanços que marcou a revolução digital. Sem esse investimento, Paul Allen e eu nunca teríamos sido capazes sequer de imaginar uma empresa como a Microsoft, quanto mais criá-la de fato. Outro exemplo, mais recente, são os experimentos pioneiros para a criação de fontes de energia não poluentes que vêm sendo realizados em laboratórios governamentais dos Estados Unidos. Se o mundo conseguir acabar com as emissões dos gases do efeito estufa até 2050, como acredito ser viável, isso só será possível graças ao apoio à pesquisa energética dado pelos governos dos Estados Unidos e de outros países.

Quando eclodiu a pandemia de covid, avanços cruciais nas vacinas foram feitos por universidades e empresas no Reino Unido e na Alemanha. Os investimentos efetuados pelos países mais ricos — e sobretudo pelos Estados Unidos (essa é uma área em que estão à frente de todo o mundo) — contribuíram para acelerar as inovações que se revelaram indispensáveis no combate à doença. Parte do governo americano apoiou a pesquisa acadêmica sobre o mRNA, outra parte contribuiu para o projeto de traduzir a pesquisa básica em produtos comercializáveis e uma terceira parte forneceu recursos para as empresas que desenvolveram as vacinas de mRNA e de outros tipos contra o novo coronavírus.

Agora os governos precisam continuar à frente dessas iniciativas, fornecendo novos recursos para os sistemas, as ferramentas e as equipes de que necessitamos para evitar outras pandemias. Como afirmei no capítulo 2, a GERM vai requerer cerca de 1 bilhão de dólares por ano, e esse dinheiro deveria vir dos governos dos países ricos e de alguns países de média renda.

Entre as tarefas da GERM está facilitar a identificação de ferramentas novas e promissoras. Estimo que, no decorrer da próxima década, todos os governos terão de investir, juntos, de 15 bilhões a 20 bilhões de dólares por ano para o desenvolvimento de vacinas, medicamentos anti-infecciosos, tratamentos e testes diagnósticos — um nível de recursos que poderemos alcançar se os Estados Unidos aumentarem seus gastos com pesquisas de saúde em 25%, ou cerca de 10 bilhões, e se o restante do mundo contribuir com a mesma quantia. Claro que 10 bilhões de dólares é muito dinheiro em termos absolutos, mas equivale a pouco mais de 1% do orçamento de defesa americano, e é um valor insignificante se comparado aos trilhões de dólares em prejuízos causados pela pandemia de covid.

Para tirar o máximo proveito dessas ferramentas novas e da atuação da GERM, teremos de enfrentar o desafio de melhorar os sistemas de saúde (clínicas, hospitais e profissionais que atendem pacientes), assim como as instituições públicas do setor (epidemiologistas e outros especialistas que monitoram e respondem aos surtos infecciosos). Considerando a longa história mundial de subinvestimento em ambas as áreas, ainda resta muito a fazer: para que os países de alta e média renda estejam preparados para impedir pandemias, ao menos 30 bilhões de dólares por ano serão necessários — esse é o total para o conjunto desses países.[3]

O mesmo trabalho de preparação precisa ser realizado nos países de baixa renda, e por isso é importante que todos os países ricos sejam tão generosos quanto a Noruega, a Suécia e outros governos que investem ao menos 0,7% do PIB em ajuda para o desenvolvimento. Se todos os países chegarem a esse nível, teremos dezenas de bilhões de dólares adicionais para melhorar os sistemas de saúde — recursos que, como argumentei no capítulo 8, podem ser usados tanto para salvar vidas de crianças como para evitar pandemias.

A ideia de que as nações ricas devem dedicar no mínimo 0,7% de seu PIB para ajuda externa é antiga, uma história que remonta pelo menos ao final da década de 1960.[4] Em 2005, a União Europeia se comprometeu a alcançar essa meta até 2015, e, embora muitos países tenham se mostrado bastante generosos, foram pouquíssimos aqueles que cumpriram o prometido. Hoje, depois que a covid deixou claro que as condições sanitárias em qualquer região do mundo podem afetar todas as outras, estamos em um momento propício para que os governos voltem a se comprometer com esse objetivo. O investimento na saúde e no desenvolvimento dos países de baixa renda é vantajoso para o mundo inteiro, pois aumenta a segurança de todos e serve de base para o crescimento que vai tirar da pobreza populações e países, além de ser a coisa certa a fazer.

Aumentar recursos financeiros é essencial, mas não suficiente. Outro aspecto importante é facilitar o procedimento de aprovação de novos produtos sem sacrificar sua segurança. Como puderam observar in loco os cientistas associados ao Estudo da Gripe em Seattle e à SCAN, é extremamente difícil e demorado pôr em prática ideias inovadoras, sobretudo durante uma emergência, quando o tempo de resposta é crucial.

Por outro lado, cabe aos líderes dos países de baixa e média renda dar prioridade à detecção e ao controle de surtos epidêmicos, recorrendo à assessoria técnica e ao financiamento externos sempre que estes forem úteis. E, ao participarem de projetos como o do sistema global de compartilhamento de dados de saúde, tanto eles próprios quanto o resto do mundo podem ter uma ideia mais precisa do que está se passando de fato em cada região.

A OMS, como organização encarregada de coordenar a GERM, pode ajudá-la a dar prioridade à sua missão principal: detectar surtos epidêmicos e dar o alerta. Mas a GERM também tem uma missão secundária: contribuir para a redução do impacto de doenças infecciosas — entre elas, a malária e o sarampo —, salvando assim centenas de milhares de vidas e permitindo que suas equipes se mantenham ativas quando não estiverem combatendo surtos contagiosos.

A OMS é a única organização capaz de reforçar as exigências para que governos não soneguem informações a respeito de potenciais surtos no interior de suas fronteiras. Seus países-membros também podem cobrar uns dos outros essas notificações — mesmo reconhecendo a existência de motivos para manter esse tipo de sigilo. Por exemplo, o compartilhamento de notícias sobre um possível surto epidêmico pode levar um país a se tornar alvo de restrições de viagens, com consequências prejudiciais para a economia local. Por outro lado, é essencial para a comunidade global ter acesso a essas informações, e todos os governos estão comprometidos a fazer esse compartilhamento como parte do Regulamento Sanitário Internacional. Cabe, portanto, à OMS trabalhar com os Estados-membros de modo que essas normas sejam reforçadas e cumpridas. Como vimos durante a pandemia de covid, países que compartilharam informações e agiram com rapidez de fato pagaram um preço por isso no curto prazo — não há como negar que os confinamentos e as proibições de viagens são dolorosos, mesmo quando apropriados —, mas eles também contribuíram para que os danos fossem menores do que poderiam ter sido, tanto para sua própria população como para o restante do mundo.

Outros grupos também têm papel importante a desempenhar. As empresas farmacêuticas e de biotecnologia devem adotar uma estrutura diferenciada de preços e firmar acordos de licenciamento, para assegurar que mesmo seus produtos mais avançados fiquem disponíveis para a população de países em desenvolvimento. Já as empresas de tecnologia precisam contribuir para a criação de novas ferramentas digitais, que simplifiquem e tornem mais barata a coleta de amostras para testes diagnósticos, ou de programas de software que monitorem a internet em busca de sinais da eclosão de surtos contagiosos.

Em termos mais amplos, fundações e outras entidades sem fins lucrativos devem ajudar os governos a melhorar seus sistemas públicos de saúde e de atenção primária à saúde. O setor público sempre assumirá a maior parte do investimento, e também a responsabilidade pela implementação de programas, mas as organizações sem fins lucrativos podem experimentar novas abordagens e descobrir as que se mostram mais eficientes. As fundações também devem apoiar pesquisas de novas ferramentas que possam ser usadas tanto nas doenças infecciosas já conhecidas como em futuras ameaças pandêmicas. E, como outros problemas globais não desaparecem com o fim de uma pandemia, as instituições filantrópicas precisam continuar apoiando iniciativas que evitem um desastre climático, ajudar produtores rurais de baixa renda a cultivar mais alimentos e melhorar a educação em todo o mundo.

Ao comentar com amigos que estava escrevendo um livro sobre a pandemia, notei que ficavam um tanto surpresos. Muitos deles haviam sido atenciosos o suficiente para ler o livro sobre mudanças climáticas que publiquei em 2021 e, embora fossem polidos demais para perguntar, era evidente que estavam pensando: "Quantos outros livros você ainda vai escrever falando de um problema importante e de seu plano para resolvê-lo? Temos de enfrentar a questão do clima. Agora há esse problema das pandemias e da saúde global. O que mais vem por aí?".

A resposta é que esses são, a meu ver, os dois problemas principais nos quais precisamos investir muito mais recursos. As mudanças climáticas e as pandemias — incluindo aí a possibilidade de um ataque terrorista com armas biológicas — são as duas ameaças mais prováveis à existência humana. Felizmente, existem oportunidades para avanços consideráveis em ambos os casos na próxima década.

No caso das alterações climáticas, se dedicarmos os próximos dez anos ao desenvolvimento de tecnologias verdes, criando incentivos financeiros adequados e implementando políticas públicas corretas, conseguiremos atingir o objetivo de neutralizar as emissões dos gases do efeito estufa até 2050. As notícias são ainda melhores no que se refere a pandemias: ao longo da próxima década, se os governos ampliarem os investimentos em pesquisa e adotarem políticas baseadas em evidências científicas, poderemos criar a maioria das ferramentas de que necessitamos para impedir que um surto epidêmico se torne um desastre global. O volume de recursos necessário para nos prepararmos para pandemias é muito menor do que o que precisaremos para evitar um desastre climático.

Talvez essa preocupação pareça despropositada. Talvez seja difícil imaginar que temos a capacidade de afetar o curso de uma pandemia. Toda doença nova e misteriosa é assustadora, e também pode ser frustrante, pois parece que podemos fazer muito pouco a respeito.

Mas há muita coisa que cada um de nós pode fazer. Podemos eleger líderes que levem a sério a ameaça pandêmica e, quando chegar a hora, tomem decisões adequadas e baseadas na ciência. Podemos seguir seus conselhos sobre o uso de máscara, o isolamento e o distanciamento social em locais públicos. Podemos tomar as vacinas que estiverem disponíveis. E podemos evitar a desinformação que prolifera nas mídias sociais, buscando dados sobre práticas de saúde pública em fontes confiáveis, como a OMS, o CDC nos Estados Unidos e seus equivalentes em cada país.

Acima de tudo, não podemos deixar que o mundo esqueça todo o horror da pandemia de covid. E fazer todo o possível para manter a pandemia no centro das atenções — locais, nacionais, internacionais —, de modo que possamos romper o ciclo de pânico e negligência que a torna o assunto mais importante por algum tempo, para em seguida esquecermos tudo e retomarmos nossa existência cotidiana. Todos nós estamos ansiosos para retomar a vida como era antes, mas há algo cujo retorno não podemos permitir — nossa complacência diante da pandemia.

Não precisamos nos conformar com uma existência marcada pelo medo permanente de outra catástrofe global. Mas não há dúvida de que precisamos estar cientes dessa possibilidade e dispostos a fazer algo a respeito. O fato de que agora compreendemos o que está em jogo deve inspirar o mundo a agir — a investir bilhões agora, para não perdermos milhões de vidas e trilhões de dólares no futuro. Essa é, para nós, uma oportunidade única de aprender com nossos erros e garantir que ninguém jamais tenha de passar de novo por uma catástrofe como a da covid. Mas também podemos ser ainda mais ambiciosos: podemos construir um mundo no qual todos tenham a possibilidade de uma vida saudável e produtiva. O oposto da complacência não é o medo: é a ação.

Posfácio

Como a covid mudou o curso de nosso futuro digital

Ao escrever este livro, dediquei muito tempo a refletir sobre como a pandemia de covid impulsionou inovações no âmbito das doenças transmissíveis. Mas o fato é que a pandemia também inaugurou uma era de mudanças vertiginosas que vão muito além da área da saúde.

Em março de 2020, quando grande parte dos países impôs à população um lockdown rigoroso, muita gente teve de buscar novas maneiras de reproduzir as experiências interpessoais sem abandonar a segurança do lar. Em países como os Estados Unidos,* recorremos a ferramentas digitais, como as plataformas de videoconferência e de compras on-line, usando-as de maneiras novas e criativas. (Lembro que a ideia de uma festa de aniversário virtual parecia bem estranha nos primeiros tempos da pandemia.)

Estou convencido de que, quando visto em retrospecto, o mês

---

* Embora a pandemia tenha em geral acelerado a digitalização, isso ocorreu em ritmos diferentes conforme a região do mundo. Vou me concentrar aqui nos países de renda elevada, onde o ritmo das mudanças foi mais acentuado.

de março de 2020 será considerado o ponto de inflexão a partir do qual a digitalização começou a se acelerar com enorme rapidez. Embora ela venha ocorrendo há décadas, seu processo foi relativamente gradual. Nos Estados Unidos, por exemplo, os smartphones parecem ter se tornado onipresentes de um dia para o outro, mas na verdade dez anos se passaram até que a proporção de habitantes que tinham esses celulares saltasse de 35% para os atuais 85%.[1]

O mês de março de 2020, por outro lado, marcou um momento sem precedentes em que a adoção digital deu um enorme salto em muitas áreas. As mudanças não se limitaram a nenhum grupo demográfico ou tecnologia específica. Professores e alunos recorreram às plataformas on-line para dar continuidade aos estudos. Funcionários de empresas passaram a fazer reuniões por meio do Zoom e do Teams, antes de organizarem noites de entretenimento virtual com os amigos. Avós abriram contas na Twitch para acompanhar as cerimônias de casamento dos netos. E praticamente todo mundo passou a fazer mais compras on-line: em 2020, as vendas do comércio eletrônico nos Estados Unidos aumentaram 32% em comparação com o ano anterior.[2]

A pandemia nos forçou a repensar o que é tolerável em muitas atividades. Opções digitais antes vistas como inferiores de repente se mostraram convenientes. Antes de março de 2020, se um vendedor oferecesse um produto ou um serviço através de videoconferências, muitos clientes teriam visto esse fato como um sinal de falta de profissionalismo.

Antes da pandemia, eu jamais teria cogitado solicitar a líderes políticos que passassem meia hora numa chamada de vídeo para discutir como melhorar seus sistemas de atenção primária à saúde, pois isso seria considerado menos respeitoso do que um encontro pessoal. Agora, quando proponho uma chamada de vídeo, eles entendem quão produtiva ela pode ser, e não pensam duas vezes para aceitar uma reunião virtual. Não há como negar que, assim que aprendem a usar um recurso digital, as pessoas em geral o adotam.

Nos primeiros tempos da pandemia, muitas dessas tecnologias apenas "davam para o gasto". E como não as utilizávamos exatamente para o fim a que haviam sido concebidas, os resultados por vezes eram frustrantes. De um ou dois anos para cá — à medida que ficou evidente que não seria mais possível dispensar o uso dessas ferramentas digitais —, vimos melhoras sensíveis em sua qualidade e seus recursos. E esses avanços vão prosseguir nos próximos anos, com o aprimoramento cada vez maior de equipamentos físicos e programas.

Estamos apenas no princípio de uma nova era de digitalização. Quanto mais usamos essas ferramentas, mais aprendemos a aperfeiçoá-las — e mais exploramos a criatividade para usá-las de maneiras que aprimorem nossa vida.

Em meu primeiro livro, *A estrada do futuro*, expus minha visão de como os microcomputadores e a internet iriam moldar o futuro. Ele foi publicado em 1995 e, embora nem todas as minhas previsões tenham se confirmado (eu estava convencido de que assistentes digitais seriam hoje tão eficientes quanto os humanos), pelo menos consegui acertar alguns palpites (como os vídeos *on demand* e os computadores que cabem no bolso).

Este é um livro muito diferente. No entanto, tal qual *A estrada do futuro*, ele trata basicamente de como a inovação pode solucionar problemas importantes. Por isso, gostaria de partilhar algumas ideias sobre a forma como a tecnologia mudará nossa vida com rapidez ainda maior em virtude da necessidade que temos de repensar nossas abordagens durante a pandemia.

Um de meus escritores prediletos, Vaclav Smil, repete uma anedota em vários livros seus. É a história de uma jovem que acorda de manhã, bebe uma xícara de café instantâneo e toma o metrô para ir trabalhar. Ao chegar à empresa, ela sobe pelo elevador até o décimo andar e, a caminho de sua mesa, pega uma coca-cola na máquina automática. O mais surpreendente é que a situação que ele descreve ocorre na década de 1880, e não nos dias de hoje.

Ao ler essa anedota anos atrás, o que me impressionou foi quão familiar era a cena descrita por Smil. Porém, quando a li de novo durante a pandemia, pela primeira vez senti que ele falava do passado (exceto a parte em que a moça toma uma coca durante o expediente!).

De tudo o que mudou para sempre devido à pandemia, desconfio que o trabalho em escritório é a área que vai sofrer as alterações mais radicais. A pandemia desorganizou a forma de trabalhar em quase todos os setores, mas funcionários de escritório estavam na melhor posição para aproveitar as ferramentas digitais. A situação descrita por Smil — na qual todos os dias a pessoa se desloca de casa para a empresa e exerce sua função numa mesa no escritório — parece cada vez mais uma relíquia do passado, mesmo que isso tenha sido a norma por mais de um século.

No momento em que escrevo, no início de 2022, muitas empresas e seus funcionários ainda tentam descobrir como será esse "novo normal". Algumas já retomaram o trabalho presencial. Outras adotaram em definitivo o trabalho remoto. A maioria, porém, continua indecisa, avaliando o que será mais vantajoso.

Essa possibilidade de experimentação me deixa muito animado. As expectativas em relação ao trabalho tradicional passaram por uma revisão radical. Vislumbro nisso inúmeras oportunidades para repensarmos as coisas e descobrirmos o que funciona e o que não funciona. Embora a maioria das empresas provavelmente vá optar por um formato híbrido, com os funcionários trabalhando no escritório apenas alguns dias por semana, o fato é que há muitas maneiras de pôr isso em prática. Em quais dias todos devem estar presentes para reuniões? É melhor que as pessoas trabalhem remotamente nas sextas e nas segundas-feiras, ou no meio da semana? A fim de reduzir o tráfego urbano, não seria conveniente que as empresas situadas em determinada área escolhessem dias diferentes para convocar os funcionários?

Uma das previsões que fiz em *A estrada do futuro* era que a digitalização proporcionaria uma flexibilidade maior no que se refere ao local de moradia, levando muita gente a se mudar para áreas mais distantes dos centros urbanos. Essa parecia uma predição equivocada — até que veio a pandemia. Agora, estou apostando ainda mais nessa tendência. Algumas empresas se darão conta de que a presença física dos funcionários é necessária apenas uma semana por mês. Isso permitirá que as pessoas morem em locais bem mais distantes, pois o deslocamento longo é muito mais tolerável quando não ocorre todos os dias. Embora já se notem alguns sinais dessa transição, creio que veremos muitos mais na próxima década, à medida que os empregadores adotarem formalmente essas políticas de trabalho remoto.

Quando os funcionários só precisam estar presentes no escritório durante metade do tempo do expediente anterior, os locais de trabalho podem ser compartilhados com outra empresa. As despesas com a manutenção desses locais são significativas para as companhias e, desse modo, podem ser reduzidas pela metade. Se a medida for adotada por um número grande de empresas, haverá uma redução na demanda por imóveis comerciais dispendiosos.

Não vejo nenhum motivo para as empresas tomarem essa decisão de imediato. Há tempo para que experimentem abordagens baseadas em avaliações comparativas de custo-benefício. Parte do pessoal põe em prática uma configuração, enquanto outra adota um esquema diferente, de modo que seja possível comparar os resultados e encontrar a solução mais conveniente para todos. É inevitável que surjam tensões entre gerentes que tendem a ser mais relutantes em testar novas abordagens e empregados que preferem jornadas mais flexíveis. No futuro, é provável que os currículos de candidatos a vagas incluam informações sobre preferências de cada um nesse sentido, como a disposição para trabalhar fora do escritório.

A pandemia obrigou as empresas a repensarem a produtividade no local de trabalho. As fronteiras entre atividades antes isoladas — sessões de brainstorming, encontros de equipe, conversas rápidas nos corredores — já não fazem mais sentido. Estruturas antes tidas como essenciais para a cultura empresarial começaram a evoluir, e tais mudanças vão se acentuar nos próximos anos, à medida que companhias e funcionários se acomodarem a novas modalidades permanentes de trabalho.

Creio que a maioria das pessoas se surpreenderá com o ritmo das inovações no decorrer da próxima década, agora que o setor de software passou a se concentrar nesses cenários de trabalho à distância. Muitos dos benefícios de trabalhar no mesmo espaço físico — como os encontros casuais na pausa para o cafezinho — podem ser recriados com interfaces digitais apropriadas.

Quem hoje usa a plataforma Teams para trabalhar já está lidando com um produto bem mais refinado do que o disponível em março de 2020. Funcionalidades como salas para reuniões restritas, transcrição ao vivo e outras opções de visualização agora se encontram na maioria das plataformas de teleconferência. Os usuários estão apenas começando a aproveitar os diversos recursos já disponíveis. Por exemplo, costumo usar a função de chat em muitas das reuniões virtuais para acrescentar comentários e fazer perguntas. Agora, nos encontros pessoais, sinto falta da possibilidade de ter esse tipo de interação sem atrapalhar o grupo.

Com o tempo, os encontros virtuais vão evoluir e se transformar em algo distinto da mera duplicação de um encontro pessoal. A transcrição ao vivo um dia permitirá que se pesquise, em todas as reuniões realizadas na empresa, quando determinado tema foi abordado. As tarefas a ser cumpridas serão automaticamente incluídas nas listas de atividades assim que forem mencionadas. Ou, então, poderemos analisar o vídeo de uma reunião para tornar mais produtivo o modo como usamos o tempo.

Um dos maiores inconvenientes das reuniões on-line é que o vídeo não permite à pessoa saber para onde os outros estão olhando. Com isso, muitas das trocas não verbais se perdem, reduzindo o caráter humano do encontro. A substituição dos quadrados e retângulos por outros arranjos do mosaico de participantes torna a experiência um pouco mais natural, mas não resolve o problema da perda da troca de olhares. Isso, porém, está prestes a mudar, com a adoção de ambientes virtuais tridimensionais. Há pouco, algumas empresas — entre as quais a Meta e a Microsoft — divulgaram suas expectativas em relação ao chamado "metaverso", um ambiente virtual digitalizado que reproduz e "aumenta" nossa realidade física. (O termo foi cunhado em 1992 por Neal Stephenson, um de meus escritores prediletos de ficção científica contemporânea.)

A ideia é que a pessoa use um avatar — uma representação digital de si mesma — em 3-D para se encontrar com outras num espaço virtual que mimetiza a sensação de estarem juntas na vida real. Essa sensação costuma ser associada à "presença", e muitas empresas de tecnologia já buscavam esse efeito antes mesmo da eclosão da pandemia. Quando bem mimetizada, a presença pode não apenas reproduzir a experiência de um encontro pessoal, mas intensificá-la: imagine, por exemplo, uma reunião na qual engenheiros de uma empresa automobilística, vivendo em continentes distintos, desmontam um modelo 3-D do motor de um novo veículo a fim de aperfeiçoá-lo.

Esse tipo de encontro poderia ser realizado por meio seja da realidade aumentada (na qual uma camada digital é sobreposta ao ambiente físico), seja da realidade virtual (na qual a pessoa imerge por completo num ambiente digital). Essa é uma mudança que não ocorrerá tão cedo, pois a maioria das pessoas não possui os equipamentos necessários para esse tipo de simulação, ao contrário das videoconferências, que se tornaram viáveis porque muita gente já tinha computador ou celular com câmera. Por enquanto, podemos usar óculos especiais de realidade virtual e luvas para controlar os avatares, mas ferramentas mais sofisticadas e menos incômodas — como óculos leves e lentes de contato — estarão disponíveis nos próximos anos.

Aperfeiçoamentos na visão computacional e nos sistemas de display, áudio e sensores vão permitir a captura quase imediata de nossa expressão facial, direção do olhar e linguagem corporal. Não teremos mais de enfrentar aqueles momentos frustrantes em que tentamos em vão intervir durante uma animada videoconferência e lidar com a dificuldade de não conseguir acompanhar as alterações na linguagem corporal dos participantes enquanto tentam concluir um pensamento.

Um elemento crucial no metaverso é o emprego do som surround, no qual a voz soa como se estivesse mesmo vindo da pessoa que fala. Um efeito verossímil de presença requer uma tecnologia que reproduza a *sensação* de estar numa sala com alguém, e não apenas a *aparência* disso.

No outono de 2021, tive a oportunidade de participar de uma reunião no metaverso. Foi incrível perceber como a voz dos participantes parecia acompanhá-los quando se moviam. Só vivendo uma experiência desse tipo nos damos conta de quão anormal é ouvir o som apenas pelo alto-falante do computador. No metaverso, seremos capazes de nos inclinar e manter uma conversa paralela com um colega como se de fato estivéssemos ao lado dele na sala de reuniões.

A meu ver, o mais empolgante nessas tecnologias do metaverso é a possibilidade de uma espontaneidade maior no trabalho remoto. Esse é o aspecto mais importante que se perde quando deixamos de ir ao escritório da empresa. Trabalhar na sala de casa não é exatamente propício para ter uma discussão imprevista com o chefe, ou para comentar com um novo colega o jogo de futebol da noite anterior. Mas se todos estão trabalhando juntos e de forma remota num espaço virtual, é fácil ver se alguém está livre e disponível para uma conversa informal.

Estamos prestes a conseguir que a tecnologia reproduza de fato a experiência de um escritório. Tais mudanças no local de trabalho são precursoras de outras que logo se tornarão evidentes em muitas áreas. Estamos avançando para um futuro no qual vamos todos passar muito mais tempo interagindo com espaços digitais e atuando no interior deles. Talvez o metaverso seja hoje um conceito inusitado, mas, com o aperfeiçoamento da tecnologia, ele vai evoluir e ficar cada vez mais parecido com uma extensão de nosso mundo físico.

Existem, é claro, muitos setores da economia em que os locais de trabalho não vão sofrer mudanças tão significativas ou vão se transformar de outras maneiras. Para um comissário de bordo, o trabalho deve ter mudado muito nos últimos anos, mas não por causa de uma maior digitalização. No caso dos atendentes em restaurantes, é possível que hoje os clientes já usem QR codes e façam os pedidos por meio de celulares. E, para os empregados em fábricas, é notável como a tecnologia vem mudando a forma de trabalhar desde muito antes da pandemia.*

---

* Além do aumento da automação, o uso crescente da realidade aumentada vem permitindo que trabalhadores sejam treinados para realizar tarefas complexas e verificar o estado dos equipamentos apenas com uma espiada.

De um modo ou de outro, contudo, a digitalização acabará transformando toda a nossa vida. Basta ver como mudou a forma como cuidamos da saúde desde 2020. Alguma das suas consultas médicas nos últimos dois anos foi virtual? Isso já havia acontecido antes da covid? A quantidade de pessoas que recorre a serviços de telemedicina aumentou nada menos que 38 vezes desde a eclosão da pandemia.[3]

As vantagens da telemedicina são óbvias durante um surto epidêmico. Muita gente que antes hesitaria em ter consultas virtuais de repente se deu conta de suas vantagens: quando não estamos nos sentindo bem fisicamente, é muito mais seguro buscar ajuda médica sem sair de casa, onde não corremos o risco de infectar alguém ou de nos infectarmos.

Uma vez que se experimenta a telemedicina, contudo, se torna evidente que seus benefícios vão muito além de restringir o contato com pessoas doentes. A visita ao médico é uma atividade que consome tempo, e às vezes requer que o indivíduo se ausente do trabalho ou arrume alguém para ficar com os filhos, para não mencionar o deslocamento até o consultório, a espera para ser atendido e a volta para casa ou para o local de trabalho. Tudo isso ainda pode valer a pena para certos tipos de consulta, mas parece cada vez mais desnecessário para outras — sobretudo os atendimentos em saúde comportamental.

As sessões com esse tipo de terapeuta são muito menos demoradas e mais fáceis de serem encaixadas em nossa rotina quando dependem apenas de ligarmos o computador. Elas podem ser tão breves ou longas quanto necessário. Uma sessão de quinze minutos talvez não justifique a ida ao consultório, mas faz todo o sentido se realizada de forma remota. Além disso, muita gente se sente mais confortável no próprio espaço do que em ambientes clínicos.

Outros tipos de consulta também podem se tornar mais flexíveis com a adoção de novas ferramentas. Hoje em dia, para fazer o check-up anual, você precisa ir ao consultório do seu médico para que ele o examine e solicite os exames apropriados. Mas não seria mais conveniente se você tivesse um dispositivo seguro em casa que pudesse ser controlado à distância pelo profissional, a fim de, por exemplo, medir sua pressão sanguínea?

Logo mais, seu médico será capaz de ver os dados coletados por um relógio inteligente — com sua permissão, é claro — e verificar a qualidade de seu sono e como seu ritmo cardíaco varia durante diversas atividades e em repouso. Em vez de você ir a um laboratório para a coleta de sangue, esta poderá ser feita num local próximo de sua casa — numa farmácia, por exemplo — e os resultados, enviados direto para o médico. E, no caso de se mudar para outra cidade, você continuará se tratando com o clínico geral que o acompanha há anos e no qual confia.

Todas essas possibilidades são reais. Sempre existirão consultas médicas especializadas que requerem a presença física do paciente — não consigo imaginar um futuro no qual um robô faça uma operação de apêndice na sala de estar —, mas sem dúvida os cuidados mais rotineiros poderão ser realizados no conforto do lar.

Não estou convencido de que alternativas virtuais venham a substituir as atuais estruturas do ensino fundamental e médio, tal como penso que será o caso do trabalho em escritório e dos cuidados básicos de saúde. Mesmo assim, serão inevitáveis as mudanças no setor da educação. Embora a pandemia de covid tenha deixado claro que, no caso dos jovens, o rendimento na aprendizagem é melhor em aulas presenciais, a digitalização trará novas ferramentas que complementam as atividades em sala de aula.

Durante a pandemia, quem tem filhos em idade escolar deve ter se familiarizado com os conceitos de aprendizado síncrono e assíncrono. O aprendizado síncrono procura reproduzir a experiência normal de frequentar a escola: o professor usa uma plataforma de videoconferência para dar aulas ao vivo, durante as quais os alunos podem fazer perguntas, como numa sala de aula real. Essa continuará sendo uma boa opção para muitos estudantes mais velhos, sobretudo aqueles que requerem mais flexibilidade. Porém não me parece que o aprendizado síncrono para alunos do ensino fundamental e médio vá sobreviver no mundo pós-pandemia, exceto talvez no caso dos alunos das séries mais avançadas e nos períodos em que é impossível ir à escola, como durante nevascas. O fato é que esse tipo de ensino não funciona bem com estudantes mais jovens.

Já o aprendizado assíncrono veio para ficar — embora de uma forma distinta daquela que vimos no auge da pandemia. Nesse tipo de ensino, os estudantes assistem a aulas e palestras gravadas, fazem as tarefas no ritmo que acharem melhor, e os professores podem postar incentivos e cobranças num quadro de mensagens virtual, bem como discutir as avaliações com os alunos.

Sei muito bem que ambas as modalidades de ensino remoto foram frustrantes para muitos professores, pais e alunos, e que a ideia de continuar usando qualquer versão delas talvez não lhes pareça muito atraente. No entanto, há um potencial extraordinário em algumas ferramentas de aprendizagem assíncrona, no sentido da complementação do trabalho que estudantes e professores fazem juntos na sala de aula.

Basta imaginar como os recursos digitais serão capazes de tornar mais ricas e atraentes as lições de casa. O aluno pode ter feedback em tempo real enquanto faz on-line a tarefa — a sistemática de entregar as lições e ficar esperando que o professor as corrija para saber como se saiu será coisa do passado. O conteúdo, mais interativo e personalizado, permitirá a cada estudante se concentrar nas áreas em que tem mais dificuldade, ao mesmo tempo que reforçará sua confiança por meio de tarefas adaptadas para seu nível de conhecimentos.

Já os professores vão poder avaliar o ritmo de trabalho dos alunos e a frequência com que necessitam de estímulos, obtendo assim uma compreensão mais precisa do desempenho da classe. Pressionando uma tecla, o professor saberá se este aluno está precisando de ajuda para responder a uma questão específica, ou se aquela aluna está pronta para ler um texto mais complexo.

As ferramentas digitais também podem facilitar o aprendizado mais personalizado na sala de aula. Um exemplo que conheço bem é o da Summit Learning Platform. Com a ajuda dos professores, os estudantes escolhem um objetivo — por exemplo, entrar em determinada universidade ou se preparar para uma carreira específica — e montam um programa de aprendizado digital para alcançá-lo. Além das aulas tradicionais na escola, eles usam a plataforma para testar seus conhecimentos e avaliar o próprio desempenho. Ao assumirem desse modo o controle do aprendizado, os jovens também desenvolvem a autoconfiança, a curiosidade e a persistência.

Essas tecnologias vêm sendo aperfeiçoadas há algum tempo, mas tiveram o progresso acelerado com o aumento significativo de demanda durante a pandemia. Nos próximos anos, a Fundação Gates pretende investir recursos consideráveis nessas ferramentas e na avaliação de sua eficácia.

Alguns dos maiores avanços foram registrados nos currículos de matemática, sobretudo de álgebra. Os fundamentos da álgebra são cruciais na formação escolar, mas também são a área com a maior taxa de reprovação no ensino médio.[4] Os estudantes reprovados em matemática têm apenas uma chance em cinco de se formarem, e isso se aplica sobretudo a negros, a latinos, aos que têm o inglês como segunda língua e aos mais pobres, prejudicando-os demais em termos de carreiras e rendimentos futuros. Os alunos com dificuldades em álgebra muitas vezes passam a se considerar inaptos para a matemática, com reflexos em todo o seu desempenho escolar. Eles ficam frustrados por não conseguirem resolver problemas que talvez sejam complicados demais para seu nível de compreensão e nunca mais se equiparam aos colegas.

Um exemplo de empresa que vem trabalhando em inovação digital para capacitação é a Zearn. Seu novo currículo de matemática para o ensino fundamental ajuda os estudantes que precisam de reforço no aprendizado de conceitos que mais tarde serão cruciais nos níveis mais avançados da disciplina, como frações e a ordem das operações. A Zearn fornece material didático para que os professores elaborem planos de aulas, e também desenvolveu conteúdos e exercícios digitais que tornam mais divertidas as lições de casa.

Minha expectativa é que ferramentas desse tipo ajudem cada vez mais estudantes a ter um aproveitamento melhor na escola e, ao mesmo tempo, aliviem os encargos dos professores. À diferença da situação que vimos no auge da pandemia — quando o ensino à distância obrigou os professores a trabalharem mais do que o habitual —, esses programas de computador vão permitir que eles tenham mais tempo disponível para se concentrar naquelas atividades em que podem contribuir mais.

A capacidade das novas ferramentas digitais para transformar o ensino depende, é claro, de os estudantes usarem essa tecnologia em casa. Esse descompasso diminuiu desde o começo da pandemia e continuará a diminuir, mas ainda são muitas as crianças e adolescentes sem acesso a um computador razoável ou a uma conexão de internet rápida e confiável.[5] (Isso vale sobretudo para estudantes não brancos e de famílias de baixa renda, aqueles que mais se beneficiariam de ferramentas que podem ajudar a reduzir as disparidades no aproveitamento escolar.)[6] Tão importante quanto o desenvolvimento dessas inovações é encontrar maneiras de ampliar o acesso a elas. Em última análise, o impacto da digitalização — tanto no setor da educação como em qualquer outro — dependerá do grau em que se facilitar tal acesso.

Em 1964, o laboratório Bell Telephone, da empresa AT&T, apresentou o primeiro telefone com vídeo na Feira Mundial de Nova York. O Picturephone parecia ter saído do desenho animado *Os Jetsons*, com uma pequena tela instalada num tubo oval futurista. Eu tinha oito anos quando vi imagens do aparelho no jornal e não consegui acreditar que aquilo era possível. Mal podia imaginar que, décadas depois, passaria horas participando de videoconferências todos os dias.

Não é difícil ver a tecnologia como algo banal quando ela é apenas mais um elemento de nossa vida cotidiana. Mas, se pararmos um pouco para pensar sobre isso, as capacidades dos aparelhos digitais atuais são milagrosas. Hoje somos capazes de nos comunicar uns com os outros — e com o mundo — de uma forma que antes parecia pura fantasia.

Para muita gente — sobretudo idosos que vivem em casas e clínicas de repouso —, as videochamadas se tornaram um canal importante de contato com o mundo. Mesmo que estejamos cansados de happy hours e aniversários virtuais, não há como negar que esses encontros contribuíram muito para que pudéssemos superar os momentos mais sombrios dos últimos dois anos.

Por mais devastadora que tenha sido a pandemia de coronavírus, imagine quão pior seria o isolamento se ela tivesse ocorrido apenas uma década atrás. Embora as videochamadas já existissem, as conexões de internet não eram tão rápidas para permitir que muita gente participasse dessas ligações feitas de casa. A in-

A tecnologia da videoconferência avançou muito desde esse pioneiro protótipo do Picturephone, da Bell Telephone, de 1964. (AT&T Photo Service/ United States Information Agency/ PhotoQuest via Getty Images.)

fraestrutura de banda larga melhorou na última década porque as pessoas queriam assistir a filmes da Netflix à noite. No momento em que a pandemia eclodiu, as conexões rápidas à internet tinham se tornado corriqueiras o suficiente para que pessoas pudessem trabalhar de forma remota durante o dia.

Na verdade, é impossível prever com exatidão como os avanços tecnológicos vão moldar o futuro. Por mais que imaginemos cenários em que novas tecnologias mudam o mundo, sempre pode ocorrer algo inesperado, como foi o caso da covid, que nos obrigará a usar as ferramentas disponíveis para novas finalidades. Apesar de sua extraordinária capacidade de antever o futuro, duvido que até Katalin Karikó sonhasse que as vacinas de mRNA iriam desempenhar um papel tão decisivo no controle das pandemias.

Mal posso esperar para ver a direção que vão tomar todos esses avanços digitais. As inovações tecnológicas que vimos nos últimos dois anos têm o potencial de trazer mais flexibilidade e opções para melhorar a vida de todos. E vão até nos proporcionar mais condições para enfrentar a próxima pandemia. Quando, no futuro, olharmos para a época atual, desconfio que a história vai considerá-la um tempo de devastação e perdas terríveis, mas também um tempo no qual demos um imenso salto para um mundo melhor.

Glossário

Anticorpos monoclonais (mAbs): modalidade de tratamento para algumas doenças. Esses mAbs são anticorpos extraídos do sangue do paciente ou desenvolvidos em laboratório e, em seguida, clonados bilhões de vezes e usados no tratamento da pessoa infectada.

Anticorpos: proteínas geradas pelo sistema imunológico que se acoplam à superfície de um patógeno e tentam neutralizá-lo.

Cadeia de frio: procedimento para manter a vacina resfriada e na temperatura certa em todo o percurso desde a fábrica até o momento da aplicação da dose.

Cepi: Coalizão para Inovações em Preparação para Epidemias (Coalition for Epidemic Preparedness Innovations) é uma organização sem fins lucrativos criada em 2017 para acelerar a pesquisa de vacinas contra novas doenças transmissíveis e facilitar o acesso dos países mais pobres a essas vacinas.

Covax: iniciativa global — conduzida pela Cepi, pela Gavi e pela oms — para facilitar o acesso de países de baixa e média renda às vacinas contra a covid.

Efetividade, eficácia: a medida de quão bem funciona uma vacina. Na área médica, "eficácia" refere-se ao desempenho da vacina num ensaio clínico, e "efetividade", ao seu desempenho no mundo real. Para simplificar, neste livro usei "eficácia" em ambos os sentidos.

Escape vacinal: infecções em pessoas já vacinadas contra uma doença.

Fundo Global: oficialmente, Fundo Global para o Combate à Aids, Tuberculose e Malária (Global Fund to Fight Aids, TB, and Malaria), é uma parceria sem fins lucrativos que visa o fim das epidemias dessas três doenças.

Gavi: Global Alliance for Vaccines and Immunization (Aliança Mundial para Vacinas e Imunização), agora conhecida como Aliança das Vacinas, é uma organização sem fins lucrativos fundada em 2000 para estimular os laboratórios a reduzir os preços das vacinas para os países mais pobres, em troca de uma demanda previsível de longo prazo e em grande escala.

Genoma, sequenciamento genômico: o genoma é o código genético de um organismo. Cada ser vivo tem um genoma único. O sequenciamento genômico do patógeno é o procedimento para descobrir a ordem em que está codificada a informação genética.

GERM: The Global Epidemic Response and Mobilization Team (Grupo de Mobilização e Resposta Epidêmica Global) é uma organização global que seria responsável pela detecção e resposta a surtos epidêmicos, visando evitar que se convertam em pandemias.

IHME: Institute for Health Metrics and Evaluation (Instituto de Métrica e Avaliação em Saúde) é um instituto de pesquisa vinculado à Universidade de Washington que coleta dados para orientar decisões relativas à saúde pública.

Intervenções não farmacêuticas: medidas e ferramentas que reduzem a difusão de uma doença infecciosa sem o uso de vacinas ou medicamentos. As intervenções não farmacêuticas mais comuns incluem máscaras, distanciamento social, quarentenas, fechamento de empresas e escolas e rastreamento de contatos.

mRNA (RNA mensageiro): material genético com as instruções para a produção de determinadas proteínas por órgãos especializados no interior das células. Vacinas que utilizam o trabalho do mRNA nas células para que produzam estruturas capazes de se encaixar em determinado vírus, estimulando o sistema imunológico a produzir anticorpos.

OMS: a Organização Mundial da Saúde é uma divisão da Organização das Nações Unidas responsável pelas questões globais de saúde pública.

Rastreamento de contatos: identificação das pessoas que entraram em contato com alguém infectado com alguma doença.

SCAN: Seattle Coronavirus Assessment Network (Rede de Avaliação do Coronavírus de Seattle), que, assim como o Seattle Flu Study (Estudo da Gripe em Seattle), foi criada para um melhor entendimento do modo como uma doença respiratória se espalha numa comunidade.

Teste de antígeno: um teste diagnóstico que detecta determinadas proteínas na superfície de um patógeno. Embora ligeiramente menos acurados que os testes PCR, os testes de antígeno proporcionam resultados mais rápidos, não dependem da estrutura de um laboratório e são eficientes para identificar se o vírus está ativo numa pessoa infectada. Entre os testes de antígeno estão os de fluxo lateral — similares aos testes de gravidez feitos em casa.

Teste PCR: teste diagnóstico baseado na "reação em cadeia de polimerase", hoje o padrão-ouro no diagnóstico de doenças virais.

Agradecimentos

Quero agradecer a todos os funcionários, curadores, bolsistas e parceiros da Fundação Bill & Melinda Gates pela enorme dedicação que demonstraram durante a epidemia de covid. A paixão e o comprometimento deles são para mim uma inspiração. Melinda e eu somos afortunados por trabalhar com um grupo de pessoas tão talentosas.

Escrever este livro foi como tentar acertar um alvo em movimento, pois novas informações chegavam quase diariamente. Por isso, só o esforço de muitos me possibilitou acompanhar os dados e as análises mais atualizados. Sou muitíssimo grato a todos que me ajudaram a concluir *Como evitar a próxima pandemia*.

Sempre contei com um ou mais parceiros na escrita e na pesquisa de meus livros. Para este, tal como no anterior, a extraordinária habilidade de Josh Daniel foi essencial para que eu conseguisse explicar temas complicados de maneira simples e clara. Josh e seus colegas Paul Nevin e Casey Selwyn formaram um trio fantástico, que realizou pesquisas exaustivas, sintetizou ideias de especialistas de várias áreas e ajudou a esclarecer minhas opiniões. Sou muito grato a seus conselhos e admiro o tanto que se empenharam.

Ao escrever este livro, aproveitei sugestões de muitas pessoas na Fundação Gates, entre as quais Mark Suzman, Trevor Mundel, Chris Elias, Gargee Ghosh, Anita Zaidi, Scott Dowell, Dan Wattendorf, Lynda Stuart, Orin Levine, David Blazes, Keith Klugman e Susan Byrnes. Elas participaram de sessões de brainstorming e leram versões preliminares do texto, sem deixar de cumprir com suas exigentes tarefas durante a pandemia. Muitos outros na fundação forneceram contribuições de especialistas, pesquisas e feedback sobre os rascunhos, entre eles Hari Menon, Oumar Seydi, Zhi-Jie Zheng, Natalie Africa, Mary Aikenhead, Jennifer Alcorn, Valerie Nkamgang Bemo, Adrien de Chaisemartin, Jeff Chertack, Chris Culver, Emily Dansereau, Peter Dull, Ken Duncan, Emilio Emini, Mike Famulare, Michael Galway, Allan Golston, Vishal Gujadhur, Dan Hartman, Vivian Hsu, Hao Hu, Emily Inslee, Carl Kirkwood, Dennis Lee, Murray Lumpkin, Barbara Mahon, Helen Matzger, Georgina Murphy, Rob Nabors, Natalie Revelle, David Robinson, Torey de Rozario, Tanya Shewchuk, Duncan Steele, Katherine Tan, Brad Tytel, David Vaughn, Philip Welkhoff, Edward Wenger, Jay Wenger, Greg Widmyer e Brad Wilken. E as equipes de promoção e de relações públicas da fundação não só contribuíram com pesquisas como ainda levarão adiante esse trabalho, ajudando-me a traduzir as ideias aqui apresentadas em iniciativas concretas que tornem o mundo mais preparado para enfrentar outro grande surto epidêmico.

Comentários judiciosos sobre os textos e rascunhos iniciais foram feitos por Anthony Fauci, David Morens, Tom Frieden, Bill Foege, Seth Berkley, Larry Brillant, Sheila Gulati e Brad Smith.

Também gostaria de agradecer a todos na Gates Ventures que contribuíram para tornar este livro possível.

Larry Cohen exerceu uma liderança e uma visão ao mesmo

tempo essenciais e raras. Sou muito grato por sua conduta tranquila, sagaz e dedicada nos projetos em que trabalhamos juntos.

Os conselhos experientes de Niranjan Bose me permitiram expor muitos detalhes técnicos de forma correta. Becky Bartlein e os outros "Exemplars" da Global Health me ajudaram a explicar por que alguns países se saíram muito melhor do que outros na pandemia.

Alex Reid orientou criteriosamente a equipe de relações públicas responsável pelo lançamento bem-sucedido deste livro. Joanna Fuller foi indispensável para que eu contasse em detalhes a história do Estudo da Gripe em Seattle e do SCAN.

Andy Cook comandou a estratégia on-line de divulgação do livro em meu website, redes sociais e outros canais.

Ian Saunders fez um trabalho magistral à frente da equipe de publicidade encarregada do lançamento comercial do livro.

Meghan Groob fez sugestões editoriais proveitosas, sobretudo no posfácio. Anu Horsman comandou o processo de criação do conteúdo visual do livro. Jen Krajicek trabalhou nos bastidores para gerenciar sua produção. Brent Christofferson supervisionou a produção dos recursos visuais, com gráficos do estúdio Beyond Words e ilustrações de Jono Hey. John Murphy me ajudou a identificar e conhecer melhor muitos dos heróis da luta contra a covid.

Greg Martinez e Jennie Lyman contribuíram me atualizando sobre as tendências tecnológicas mais recentes, um tema importante sobretudo no posfácio.

Gregg Eskenazi e Laura Ayers negociaram contratos e obtiveram autorizações de dezenas de fontes aqui apresentadas.

Muitos outros desempenharam papel relevante na elaboração e no lançamento do livro, entre os quais Katie Rupp, Kerry McNellis, Mara MacLean, Naomi Zukor, Cailin Wyatt, Chloe Johnson, Tyler Hughes, Margaret Holsinger, Josh Friedman, Ada Arinze, Darya Fenton, Emily Warden, Zephira Davis, Khiota

Therrien, Abbey Loos, K. J. Sherman, Lisa Bishop, Tony Hoelscher, Bob Regan, Chelsea Katzenberg, Jayson Wilkinson, Maheen Sahoo, Kim McGee, Sebastian Majewski, Pia Dierking, Hermes Arriola, Anna Dahlquist, Sean Williams, Bradley Castaneda, Jacqueline Smith, Camille Balsamo-Gillis e David Sanger.

Meus agradecimentos também a toda a incrível equipe da Gates Ventures: Aubree Bogdonovich, Hillary Bounds, Patrick Brannelly, Gretchen Burk, Maren Claassen, Matt Clement, Quinn Cornelius, Alexandra Crosby, Prarthna Desai, Jen Kidwell Drake, Sarah Fosmo, Lindsey Funari, Nathaniel Gerth, Jonah Goldman, Andrea Vargas Guerra, Rodi Guidero, Rob Guth, Rowan Hussein, Jeffrey Huston, Gloria Ikilezi, Farhad Imam, Tricia Jester, Lauren Jiloty, Goutham Kandru, Sarah Kester, Liesel Kiel, Meredith Kimball, Jen Langston, Siobhan Lazenby, Anne Liu, Mike Maguire, Kristina Malzbender, Amelia Mayberry, Caitlin McHugh, Emma McHugh, Angelina Meadows, Joe Michaels, Craig Miller, Ray Minchew, Valerie Morones, Henry Moyers, Dillon Mydland, Kyle Nettelbladt, Bridgette O'Connor, Patrick Owens, Dreanna Perkins, Mukta Phatak, David Vogt Phillips, Tony Pound, Shirley Prasad, Zahra Radjavi, Kate Reizner, Chelsea Roberts, Brian Sanders, Bennett Sherry, Kevin Smallwood, Steve Springmeyer, Aishwarya Sukumar, Jordan-Tate Thomas, Alicia Thompson, Caroline Tilden, Rikki Vincent, Courtney Voigt, William Wang, Stephanie Williams, Sunrise Swanson Williams, Tyler Wilson, Sydney Yang, Jamal Yearwood e Mariah Young.

Sou especialmente grato às equipes de recursos humanos tanto da Gates Ventures como da Fundação Gates por tudo que fizeram durante a pandemia de covid visando preservar uma vibrante cultura interna sem pôr em risco a saúde e a segurança de todos.

Chris Murray e o pessoal do IHME colaboraram na pesquisa, modelagem e análise que serviram de base para minhas opiniões, bem como em vários gráficos e estatísticas aqui incluídos.

O site Our World in Data, de Max Roser, é um recurso inestimável ao qual recorri inúmeras vezes durante a escrita.

Este livro não teria vindo à luz sem o apoio incansável de meu editor Robert Gottlieb, na Knopf. Graças às suas orientações, procurei manter o texto acessível e de fácil compreensão. Katherine Hourigan conduziu com maestria todo o processo durante o cronograma apertado (que impus a mim mesmo). E sou grato a todos que apoiaram o livro na Penguin Random House: Reagan Arthur, Maya Mavjee, Anne Achenbaum, Andy Hughes, Ellen Feldman, Mike Collica, Chris Gillespie, Erinn Hartman, Jessica Purcell, Julianne Clancy, Amy Hagedorn, Laura Keefe, Suzanne Smith, Serena Lehman e Kate Hughes.

O apoio incrivelmente generoso de Warren Buffett à Fundação Gates, uma promessa que ele fez pela primeira vez em 2006, nos permitiu expandir e aprofundar nosso trabalho em todo o mundo. Sinto-me honrado por seu compromisso e afortunado por poder chamá-lo de meu amigo.

Aprendi muito com Melinda desde o dia em que nos conhecemos, em 1987. Tenho um orgulho enorme da família e da fundação que criamos juntos.

Por fim, quero agradecer a Jenn, Rory e Phoebe. O ano que dediquei a este livro foi muito difícil para o mundo e para nossa família. Sou muito grato por seu apoio e amor constantes. Para mim, nada é mais importante do que ser o pai deles.

Notas

INTRODUÇÃO [pp. 9-30]

1. Hien Lau et al., "The Positive Impact of Lockdown in Wuhan on Containing the COVID-19 Outbreak in China". *Journal of Travel Medicine*, v. 27, n. 3, abr. 2020.

2. Nicholas D. Kristof, "For Third World, Water Is Still a Deadly Drink". *The New York Times*, 9 jan. 1997.

3. Banco Mundial, *Relatório sobre o desenvolvimento mundial*, 1993. Disponível em: <elibrary.worldbank.org>.

4. Organização Mundial da Saúde (OMS), "Number of New HIV Infections". Disponível em: <www.who.int>.

5. Id., "Managing Epidemics: Key Facts About Major Deadly Diseases", 2018. Disponível em: <www.who.int>.

6. Instituto de Métrica e Avaliação em Saúde (Institute for Health Metrics and Evaluation, ou IHME), da Universidade de Washington, Carga de Doença Global, 2019. Disponível em: <healthdata.org>.

7. IHME, comparativo da Carga de Doença Global. Disponível em: <vizhub.healthdata.org/gbd-compare>.

8. Our World in Data, "Tourism". Disponível em: <www.ourworldindata.org>.

9. Centros de Controle e Prevenção de Doenças (Centers for Disease Con-

trol and Prevention, ou CDC), "2014-2016 Ebola Outbreak in West Africa". Disponível em: <www.cdc.gov>.

10. Seth Borenstein, "Science Chief Wants Next Pandemic Vaccine Ready in 100 Days". Associated Press, 2 jun. 2021.

11. OMS, "Global Influenza Strategy 2019-2030". Disponível em: <www.who.int>.

1. APRENDER COM A COVID [pp. 31-52]

1. Our World in Data, "Estimated Cumulative Excess Deaths Per 100,000 People During COVID-19". Disponível em: <ourworldindata.org>.

2. O número estimado do excesso de mortalidade inclui a contagem oficial de vítimas da covid-19 e outros óbitos relacionados à pandemia ao longo de dezembro de 2021. Fonte: IHME, 2021.

3. Novos casos diários (média móvel de sete dias). Fonte: Exemplars in Global Health, "Emerging COVID-19 Success Story: Vietnam's Commitment to Containment". Disponível em: <www.exemplars.health> (publicado em mar. 2021; acesso em jan. 2022). Com dados extraídos de Hannah Ritchie et al., "Coronavirus Pandemic (COVID-19)", 2020. Disponível em: <ourworldindata.org/coronavírus>.

4. Our World in Data, "Estimated Cumulative Excess Deaths per 100,000 People During COVID-19". Disponível em: ourworldindata.org>.

5. T. J. Bollyky et al., "Pandemic Preparedness and COVID-19: An Exploratory Analysis of Infection and Fatality Rates, and Contextual Factors Associated with Preparedness in 177 Countries, from January 1, 2020, to September 30, 2021". The Lancet, 1 fev. 2022.

6. Prosper Behumbiize, "Electronic COVID-19 Point of Entry Screening and Travel Pass DHIS2 Implementation at Ugandan Borders". Disponível em: <community.dhis2.org>.

7. Bill Gates, "7 Unsung Heroes of the Pandemic". Gates Notes, 8 set. 2020. Disponível em: <gatesnotes.com/Health/7-unsung-heroes-of-the-pandemic>.

8. OMS, "Health and Care Worker Deaths During COVID-19". Disponível em: <www.who.int>.

9. O relato da experiência de David Sencer é baseado na seguinte entrevista, conduzida por Victoria Harden: <globalhealthchronicles.org/items/show/3524>. CDC, The Global Health Chronicles. Acesso em: 28 dez. 2021.

10. Kenrad E. Nelson, "Invited Commentary: Influenza Vaccine and Guil-

lain-Barré Syndrome — Is There a Risk?". *American Journal of Epidemiology*, v. 175, n. 11, pp. 1129-32, 1 jun. 2012.

11. Unicef, "COVID-19 Vaccine Market Dashboard". Disponível em: <www.unicef.org>. Os dados foram fornecidos por Linksbridge.

12. Hans Rosling, *Factfulness: O hábito libertador de só ter opiniões baseadas em fatos*. Rio de Janeiro: Record, 2019.

2. CRIAR UMA EQUIPE DE PREVENÇÃO A PANDEMIAS [pp. 53-64]

1. Michael N. G., "Cohorts of *vigiles*". *The Encyclopedia of the Roman Army*, pp. 122-276, 2015.

2. Merrimack Fire; Rescue; EMS, "The History of Firefighting". Disponível em: <www.merrimacknh.gov/about -fire-rescue>.

3. Agência de Estatísticas Trabalhistas dos Estados Unidos, "Occupational Employment and Wages, May 2020". Disponível em: <www.bls.gov>; National Fire Protection Association, "U.S. Fire Department Profile 2018". Disponível em: <www.nfpa.org>.

4. Thatching Info, "Thatching in the City of London". Disponível em: <www.thatchinginfo.com>.

5. National Fire Protection Association. Disponível em: <www.nfpa.org>.

6. Global Polio Eradication Initiative (GPEI), "History of Polio". Disponível em: <www.polioeradication.org>.

7. Ibid.

8. Os dados exibidos dizem respeito a casos de pólio selvagem apenas. Fontes: OMS; Progress Towards Global Immunization Goals, 2011. Acesso em: jan. 2022. Dados fornecidos por 194 Estados da OMS.

9. Entrevista com o dr. Shahzad Baig, coordenador nacional do Centro de Operações de Emergência paquistanês, em jul. 2021.

10. Instituto Internacional de Estudos Estratégicos (International Institute for Strategic Studies, ou IISS), "Global Defence-Spending on the Up, Despite Economic Crunch". Disponível em: <www.iiss.org>.

3. MELHORAR A DETECÇÃO PRECOCE DE SURTOS [pp. 65-98]

1. CDC, "Integrated Disease Surveillance and Response (IDSR)". Disponível em: <www.cdc.gov>.

2. A. Clara et al., "Developing Monitoring and Evaluation Tools for Event--Based Surveillance: Experience from Vietnam". *Global Health*, v. 16, n. 38, 2020.

3. OMS, "Global Report on Health Data Systems and Capacity, 2020". Disponível em: <www.who.int>.

4. IHME, "Global COVID-19 Results Briefing", 3 nov. 2021. Disponível em: <www.healthdata.org>.

5. Dados do IHME para a União Europeia e a África disponíveis em: <www.healthdata.org>.

6. Estimativa gerada pelo Vaccine Impact Modeling Consortium baseada na publicação de Jaspreet Toor et al., "Lives Saved with Vaccination for 10 Pathogens across 112 Countries in a Pre-COVID-19 World", 13 jul. 2021.

7. Vigilância de Saúde para Prevenção da Mortalidade Infantil (Child Health and Mortality Prevention Surveillance, ou Champs), "A Global Network Saving Lives". Disponível em: <champshealth.org>.

8. MITS Alliance, "What Is MITS?". Disponível em: <mitsalliance.org>.

9. Cormac Sheridan, "Coronavirus and the Race to Distribute Reliable Diagnostics". *Nature Biotechnology*, v. 38, pp. 379-91, abr. 2020.

10. Especificações técnicas da Nexar, da LGC, Biosearch Technologies. Disponível em: <www.biosearchtech.com>.

11. Troca de e-mails com Lea Starita, do Advance Technology Lab, do Brotman Baty Institute.

12. As infecções diárias confirmadas dizem respeito aos casos reportados por dia. As infecções estimadas correspondem ao número estimado de pessoas infectadas com covid-19 todos os dias, incluindo as que não foram testadas. Esses dados sobre a covid compreendem o intervalo entre fev. 2020 e 1 abr. 2020. Fonte: IHME. Acesso em: 9 dez. 2021.

13. Sheri Fink e Mike Baker, "Coronavirus May Have Spread in U.S. for Weeks, Gene Sequencing Suggests". *The New York Times,* 1 mar. 2020.

14. Oxford Nanopore, "Oxford Nanopore, the Bill and Melinda Gates Foundation, Africa Centres for Disease Control and Prevention and Other Partners Collaborate to Transform Disease Surveillance in Africa". Disponível em: <nanoporetech.com>.

15. Neil M. Ferguson et al., "Report 9 — Impact of Non-Pharmaceutical Interventions (NPIS) to Reduce COVID-19 Mortality and Healthcare Demand". Disponível em: <www.imperial.ac.uk>.

4. AJUDAR AS PESSOAS A SE PROTEGEREM IMEDIATAMENTE [pp. 99-129]

1. Bill Gates, "Where Do Vaccine Fears Come From?". Disponível em: <www.gatesnotes.com/Books/On-Immunity>.

2. Steffen Juranek e Floris T. Zoutman, "The Effect of Non-Pharmaceutical Interventions on the Demand for Health Care and on Mortality: Evidence from COVID-19 in Scandinavia". *Journal of Population Economics*, v. 34, n. 4, 28 jul. 2021.

3. Solomon Hsiang et al., "The Effect of Large-Scale Anti-Contagion Policies on the COVID-19 Pandemic". *Nature*, v. 584, n. 7820, pp. 262-67, ago. 2020.

4. Unesco, "School Closures and Regional Policies to Mitigate Learning Losses in Asia Pacific". Disponível em: <uis.unesco.org>.

5. Unesco.

6. Emma Dorn et al., "COVID-19 and Learning Loss — Disparities Grow and Students Need Help". McKinsey & Company, 8 dez. 2020. Disponível em: <www.mckinsey.com>.

7. A taxa estimada de mortalidade por infecção, calculada em porcentagem, inclui o número estimado de pessoas de ambos os sexos que morreram de covid-19 por todo o mundo em 2020, antes do início da vacinação. Fonte: IHME.

8. CDC, "Science Brief: Transmission of Sars-cov-2 in K-12 Schools and Early Care and Education Programs — Updated", dez. 2021. Disponível em: <www.cdc.gov>.

9. Victor Chernozhukov et al., "The Association of Opening K-12 Schools with the Spread of COVID-19 in the United States: County-Level Panel Data Analysis". *Proceedings of the National Academy of Sciences*, v. 118, out. 2021.

10. Joakim A. Weill et al., "Social Distancing Responses to COVID-19 Emergency Declarations Strongly Differentiated by Income". *Proceedings of the National Academy of Sciences of the United States of America*, ago. 2020.

11. CDC, "Frequently Asked Questions About Estimated Flu Burden". Disponível em: <www.cdc.gov>; OMS, "Ask the Expert: Influenza Q&A". Disponível em: <www.who.int>.

12. "Why Many Countries Failed at COVID Contact-Tracing — but Some Got It Right". *Nature,* 14 dez. 2020.

13. Ha-Linh Quach et al., "Successful Containment of a Flight-Imported COVID-19 Outbreak Through Extensive Contact Tracing, Systematic Testing and Mandatory Quarantine: Lessons from Vietnam". *Travel Medicine and Infectious Disease*, v. 42, ago. 2021.

14. R. Ryan Lash et al., "COVID-19 Contact Tracing in Two Counties —

North Carolina, June-July 2020". *MMWR: Morbidity and Mortality Weekly Report*, v. 69, 25 set. 2020.

15. B. C. Young et al., "Daily Testing for Contacts of Individuals with Sars-cov-2 Infection and Attendance and Sars-cov-2 Transmission in English Secondary Schools and Colleges: An Open-Label, Cluster-Randomised Trial". *The Lancet*, set. 2021.

16. Billy J. Gardner e A. Marm Kilpatrick, "Contact Tracing Efficiency, Transmission Heterogeneity, and Accelerating covid-19 Epidemics". *PLOS Computational Biology*, 17 jun. 2021.

17. Dillon C. Adam et al., "Clustering and Superspreading Potential of Sars-cov-2 Infections in Hong Kong". *Nature Medicine*, set. 2020.

18. Kim Sneppen et al., "Overdispersion in covid-19 Increases the Effectiveness of Limiting Nonrepetitive Contacts for Transmission Control". *Proceedings of the National Academy of Sciences of the United States of America*, v. 118, n. 14, abr. 2021.

19. W. J. Bradshaw et al., "Bidirectional Contact Tracing Could Dramatically Improve covid-19 Control". *Nature Communications*, jan. 2021.

20. Akira Endo et al., "Implication of Backward Contact Tracing in the Presence of Overdispersed Transmission in covid-19 Outbreaks". *Wellcome Open Research*, v. 5, n. 239, 2021.

21. Anthea L. Katelaris et al., "Epidemiologic Evidence for Airborne Transmission of Sars-cov-2 During Church Singing, Australia, 2020". *Emerging Infectious Diseases*, v. 27, n. 6, p. 1677, 2021.

22. Jianyun Lu et al., "covid-19 Outbreak Associated with Air Conditioning in Restaurant, Guangzhou, China, 2020". *Emerging Infectious Diseases*, v. 26, n. 7, p. 1628, 2020.

23. Nick Eichler et al., "Transmission of Severe Acute Respiratory Syndrome Coronavirus 2 During Border Quarantine and Air Travel, New Zealand (Aotearoa)". *Emerging Infectious Diseases*, v. 27, n. 5, p. 1274, 2021.

24. cdc, "Science Brief: Sars-cov-2 and Surface (Fomite) Transmission for Indoor Community Environments", abr. 2021. Disponível em: <www.cdc.gov>.

25. Apoorva Mandavilli, "Is the Coronavirus Getting Better at Airborne Transmission?". *The New York Times*, 1 out. 2021.

26. Rommie Amaro et al., "#covid isAirborne: AI-Enabled Multiscale Computational Microscopy of Delta Sars-cov-2 in a Respiratory Aerosol", 17 nov. 2021. Disponível em: <sc21.super computing.org>.

27. Christos Lynteris, "Why Do People Really Wear Face Masks During an Epidemic?". *The New York Times*, 13 fev. 2020; Wudan Yan, "What Can and

Can't Be Learned from a Doctor in China Who Pioneered Masks". *The New York Times,* 24 maio 2021.

28. M. Joshua Hendrix et al., "Absence of Apparent Transmission of Sars--COV-2 from Two Stylists After Exposure at a Hair Salon with a Universal Face Covering Policy — Springfield, Missouri, May 2020". *Morbidity and Mortality Weekly Report,* v. 69, pp. 930-2, 2020.

29. J. T. Brooks et al., "Maximizing Fit for Cloth and Medical Procedure Masks to Improve Performance and Reduce Sars-COV-2 Transmission and Exposure". *Morbidity and Mortality Weekly Report,* v. 70, pp. 254-7, 2021.

30. Siddhartha Verma et al., "Visualizing the Effectiveness of Face Masks in Obstructing Respiratory Jets". *Physics of Fluids,* v. 32, n. 61708, 2020.

31. J. T. Brooks et al., "Maximizing Fit for Cloth and Medical Procedure Masks to Improve Performance and Reduce Sars-COV-2 Transmission and Exposure". *Morbidity and Mortality Weekly Report,* v. 70, pp. 254-7, 2021.

32. Gholamhossein Bagheri et al., "An Upper Bound on One-to-One Exposure to Infectious Human Respiratory Particles". *Proceedings of the National Academy of Sciences,* v. 118, n. 49, dez. 2021.

33. Christine Hauser, "The Mask Slackers of 1918". *The New York Times,* 10 dez. 2020.

34. Jason Abaluck et al., "Impact of Community Masking on COVID-19: A Cluster-Randomized Trial in Bangladesh". *Science,* 2 dez. 2021.

5. ENCONTRAR NOVOS TRATAMENTOS COM RAPIDEZ [pp. 130-62]

1. Comentários de Tedros Adhanom Ghebreyesus na Conferência de Segurança de Munique em 15 fev. 2020. Disponível em: <www.who.int>.

2. OMS, "Coronavirus Disease (COVID-19) Advice for the Public: Mythbusters", maio 2021. Disponível em: <www.who.int>; Ian Freckelton, "COVID-19: Fear, Quackery, False Representations and the Law". *International Journal of Law and Psychiatry,* v. 72, n. 101611, set.-out. 2020.

3. No site da Biblioteca Nacional de Medicina dos Estados Unidos, <clinicaltrials.gov>, faça uma busca por "COVID-19 and hydroxychloroquine"; Peter Horby and Martin Landray, "No Clinical Benefit from Use of Hydroxychloroquine in Hospitalised Patients with COVID-19", 5 jun. 5 2020. Disponível em: <www.recoverytrial.net>.

4. Aliza Nadi, "'Lifesaving' Lupus Drug in Short Supply After Trump Touts Possible Coronavirus Treatment". NBC News, 23 mar. 2020.

5. The Recovery Collaborative Group, "Dexamethasone in Hospitalized Patients with Covid-19". *The New England Journal of Medicine*, 25 fev. 2021.

6. Africa Medical Supplies Platform, 17 jul. 2020. Disponível em: <amsp. africa>; Ruth Okwumbu-Imafidon, "Unicef in Negotiations to Buy COVID-19 Drug for 4.5 Million Patients in Poor Countries". *Nairametrics,*, 30 jul. 2020.

7. Serviço Nacional de Saúde da Inglaterra, "COVID Treatment Developed in the NHS Saves a Million Lives", 23 mar. 2021. Disponível em: <www.england.nhs.uk>.

8. Robert L. Gottlieb et al., "Early Remdesivir to Prevent Progression to Severe Covid-19 in Outpatients". *The New England Journal of Medicine,* 22 dez. 2021.

9. Instituto Nacional de Saúde dos Estados Unidos, "Table 3a. Anti-Sars--COV-2 Monoclonal Antibodies: Selected Clinical Data", dez. 2021. Disponível em: <www.covid19treatmentguidelines.nih.gov>.

10. Pfizer, "Pfizer's Novel COVID-19 Oral Antiviral Treatment Candidate Reduced Risk of Hospitalization or Death by 89% in Interim Analysis of Phase 2/3 EPIC-HR Study", 5 nov. 2021. Disponível em: <www.pfizer.com>.

11. OMS, "COVID-19 Clinical Management/Living Guidance", 25 jan. 2021. Disponível em: <www.who.int>.

12. Clinton Health Access Initiative, "Closing the Oxygen Gap", fev. 2020. Disponível em: <www.clintonhealthaccess.org>.

13. Disponível em: <hewatele.org>.

14. "Stone Age Man Used Dentist Drill". BBC News, 6 abr. 2006.

15. Rachel Hajar, "History of Medicine Timeline". *Heart Views: The Official Journal of the Gulf Heart Association*, v. 16, n. 1, pp. 43-5, 2015.

16. Alan Wayne Jones, "Early Drug Discovery and the Rise of Pharmaceutical Chemistry". *Drug Testing and Analysis*, v. 3, n. 6, pp. 337-44, jun. 2011; Melissa Coleman E Jane Moon, "Antifebrine: A Happy Accident Gives Way to Serious Blues". *Anesthesiology*, v. 134, p. 783, 2021.

17. Arun Bhatt, "Evolution of Clinical Research: A History Before and Beyond James Lind". *Perspectives in Clinical Research*, v. 1, n. 1, pp. 6-10, 2010.

18. U.K. Research and Innovation, "The Recovery Trial". Disponível em: <www.ukri.org>.

19. Centro para o Desenvolvimento Global, "Background Research and Landscaping Analysis on Global Health Commodity Procurement", maio 2018. Disponível em: <www.cgdev.org>.

20. OMS, "Impact Assessment of WHO Prequalification and Systems Supporting Activities", jun. 2019. Disponível em: <www.who.int>.

21. FDA, "Generic Drugs". Disponível em: <www.fda.gov>.

6. PREPARAR-SE PARA PRODUZIR VACINAS [pp. 163-212]

1. O ano em que a doença foi identificada diz respeito à primeira vez que o vírus foi isolado a partir de amostras de pacientes. A disponibilidade de uma vacina é marcada pela primeira vez que um imunizante foi usado em larga escala contra a respectiva doença. A vacinação em nível global para coqueluche, pólio e sarampo leva em consideração as crianças de um ano de idade que foram imunizadas contra essas doenças. As vacinas contra a covid-19 incluem todas os imunizantes elegíveis até dezembro de 2021. Fonte: Samantha Vanderslott, Bernadeta Dadonaite e Max Roser, "Vaccination. Disponível em: <ourworldindata. org/vaccination (CC BY 4.0)>.

2. Asher Mullard, "COVID-19 Vaccine Development Pipeline Gears Up". *The Lancet,* 6 jun. 2020.

3. Siddhartha Mukherjee, "Can a Vaccine for Covid-19 Be Developed in Time?". *The New York Times*, 9 jun. 2020.

4. OMS, "WHO Issues Its First Emergency Use Validation for a COVID-19 Vaccine and Emphasizes Need for Equitable Global Access", 31 dez. 2020. Disponível em: <www.who.int>.

5. CDC, "Vaccine Safety: Overview, History, and How the Safety Process Works", 9 set. 2020. Disponível em: <www.cdc.gov>.

6. Wikipedia, "Maurice Hilleman". Acesso em: dez. 2021.

7. Antes, o prazo mais rápido para o desenvolvimento de uma vacina era de quatro anos. Trata-se da vacina contra caxumba, criada por Maurice Hilleman. O período de um ano em relação à vacina contra a covid diz respeito ao intervalo entre os primeiros esforços para produzir um imunizante para a doença e a emissão da autorização de emergência para a vacina da Pfizer e da BioNTech. Fonte: reproduzido com a permissão de *The New England Journal of Medicine* (v. 382, n. 21, pp. 1969-73, 21 maio 2020. © 2020 by Massachusetts Medical Society).

8. Gavi, "Our Impact", 21 set. 2020. Disponível em: <www.gavi.org>.

9. O número acumulado diz respeito às crianças imunizadas com a última dose de uma vacina recomendada pela Gavi entre 2016-20, levando em consideração apenas aquelas do calendário regular. As mortes de crianças abaixo dos cinco anos representam a probabilidade média de uma criança nascida em um país em que a Gavi atua morrer antes de completar os cinco anos. Fonte: "Gavi Annual Progress Report 2020"; United Nations Inter-Agency Group for Child Mortality Estimation, 2021.

10. Joseph A. DiMasia et al., "Innovation in the Pharmaceutical Indus-

try: New Estimates of R&D Costs". *Journal of Health Economics*, pp. 20-33, maio 2016.

11. Cepi, "Board 24-25 June 2021 Meeting Summary", 19 ago. 2021. Disponível em: <www.cepi.net>.

12. Benjamin Mueller e Rebecca Robbins, "Where a Vast Global Vaccination Program Went Wrong". *The New York Times*, 7 out. 2021.

13. J. J. Wheeler et al., "Stabilized Plasmid-Lipid Particles: Construction and Characterization". *Gene Therapy*, pp. 271-81, fev. 1999.

14. Nathan Vardi, "Covid's Forgotten Hero: The Untold Story of the Scientist Whose Breakthrough Made the Vaccines Possible". *Forbes*, 17 ago. 2021.

15. "COVID-19 Vaccine Doses Administered by Manufacturer, Japan". Our World in Data, jan. 2022. Disponível em: <www.ourworldindata.org>.

16. Vacinas aprovadas pela lista de uso emergencial da OMS até jan. 2022. As informações sobre a estimativa de doses entregues foram retiradas de Linksbridge Media Monitoring e Unicef COVID-19 Vaccine Market Dashboard. Disponível em: <www.unicef.org>. Acesso em: jan. 2022.

17. Patrick K. Turley, "Vaccine: From *Vacca,* a Cow". Biblioteca Nacional de Medicina dos Estados Unidos, 29 mar. 2021. Disponível em: <ncbi.nlm.nih.gov>.

18. "Antitoxin Contamination", The History of Vaccines. Disponível em: <historyofvaccines.org>.

19. "The Biologics Control Act", The History of Vaccines. Disponível em: <historyofvaccines.org>.

20. "Vaccine Development, Testing, and Regulation", The History of Vaccines, 17 jan. 2018. Disponível em: <www.historyofvaccines.org>; "Phases of Clinical Trials", BrightFocus Foundation. Disponível em: <www.bright focus.org>.

21. Cormac O'Sullivan et al., "Why Tech Transfer May Be Critical to Beating COVID-19". McKinsey & Company, 23 jul. 2020. Disponível em: <www.mckinsey.com>.

22. Hannah Ritchie et al., "Coronavirus Pandemic (COVID-19)". Our World in Data, jan. 2022. Disponível em: <www.ourworldindata.org>.

23. A população imunizada diz respeito ao número de pessoas que receberam pelo menos uma dose recomendada pelo protocolo de vacinação e não inclui aquelas que foram contaminadas com Sars-CoV-2. Fonte: dados oficiais coletados por Our World in Data (CC BY 4.0).

24. "American Pandemic Preparedness: Transforming Our Capabilities". Casa Branca, set. 2021. Disponível em: <www.whitehouse.gov>.

25. Gavi, "India Completes National Introduction of Pneumococcal Conjugate Vaccine", 12 nov. 2021. Disponível em: <www.gavi.org>; IHME, "GBD Compare". Disponível em: <www.healthdata.org/>.

26. OMS, "Diphtheria Tetanus Toxoid and Pertussis (DTP3) Immunization Coverage among 1-year-olds (%)", 2021. Dados fornecidos pelo Banco Mundial disponíveis em: <apps.who.int/gho/data> (CC BY 4.0). Acesso em: jan. 2022.

27. CDC, "Measles Vaccination". Disponível em: <www.cdc.gov>.

28. W. Ian Lipkin, Larry Brilliant e Lisa Danzig, "Winning by a Nose in the Fight Against COVID-19". *The Hill*, 1 jan. 2022.

7. PRATICAR, PRATICAR, PRATICAR [pp. 213-33]

1. Kathryn Schulz, "The Really Big One". *The New Yorker*, 13 jul. 2015.

2. Departamento Militar de Washington, "Looking at Successes of Cascadia Rising and Preparing for Our Next Big Exercise", 7 jun. 2018. Disponível em: <m.mil.wa.gov>; Divisão de Manejo de Emergências, "Washington State 2016 Cascadia Rising Exercise, After-Action Report", revisto em 1 ago. 2018. Disponível em: <mil.wa.gov>.

3. OMS, "A Practical Guide for Developing and Conducting Simulation Exercises to Test and Validate Pandemic Influenza Preparedness Plans", 2018. Disponível em: <www.who.int>.

4. Karen Reddin et al., "Evaluating Simulations as Preparation for Health Crises Like COVID-19: Insights on Incorporating Simulation Exercises for Effective Response". *International Journal of Disaster Risk Reduction*, v. 59, 1 jun. 2021.

5. David Pegg, "What Was Exercise Cygnus and What Did It Find?". *The Guardian*, 7 maio 2020.

6. Departamento de Saúde e de Recursos Humanos dos Estados Unidos, "Crimson Contagion 2019 Functional Exercise After-Action Report", jan. 2020. Disponível em: <www.governmentattic.org>.

7. Tara O'Toole, Mair Michael e Thomas V. Inglesby, "Shining Light on 'Dark Winter'". *Clinical Infectious Diseases*, v. 34, n. 7, pp. 972-83, 1 abr. 2002.

8. Kathy Scott, "Orland Int'l Battles Full-Scale Emergency (Exercise)". *Airport Improvement*, jul.-ago. 2013.

9. Sam LaGrone, "Large Scale Exercise 2021 Tests How Navy, Marines Could Fight a Future Global Battle". *USNI News*, 9 ago. 2021.

10. Alexey Clara et al., "Testing Early Warning and Response Systems Through a Full-Scale Exercise in Vietnam". *BMC Public Health*, v. 21, n. 409, 2021.

11. Nathan Myhrvold, "Strategic Terrorism: A Call to Action", *Lawfare*, Disponível em: <paper.ssrn.com>.

12. Troca de e-mails com Bill Foege.

8. VENCER A DISPARIDADE SANITÁRIA ENTRE PAÍSES RICOS E POBRES [pp. 234-56]

1. Samantha Artiga, Latoya Hill e Sweta Haldar, "COVID-19 Cases and Deaths by Race/Ethnicity: Current Data and Changes over Time". Disponível em: <www.kff.org>.

2. Daniel Gerszon Mahler et al., "Updated Estimates of the Impact of COVID-19 on Global Poverty: Turning the Corner on the Pandemic in 2021?". *World Bank Blogs*, 24 jun. 2021. Disponível em: <blogs.worldbank.org>.

3. Tedros Adhanom Ghebreyesus, "WHO Director-General's Opening Remarks at 148th Session of the Executive Board", 18 jan. 2021. Disponível em: <www.who.int>.

4. Weiyi Cai et al., "The Pandemic Has Split in Two". *The New York Times*, 15 maio 2021.

5. James Morris, "Rich Countries Hoarding COVID Vaccines Is 'Grotesque Moral Outrage' That Leaves UK at Risk, WHO Warns". Yahoo News UK, 6 maio 2021.

6. Our World in Data, "Share of the Population Fully Vaccinated Against COVID-19". Disponível em: <www.ourworldindata.org>.

7. Id., "Estimated Cumulative Excess Deaths During COVID, World". Disponível em: <www.ourworldindata.org>.

8. IHME, "GBD Compare". Disponível em: <healthdata.org>. Acesso em: 31 dez. 2021.

9. Mortes a cada 100 mil pessoas. Países de alta renda da América do Norte incluem Estados Unidos, Canadá e Groenlândia. Fonte: IHME, Estudo da Carga de Doença Global, 2019.

10. OMS, "Life Expectancy at Birth (Years)". Disponível em: <www.who.int>.

11. A mortalidade de crianças abaixo de cinco anos (5q0) — a probabilidade de morrer até a idade exata de cinco anos — é expressa em óbitos anuais a cada mil nascimentos. Fonte: ONU, Departamento de Economia e Questões Sociais, "Population Division" (2019), "World Population Prospectus 2019", "Special Aggregates".

12. Hans Rosling, "Will Saving Poor Children Lead to Overpopulation?". Disponível em: <www.gapminder.org>; Our World in Data, "Where in the World Are Children Dying?". Disponível em: <ourworldindata.org>.

13. Carta anual de Bill e Melinda Gates de 2014. Disponível em: <www.gatesfoundation.org>.

14. "Demographic Dividend". Disponível em: <www.unfpa.org>.

15. Fundo Global, "Our COVID-19 Response". Disponível em: <www.theglobalfund.org>. Acesso em: dez. 2021.

16. oms, "Tuberculosis Deaths Rise for the First Time in More Than a Decade Due to the covid-19 Pandemic", 14 out. 2021. Disponível em: <www.who.int>.

17. Mais informações sobre a Gavi em <www.gavi.org>.

18. Chandrakant Lahariya, "A Brief History of Vaccines & Vaccination in India". *Indian Journal of Medical Research*, v. 139, n. 4, pp. 491-511, 2014.

19. O Painel de Imunização da oms para a Índia está disponível em: <immunizationdata.who.int>

20. O número de vacinas contra o sarampo inclui a primeira dose (MCV1) e a segunda dose (MCV2). O número anual de casos de sarampo inclui os clinicamente confirmados, os epidemiologicamente relacionados ou os investigados em laboratório. Fonte: oms, "Measles Vaccination Coverage", 2021, com dados reportados através da Joint Reporting Form on Immunization e da Joint Estimates of National Immunization Coverage, ambas sob a alçada da oms/Unicef. Disponível em: <immunizationdata.who.int> (cc by 4.0). Acesso em: jan. 2022.

21. Iniciativa Global de Erradicação da Pólio, "The First Call", 13 mar. 2020. Disponível em: <polioeradication.org>.

22. Entrevista com Faisal Sultan de 13 out. 2021.

23. Our World in Data, "Daily covid-19 Vaccine Doses Administered per 100 People". Disponível em: <ourworldindata.org>.

24. ihme, "Flows of Development Assistance for Health". Disponível em: <vizhub.healthdata.org>.

25. Statista Research Department, "Size of the Global Fragrance Market from 2013 to 2025 (in Billion U.S. Dollars)", 30 nov. 2020. Disponível em: <statista.com>.

26. Total de óbitos por doenças contagiosas, neonatais e nutricionais para crianças de até cinco anos, entre 1990-2019. Fonte: ihme, Estudo da Carga de Doença Global, 2019.

27. Óbitos de crianças de até cinco anos por causas evitáveis. As mortes por pneumonia representam "infecções respiratórias do trato inferior". Fonte: ihme.

9. CRIAR — E FINANCIAR — UM PLANO PARA EVITAR PANDEMIAS [pp. 257-81]

1. cdc, "History of Smallpox". Disponível em: <www.cdc.gov>.

2. The Primary Health Care Performance Initiative. Disponível em: <improvingphc.org>.

3. G20 High Level Independent Panel on Financing the Global Commons

for Pandemic Preparedness and Response, "A Global Deal for Our Pandemic Age", jun. 2021. Disponível em: <pandemic-financing.org>.

4. Organização para a Cooperação e Desenvolvimento Econômico, "The 0.7% ODA/GNI Target — A History". Disponível em: <www.oecd.org>.

POSFÁCIO: COMO A COVID MUDOU O CURSO DE NOSSO FUTURO DIGITAL [pp. 282-98]

1. Pew Research Center, "Mobile Fact Sheet". Disponível em: <www.pew-research.org>.

2. Agência de Censo dos Estados Unidos, "Quarterly Retail E-Commerce Sales, 4th Quarter 2020", fev. 2021. Disponível em: <www.census.gov>.

3. Oleg Bestsennyy et al., "Telehealth: A Quarter-Trillion-Dollar Post--Covid-19 Reality?". McKinsey & Company, 9 jul. 2021. Disponível em: <www.mckinsey.com>.

4. Timothy Stoelinga e James Lynn, "Algebra and the Underprepared Learner". UIC Research on Urban Education Policy Initiative, jun. 2013. Disponível em: <mcmi.uic.edu>.

5. Emily A. Vogels, "Some Digital Divides Persist Between Rural, Urban and Suburban America". Pew Research Center, 19 ago. 2021. Disponível em: <www.pewresearch.org>.

6. Sara Atske e Andrew Perrin, "Home Broadband Adoption, Computer Ownership Vary by Race, Ethnicity in the U.S.". Pew Research Center, 16 jul. 2021. Disponível em: <www.pewresearch.org>.

Índice remissivo

Os números em *itálico* indicam imagens, gráficos e tabelas.

24 Horas (série de TV), 56

adjuvantes, 186, 192, 262

África: fabricação de vacinas, 201; aparelhos de teste LumiraDx, 78, 134; covid, 9, 71, 136; disparidade na saúde, 237, *237*; epidemia de Ebola (2014-6), 69; expectativa de vida, 237; mortalidade infantil, 72, 240, *240*, *ver também* África do Sul; registros de nascimentos e óbitos, 70, 72; Sistema Integrado de Vigilância e Reação a Doenças, 67; suprimento de oxigênio medicinal, 142; Zâmbia, *Programa de Conscientização da Covid-19*, 209, *210*

África do Sul: autópsia minimamente invasiva ou amostragem de tecido, 73-4, *74*; ensaios clínicos, 247; estudos de vacinas para covid, 40; laboratórios de sequenciamento genômico, 245; prevenção de HIV, 84; taxa de vacinação contra covid, 235; testagem e análise genética de HIV e tuberculose, 84, 92; variantes da covid, 92, 105, 244

African Medical Supplies Platform: distribuição de aparelhos de teste LumiraDx, 78, 134; distribuição de dexametasona, 134

Agência de Projetos de Pesquisa Avançada de Defesa (Defense Advanced Research Projects Agency, ou Darpa), 180

águas residuais, testagem, 69

Alemanha: Coalizão para Inovações em Preparação para Epidemias (Coalition for Epidemic Preparedness Inovations, ou Cepi) e, 22; fabricantes de vacinas, 180, 275; manejo da covid, 110, 126; mortalidade infantil e redução do tamanho da família, 242

Allen, Paul, 275

anticorpos, 134-6, 157-9, 265

anticorpos monoclonais (mAbs), 135-6, 159, 299: dificuldades com, 136-7, 140; Sotrovimab, 136

antraz, 228-31

Ásia: acesso à internet, 108; laboratórios de sequenciamento genômico de patógenos, 270; mortalidade infantil, 240, *241*; pólio e, 61; *ver também* países específicos

Aspen Pharmacare, 196

AstraZeneca, 183-4, 196

Austrália: histórias sobre a transmissão da covid, 119; inovação genética de patógenos, 93; manejo da covid, 34; rastreamento de contatos para identificação dos supertransmissores, 117; testagem da covid, 77, 266

Banco Mundial, 58, 141

Banda, Astridah, 209, *210*

Bangladesh, uso de máscaras em, 128

Bedford, Trevor, 87, 91

"Best Stats You've Ever Seen, The" (TED Talk), 242, 242*n*

Bharat Biotech, *184*, 200

Biden, Joe, 46

Biological E. Limited, 196, 199

BioNTech, 165, 180-1, 183

bioterrorismo, 228, 231-2, 247; detecção de, 231; exercícios de simulação contra, 231, 260; história do, 228-30; verba de defesa contra, 232

Biss, Eula, 100

Bizenjo, Sikander, 40

Brasil: covid e excesso de mortalidade no, 34

Brilliant, Larry, 206

Brotman Baty Institute, 86

Canadá: surto epidêmico de Sars (2003), 227

Carga de Doença Global, 32, 32*n*

Centro de Pesquisas sobre o Câncer Fred Hutchinson, 80-1, 86, 189

Centro Sul-Africano de Modelagem e Análise Epidemiológica (South African Centre for Epidemiological Modelling and Analysis), 94

Centros de Controle e Prevenção de Doenças (Centers for Disease Control and Prevention, ou CDC), 12, 39, 46-9, 62, 89, 124, 128-9, 281; ex--diretores, 38; Foege e o programa do FBI para detecção e combate ao bioterrorismo, 232; Sencer e a vacina contra gripe suína, 48-9

China: contenção da covid, 10; fabricação de vacinas, 201, 263; história das máscaras, 123-4; histórias sobre a transmissão da covid, 119; origem da covid, 9; peste de 1910, 123-4; surto epidêmico de Sars, 227

Coalizão para Inovações em Preparação para Epidemias (Coalition for Epidemic Preparedness Inovations, ou Cepi), 22, 174, 195, 197, 299

Coes (centros de operações de emergência), 61-2, *63*

cólera, 14, 65, 187

Como evitar um desastre climático (Gates), 11, 279-80

Contágio (filme), 206

contatos, rastreamento de, 112, 114-8, 128, 252, 301; aplicativos de celulares para, 116; dificuldades no, 115; países mais eficientes no, 114-5; para varíola, ebola, tuberculose e HIV, 114

Coreia do Sul, 34, 77, 105, 114, 116

coronavírus, família de vírus, 15, 17, 186, 226; erradicação do, 30, 261; estrutura do, 186; gripe comum e, 30; informação genética para, 83; proteína espicular do, 186; simulações de pandemia nos Estados Unidos, 217-20; vacinas universais para, 28, 174, 210; variantes (mutações), 83; *ver também* covid-19

corpo de bombeiros, 53, 55

Covax (programa), 175, 200, 249, 299

covid-19: aprovação de vacinas, 181, 183, 186, 188, 190-1; bloqueador oral, 207; casos de escape vacinal, 42-4, 45, 300; Coes (centros de operações de emergência), 61-3; confinamento em casas de repouso, 110; contenção, 9; contribuição do Fundo Global para distribuição de suprimentos, 246; Covax (programa), 175, 200, 249, 299; "covid longa", 138, 258; crianças e, 109; curso da doença, 257; denominação e terminologia, 23; desenvolvimento de vacinas, 22, 24, 28-9, 40, 51, 58-9, 132, 138, 164-5, 167, 170, 172-5, 180, 183, 185, 188, 195, 197, 199-200, 205, 211, 244, 247, 262, 274, 276; diretrizes em St. Louis, 103-4; diretrizes na Filadélfia, 103; diretrizes para testes da FDA, 91; disparidade em grupos e países mais

afetados, 26, 234-9; disparidade vacinal, 235; disponibilidade de vacinas, 109, 198, 211, 219, 245, 249, 252, 281; distribuição de vacinas, 62, 107, 167-9, 173, 199, 201-2, 209, 211, 218, 229, 248-9, 252, 264, 274; eficácia vacinal, 29, 40, 101, 164, 166, 187, 190, 193-4, 202, 245, 247, 300; esforços heroicos, 40-2, *41*; exemplos negativos de países, 37-9; fatores imunes e, 258; Fundação Gates e, 9-11, 23, 248; futuro digital e, 282-7; governo americano sobre o uso de máscaras, 45-7; impacto da, 26; imunidade natural, 257; intervenções não farmacêuticas, *35*, 99-129; jantar de trabalho para discutir a, 9, 11; Japão e, 33, 69, 117, 181, 274; lições da, 31-2, 45, 92, 96, 200, 214, 257, 266; máscaras, obrigatoriedade de uso, 33, *35*, 102; modelagem computacional e, 245; modelagem de doenças e, 94-5; mucormicose, 134; na África, 9; na China, 9; óbitos por, 96, 106, *108*, 235; ondas, 44; origem, 9, 266; percentual de infecções detectadas, 71; prejuízo econômico da, 234-5; redução da transmissão, 43, 100-18; reinfecção, 94; replicação do patógeno, 146; resposta inicial, 10, 32-4, 36-7; riscos associados à idade, 110; saúde global e instrumentos usados contra a, 244-9; Seattle Coronavirus Assessment Network (Rede de Avaliação do Coronavírus de Seattle, ou SCAN), 36, 91, 277, 301; sequenciamento genético, 90, 92, 98, 244; sistemas de saúde

323

e, 270; tempestade de citocinas do sistema imune, 133; testagem, 109, 117, 139, 153, 219, 266, 269; testagem de águas residuais para estudo da disseminação, 70; transmissão, 10, 43, 118-21; tratamentos, 130-9, 152-3, 152*n*, 159-60; vacinas, 50, 173-83, *182*, 185-9, 209-11, 245, 247-50, 252, 257-8; variante alfa, 121; variante beta, 136; variante delta, 34, 43-4, 121, 245; variante ômicron, 117, 121, 245; vigilância e dados sobre a doença, 258-9

Cullis, Pieter, 180

CureVac, 180

Darpa *ver* Agência de Projetos de Pesquisa Avançada de Defesa (Defense Advanced Research Projects Agency)

dexametasona, 133-4, 152, 159

digitalização: perspectivas futuras, 283-91, 293-7; automação no mercado de trabalho, 290; celulares, 283; coleta de dados de saúde, 292; comércio eletrônico, 283; confinamento e ferramentas digitais na covid, 282-3; educação, 283, 292-5; metaverso, 288-90; produtividade no local de trabalho, 287; realidade aumentada no mercado de trabalho, 290*n*; serviços de telemedicina, 291; videochamadas, 40, 283, 296; videoconferências, 282-3, 287, 289, 293, 296-7

Dinamarca: intervenções não farmacêuticas contra a covid, 104

distanciamento social, 112, *122*, 122-3

doença endêmica, 223, 258-9; covid como, 13, 258-9; letal, 14

doenças diarreicas, 14, 236; na África subsaariana, *237*; Fundação Gates e, 71; prevenção de, 12; redução da mortalidade infantil e, 255; vacinas e, 12, 12*n*, 199

doenças epidêmicas, monitoramento de: abordagens ativas ou passivas, 67, 269; andamento contra a covid, 258; blogs e mídias sociais, 69; carteiros no Japão e, 69; causas de morte, 70, 98; dados para o sistema de saúde pública, 78; equipes de monitoramento de pólio na África Ocidental, 69; Estudo da Gripe em Seattle, 81-3, 85-8, 90-4; informação genética sobre patógenos, 82-5, 92, 265, 267; integração de sistemas, 269; investimento insuficiente em, 66; medidas a tomar, 97-8; modeladores de doenças, 93-6; modelagem computacional e, 98; mortalidade infantil e, 71; no âmbito local, 66; notificação por farmacêuticos, 69; parceria do governo com especialistas, 92; plano global contra pandemias, 267-8; registro de nascimentos e óbitos, 68, 269; sinais no meio ambiente, 69; sistemas de saúde e, 66-8, 92-3, 97; testagem de águas residuais, 69; testagem em massa e, 98; testes diagnósticos, 66, 74-9

doenças infecciosas: armas biológicas, 18; banco de dados mundial, 28; detecção rápida, 28, 65-98; endêmicas, 12; epidemias, 12, *13*; família do coronavírus, 15, 17, 28, 30, 83,

114, 175, 186, 210, 220, 220n, 227, 236, 261; informação genética sobre patógenos, 82-5, 83n, 85; interesse de Gates em, 11-2; mortalidade infantil, 71-2; pandemias, 13, 15, 16, 17; surtos epidêmicos, 13, 14; transmissão, 117-8
Douglas Scientific, 79

ebola, 11, 14, 19; Coes na Nigéria e, 62, 63, 253; epidemia (2014), 19-21, 69, 253; equipes de monitoramento de pólio e, 69; mutações (variantes), 83; prevenção de surtos, 84; rastreamento de contatos e, 114; sequenciamento genético e identificação da origem de um surto contagioso, 84; surtos epidêmicos (1976 e 2018), 14; transmissão, 19; vacina de vetor viral para, 182
epidemias, 20, 225, 231; Fundo Global e, 300; "silenciosas", 14
epidemiologia/ epidemiologistas, 12, 27, 38, 57-9, 66, 83, 92, 96-7, 189, 268, 276
Escola de Higiene e Medicina Tropical de Londres (London School of Hygiene & Tropical Medicine), 94
escolas, fechamento das, 106-10
Estados Unidos: atentados terroristas com antraz, 228; BioWatch, 231; covid e excesso de mortalidade, 34-5; covid e ferramentas digitais, 282; Crimson Contagion, exercícios, 217-9, 221, 223-4, 227, 273; Dark Winter, Atlantic Storm, Clade X, Event 201 e outros exercícios para enfrentar pandemias, 219-20, 223, 227; desenvolvimento de vaci-

nas contra a covid, 276, ver também vacinas; disparidade sanitária, 237; disparidade sanitária, 237n; falhas na testagem da covid, 38-9, 39n; fechamento de escolas e covid, 107; fontes de energia não poluentes, 275; inovações, 275; investimentos no campo da saúde global, 254; medicamentos genéricos, 157; medidas não farmacêuticas contra a covid, 104; necessidade de investimento em pesquisas de saúde, 276; Operação Warp Speed, 51; previsão de óbitos por covid, 96; rastreamento de contatos, 114; resposta inicial inadequada à covid, 38-40; taxa de vacinação contra a covid, 235; testagem da covid, 77; testagem e notificação de gripe, 84-5; uso de máscara, 45-7, 128-9
Estrada do futuro, A (Gates), 284, 286
Estudo da Gripe em Seattle, 22, 80-92, 269, 277, 301; covid e, 86-8, 87n, 88, 89-91; dados de sequenciamento genético e, 85; financiado por Gates, 86; Institute for Disease Modeling e, 95; testagem de covid e SCAN, 90-2
evasão vacinal ver vacinas, rejeição às
Exemplars in Global Health Program (Referências em Saúde Global), 35, 36

Famulare, Michael, 87, 87n, 97
Fauci, Anthony, 24, 103, 105, 179
FDA (Food and Drug Administration), 91, 132-3, 149, 165, 191; aprovação regulatória de tratamentos, 150; autorização para uso emergencial

de vacinas para covid, 165; regulamentação de vacinas, 187
febre de Lassa, *63*
Ferguson, Niall, 96
Foege, Bill, 12, 38, 232-3, 275
fômite, 120
Ford, Gerald, 48
Franklin, Benjamin, 53
Frederico i, imperador do Sacro Império Romano, 228
Frieden, Tom, 38
Fundação Gates: financiamento no combate à covid, 22-4, 152*n*, 253; conselho de curadores, 23, 25; copresidentes Bill e Melinda Gates, 23, 238; covid, discussões iniciais, 9-10; criação da Cepi (Coalition for Epidemic Preparedness Innovations, ou Cepi), 22; críticas à, 25-6; decisões sobre pedidos urgentes, 24; desenvolvimento de uma vacina pentavalente acessível, 199; doenças diarreicas infantis e, 14, 71; Event 201, simulação contra o novo coronavírus (2019) e, 220*n*; "epidemias silenciosas", 14; financiamento da fabricação de vacinas em países em desenvolvimento, 199; Gavi, a Aliança das Vacinas, 169-70, 195, 248-9, 255-6, 299; iniciativas no campo da saúde global, 14, 249, 252; Institute for Disease Modeling (Instituto de Modelagem de Doenças), 94-5; investimento em educação e ferramentas digitais, 294; mortalidade materna e, 14; papel em vacinas, tratamentos e métodos de diagnóstico da covid, 23*n*, 24; pesquisa de anticorpos

monoclonais (mAbs), 135-7; políticas públicas e, 25; rastreamento da disseminação da covid, 23; redução da mortalidade infantil e, 169, *170*, 239, 241, 254, *255*, 256; sistemas públicos de saúde e, 269
Fundo de Auxílio Covid-19 das Famílias Navajo e Hopi, 41
Fundo Global, 159, 246, 255-6, 300

Gates, Bill: *A estrada do futuro*, 284, 286; aspectos econômicos da imunização, 169; blog de, 165; comentário do pai sobre malária, 238; *Como evitar um desastre climático*, 11, 279-80; distanciamento social e 28 bolas de tênis, 122, *122*; encontros virtuais, 287-9; Fauci e, 24; Feira Mundial (1964), 296; financiamento e recrutamento para o Institute for Disease Modeling (IDM), 245; inovação, 26; interesse em doenças infecciosas, 11-2; jantares de trabalho, 10; meme sobre, 248; memorando sobre lacunas na preparação mundial contra pandemias, 20-1, *21*; Microsoft, 275; na África do Sul, 10; palestra do TED Talks "A próxima epidemia? Não estamos preparados", 21-2, 86; residência na região de Seattle, 80, 213; riqueza e covid, 26; teorias conspiratórias sobre, 27; acompanhamento de autópsia minimamente invasiva em Soweto, 73, *74*; trabalho na Fundação Gates, 238, 241, 248, 253, 271; uso de máscara por, 129; viagem ao Vietnã, 201
Gates, Melinda, 11, 14, 23-4, 238

Gattaca (filme), 83

Gavi (Aliança das Vacinas), 169-70, 248-9, 255-6, 299-300

genoma/ sequenciamento genômico de patógenos, 83-7, 91, 93, 119, 181, 267, 270, 300; da covid, 89-92, 119, 244; desenvolvimento de antivirais e, 145; para o desenvolvimento de vacinas, 244; para patógenos modificados por bioengenharia, 231; plano global contra pandemias e, 266-7, 269; proteínas espiculares, vacinas de mRNA e, 181-2, *182*

Ghebreyesus, Tedros Adhanom, 235

Global Epidemic Response and Mobilization (Mobilização e Resposta Global contra Epidemias, ou GERM), 53-64, 267-8, 300; administração pela OMS, 58, 64, 64*n*; analogia com corpo de bombeiros, 55; como autoridade suprema na prevenção de pandemias, 273; custo anual, 63-4, 276; diplomacia e lideranças locais ou nacionais, 58-9; doenças emergentes como prioridade, 62; eventos na resposta a um surto epidêmico, 57; financiamento e pessoal, 58, 268; função da, 53, 60, 62-3; lista de tarefas e preparativos, 58; missão principal, 278; origem de recursos, 64*n*; papel dos funcionários, 57; simulações ("jogos de germes"), 60, 218, 223-5; sistemas públicos de saúde e, 276-7

gripe, 15-7, *16*; gripe aviária, 222; bloqueador oral para, 207; carência de diagnóstico e testagem nos Estados Unidos, 85; erradicação da, 30, 261;

estudo de Seattle, 22, 80, 91, 269, 277; informação genética e, 82-3, 83*n*; intervenções não farmacêuticas e a temporada de 2020-1, 112-4; métodos preventivos, 50; mutações, 84, *85*; notificação de novos tipos, 67; óbitos e hospitalizações, 30, 113, 113*n*; pandemia de 1918, *16*, 16*n*, 17, 48, 101, 127-8; recorrência de cepas, 113; sazonalidade, 259; simulação na Indonésia, 216; simulações de pandemia nos Estados Unidos, 220; suína (1976), impulso para imunização geral, 48-9; vacinas, 28, 42, 171, 175, 185, 210; variantes, 42

Guillain-Barré, síndrome de (SGB), 49

hepatite B, 185

hidroxicloroquina, 131-3

Hilleman, Maurice, 166-7; Jeryl Lynn (filha), 167

Hipócrates, 144

HIV Vaccine Trials Network (Rede de Pesquisas de Vacinas Contra o HIV), 247

HIV/ aids, 11, 265: fabricação de medicamentos genéricos para, 155-6, 193; Fundo Global e distribuição de medicamentos, 246; medicamentos antivirais para, 146; medicamentos para países de renda baixa e média, 159; óbitos e infecções, 13, *14*, 236, *237*; outdoor, Lusaka, Zâmbia, *15*; profilaxia pré-exposição, 159; rastreamento de contatos e, 114; testes e análise genética, 84, 92; transmissão, 230; vacina e, 166, 182, 190, 201

Hong Kong, surto epidêmico de Sars (2003), 227

HPV (papilomavírus humano), 185

Imperial College London, 245

Imunidade (Biss), 100

Índia: acesso à vacina pneumocócica, 200; certificados digitais de vacinação na, 250; covid na, 40, *41*, 44; distribuição de vacinas e aplicação, 205; fabricação de medicamentos genéricos na, 156, 157*n*; fabricação de vacinas e, 196, 199, 263; imunização contra pólio, 251; imunização infantil e, 249, *251*; mucormicose na, 134; preparação contra pandemias e, 260; vacinação contra covid na, 45, 235, 251

Indonésia, 260; exercício de simulação completa contra surtos epidêmicos na, 216

inovação: como solução de problemas, 284; covid e, 51; governo americano e, 275; investimento em, 262, 264; na administração de vacinas, 206, 211, 264; na distribuição de vacinas, 205, 264; na educação, 293-5; na fabricação de medicamentos genéricos, 154-7, 155*n*, 265; na informação genérica sobre patógenos, 92-3; na infraestrutura de banda larga, 296-7; no desenvolvimento de medicamentos, 145-7, 152, 161-2, 262-4; no desenvolvimento de vacinas, 262; no trabalho remoto, 283-92, 290*n*; nos ensaios clínicos, 148; nos testes diagnósticos, 78-9, 266-7, 279; o futuro digital e 282-298, 282*n*;

setor privado e, 51; tecnologia do metaverso, 289

Institute for Disease Modeling (Instituto de Modelagem de Doenças, ou IDM), 81, 81*n*, 94-5, 245

Institute for Health Metrics and Evaluation (Instituto de Métrica e Avaliação em Saúde, ou IHME), 14, 32-5, 80, 88, 94-5, 108, 237, 245, 255, 300

Instituto de Saúde Global de Barcelona, 72

intervenções não farmacêuticas, 101-29, 301; Anthony Fauci sobre, 105; boa ventilação, 118-21; diretrizes em St. Louis, 103; diretrizes na Filadélfia, 103-4; distanciamento social, 112, 122-3; *122*; eficácia, 112; fechamento de escolas, 106-10; fechamento de fronteiras, 105; fechamento do comércio, 102-5; higiene, 118, 121; impacto na gripe, 113; isolamento em casa, 96, 103, 116; lockdowns, 104-6, *107*, 110-2, 116, 278, 282; medidas incisivas quando necessário, 103-5, *104*; obrigatoriedade do uso de máscaras, 33, *101*, 102, 124-9, *127*; proibição de aglomerações, 103; proibição de viagens, 28, 105, 278; quarentenas, 115; rastreamento de contatos, 102, 112, 114-7, 301; relevância do contexto, 112

Irã, 34

Japão: ataque bioterrorista no, 228; funcionários dos correios e vigilância sanitária, 69; parceria com a Fundação Gates, 22; rastreamento de contatos, 117; sistema de saúde como exemplo, 274; uso de máscaras no, 128; vacinas de mRNA no, 181

Jenner, Edward, 187, 187n

Johnson & Johnson, vacina contra covid, 183, 188, 196

Juventude do Baluchistão contra o Corona, 41

Karikó, Katalin, 176, *176*, 179, 181, 297

Klugman, Keith, 11

Kristof, Nicholas, 11

Lawfare (revista), 18n

Lewis, Michael, 47n

LGC, Biosearch, 79, *80*

Lind, James, 147

lockdowns, 104-6, *107*, 111-2; em casas de repouso, 110-1

LumiraDx, 78, 134, 267

MacLachlan, Ian, 180

malária, 11-4, *14*; comentário do pai de Gates sobre, 238; desenvolvimento de vacina, 201; distribuição de mosquiteiros pelo Fundo Global, 246; ensaio clínico controlado da infecção, 153; Institute for Disease Modeling e, 245; óbitos, 236-7, *237*; redução da mortalidade infantil e, *255*

máscaras, 101, 124-6, *127*, 128-9; obrigatoriedade de uso das, 34, 102, 127; covid em países específicos e, 128; eficácia das, 124-5, 128; N95 ou KN95, 126, 126n, *127*; resistência às, 127-8, 127n

medicamentos, desenvolvimento de,

144-9, 151-61, 264-5; Acelerador da Terapêutica da Covid-19 (COVID-19 Therapeutics Accelerator), 152, 152n; anticorpos, 157-8; antivirais, 145-6; aprovação regulatória, 150, 263; bloqueadores de infecções, 206, 262; clorofórmio, 144; custo, 154-6; descobertas com base na estrutura dos, 146; ensaio RECOVERY, Reino Unido, 152, 263; ensaios clínicos, 137, 147-8, 148n; estudos para acessar os pacientes e treinar profissionais de saúde, 160; etapas do, 147-50; história do, 143-4; identificação de proteínas-alvo, 145; inovações, 145-6, 152, 161; invenção acidental, 144; paracetamol, 144; Paxlovid, 137; placebos, 148-50; plano global contra pandemias, 261; plataforma de células CHO (Chinese Hamster Ovary), 157; probabilidade de sucesso técnico e regulatório, 163; produção/fabricação, 153, 261; reforço da resposta imune inata, 161; sintéticos, 144; triagem de alto desempenho, 146; vacina candidata, probabilidade de sucesso, 164

Médicos Sem Fronteiras, 63

Merck, 137, 156, 166, 185

Microsoft, 18, 27, 268, 275, 288

Middle East Respiratory Syndrome (Síndrome Respiratória do Oriente Médio, ou Mers), 114, 186, 226

Moçambique: monitoramento da mortalidade, 72, 269

modelagem de doenças, 94-7; analogia com meteorologia, 95, 95n; benefícios para a saúde pública, 96; dados para, 94, 96, 98; previsão de mortes por covid, 96

Moderna, 180-1, 184

mortalidade infantil: autópsia minimamente invasiva, 72-4, *74*; causas principais, 71, 200; e redução no tamanho da família média, 242; Fundação Gates e redução da, 169-70, 241, 254, *255*; pós-parto, 71

mRNA, vacinas de, 50, 175-8, *176*, 180-1, *182*, 185-6, 247, 262, 297, 301; acordos de licenciamento, 197; armazenamento em baixa temperatura, 203; autorização para uso emergencial, 181; Darpa e, 180; desenvolvimento de, 179-81, 276, 297; dificuldades de produção, 192; embasamento teórico, 178; ensaios clínicos, 181; fabricantes de, 180, *185*; instabilidade de, 178; mapeamento genômico do vírus, 181; nanopartículas lipídicas e, 180, 192; segurança das, 190; universais, 210

mudanças climáticas: medidas para zerar emissões, 275, 280

Mundel, Trevor, 23

Myhrvold, Nathan, 18, 229-30

National Institutes of Health (NIH), 24, 187

New England Journal of Medicine, artigo de Gates no, 21-2

New York Times, 11, 127*n*; "A pandemia tomou dois rumos" (artigo), 235; "Para o terceiro mundo a água ainda é uma bebida mortal" (Kristof), *12*; "O coronavírus pode estar se espalhando há semanas nos Estados Unidos, sugere o sequenciamento de genes" (artigo), 89

Nexar, 79, *80*

Nigéria: Centros Operacionais de Emergência na, 62, *63*, 253; mortalidade infantil, 237, 242; sequenciamento na, 244

Noruega: covid em crianças na, 109; financiando programas de saúde em países de baixa renda, 272, 277; Fundação Gates e, 22; intervenções não farmacêuticas na, 104

Nova Zelândia: covid na, 34, 77, 119

Novavax, *184*, 186, 196

Olayo, Bernard, 141; criação da Hewatele por, 142

Organização Mundial da Saúde (OMS), 13, 57, 268, 301; aprovação de vacinas, 200; Covax (programa), 299; covid e morte de profissionais de saúde, 271; distanciamento social, 122; enfrentamento da gripe suína (2009), 17; equipe de prevenção de pandemias, 58; erradicação da pólio, 61, *61*; fabricação de medicamentos genéricos, 156; Fundação Gates, 26; plano global contra pandemias, 17, 22, 278; "Practical Guide for Developing and Conducting Simulation Exercises to Test and Validate Pandemic Influenza Preparedness Plan, A", 222*n*; programa de malária, 157; programa de preparação contra a gripe, 215; produção acelerada de vacinas, 197; surtos de cólera, 14

Organização Mundial do Comércio, 193

Oxford Nanopore, 92-3, 270

pandemias: "achatando a curva", 102; analogia com incêndios, 54; Brilliant sobre, 27; crescimento exponencial e, 19; gripe de 1918, *16*, 17, 127; lições da covid-19, 28, 31-52; memorando de Gates sobre a preparação mundial, 20-1, *21*; modelagens de doenças e previsões, 94-7; "pessoas imunes ingênuas", 105; preparação contra, 51-2, 213-33; *ver também* pandemias, prevenção de; probabilidade crescente de, 17; variantes, surtos e casos de escape vacinal, 42-5; viagens internacionais e, 17; vírus respiratórios, 15, 17; *ver também* pandemias, plano global contra

pandemias, plano global contra: aperfeiçoamento do monitoramento das doenças, 269-70; comparação com estratégia militar, 261; compartilhamento global de dados de saúde, 274, 278; criação de uma autoridade suprema responsável pela prevenção pandêmica, 273; criação e distribuição de ferramentas aperfeiçoadas, 261-7; Global Outbreak Alarm and Response Network (Rede Global de Alerta e Resposta a Surtos, ou GOARN), 57; montando a equipe da GERM, 267-8; papel da OMS no, 278; população mundial, 243, 243*n*; reforço dos sistemas de saúde, 270-81

pandemias, prevenção de: analogia com detector de fumaça, 18; carência de um órgão responsável por, 57; de gripe ou coronavírus, 216; desenvolvimento de medicamentos, 143-62; desenvolvimento de vacinas, 163-212; detecção de surtos epidêmicos, 64-98; equipe de, 53-64; fatores relevantes na, 28-9; infraestrutura sanitária e, 36, 56, 93, 269, 270-9, 271*n*; investimento em novas vacinas, 173; medidas individuais, 281; medidas não farmacêuticas, 99-129, 278; modelagem computacional e, 245, 265; plano da Casa Branca, 199; produção de vacinas, 174, 192-9; repositórios de compostos antivirais, 161, 264; simulações e exercícios completos, 213-33; sistemas de reação para, 92; terapias e tratamentos, 130-44; *ver também* GERM; pandemias, plano global contra

Paquistão: centro operacional de emergência contra a pólio, 62; covid e o modelo dos centros operacionais de emergência, 62, 251; Juventude do Baluchistão contra o Corona, 40-1

"Para o terceiro mundo, a água ainda é uma bebida mortal" (Kristof), *12*

Path (organização de saúde global), 80

patógenos: como armas biológicas, 228-32; funcionamento dos vírus, 177; novos, 13; transmissão de animais para humanos, 13; vazamentos associados a laboratórios, 266

peste: em Madagascar (2017), 14; na China (1910), 123-4

Pfizer, antiviral Paxlovid, 137

Picturephone, Bell Telephone, 296, *297*

pólio (poliomielite), 25, 32, 48, 62; centros de operações de emergência, 62, 252; Institute for Disease Modeling e, 245; monitoramento ativo da doença, 69; monitoramento de águas residuais e, 69; projeto da oms para erradicação, 61; redução de casos, 61n; selvagem, 61, 61n; vacinas, 48, 60-1, *164*

Premonição, A (Lewis), 47n

proteção pessoal: decisões individuais e, 99-100; medidas não farmacêuticas, 101-29, 278; *ver também* máscaras, obrigatoriedade de uso

"Próxima epidemia? Não estamos preparados, A" (Bill Gates), 21-2, 86

Puck, Theodore, 158

Quênia: abastecimento de oxigênio medicinal no, 142

"Really Big One, The" (artigo da *New Yorker* de 2015), 213

Regulamento Sanitário Internacional, 278

Reino Unido: ensaio recovery, 152, 263; exercícios Winter Willow e Cygnus, simulações de surtos de gripe, 217; Fundo para a População das Nações Unidas, 243; previsão de óbitos por covid, 96; rastreamento de contatos, 115

Relatório sobre o desenvolvimento mundial 1993: Investimento em saúde, volume I, 12

remdesivir, 132, 135

respiratory synsytial virus (vírus sincicial respiratório, ou rsv), 79, 135, 210

Rosling, Hans: "Best Stats You've Ever Seen, The" [As melhores estatísticas que você já viu], 242; "pico de crianças", 243

Rotary International, 61-2

rotavírus, 71, 200-2, 270-1

Rússia, covid e excesso de mortalidade, 34

sarampo, *63*; adesivos de vacina com microagulhas, 264; campanha de vacinação na Índia, *251*; redução da mortalidade infantil e, *255*; transmissão por via aérea, 119; vacina contra o, *164*, 166-7, 205, 211, *251*, 264, 275

Sars-cov (síndrome respiratória aguda grave), 23, 23n, 136; surto (2003) e preparação contra covid, 227

saúde global: abordagem horizontal *versus* vertical, 252-3; avanços realizados na, 239-40, 242-3; disparidade entre grupos e países mais afetados pela covid, 26, 234-7; disparidade sanitária, 236n, 237, *237*; ferramentas usadas contra a covid e, 244-50, 252; financiamento pela Fundação Gates, 253-4; mortalidade infantil, 169, 236-7, 239-43, *241*, 254, *255*, 256; mortalidade infantil e materna, 236, 237n; óbitos por hiv, 236; óbitos por malária, 236; programas de vacinação, 247-9; *ver também* sistemas de saúde/ sistemas públicos de saúde

Schulz, Kathryn, 213

Seattle, 32, 86; como local de residência

de Gates, 80, 213; estudo de doenças infecciosas de, 81; exercício completo contra terremotos Cascadia Rising, 215; risco de terremotos e Zona de Subdução Cascadia, 214

Seattle Children's, 86

Seattle Coronavirus Assessment Network (Rede de Avaliação do Coronavírus de Seattle, ou SCAN), 90-1, 277, 301; disseminação, 36; grupo de estudo da gripe, 90-2, 103

Seleke, Thabang, 40

Sencer, David, 47n, 48-9

Serum Institute of India (SII), 183, 196, 199

simulações e exercícios de pandemia ("jogos de germes"): completos para surtos epidêmicos, 221-4; contra desastres, aeroporto internacional de Orlando (2013), 224; contra terremotos Cascadia Rising, 215-6; Crimson Contagion (Estados Unidos), 217-9, 221, 227, 273; Dark Winter e outros exercícios *tabletop* (Estados Unidos), 220, 220n, 227; de doenças transmitidas por animais, 216n; equipe da GERM, 224-5; exemplo do Vietnã (2018), 225-6; frequência recomendada, 227; Large-Scale Exercise (fuzileiros navais americanos), 225; necessidade de, 221; no caso de bioterrorismo, 231, 260; no caso de gripe aviária, 222n, 223; "Practical Guide for Developing and Conducting Simulation Exercises to Test and Validate Pandemic Influenza Preparedness Plan, A", 222-3n; tipos

de, 215, *216*; Winter Willow e Cygnus (Reino Unido), 217

Singapura: surto de Sars (2003), 227

sistema imunológico, 177-8; resposta imune inata, 161

sistemas de saúde/ sistemas públicos de saúde: abastecimento de oxigênio medicinal e, 142-3; detecção de epidemias e, 67, 97; equipe da GERM e, 276; financiamento para países de baixa renda, 271, 274, 277; gastos governamentais em, 276; impacto da covid em, 271; iniciativas da Fundação Gates, 269; melhorias, impacto mais amplo, 252; necessidade de autoridade central e responsabilidades claras, 273; organização de mão de obra e cadeia de abastecimento, 274; plano global contra pandemias, 269-76, 271n; prevenção de pandemias e, 56, 268; reforço da atenção primária à saúde, 273; resposta à covid e, 36; sistemas informatizados para, 268; testagem e, 78, 93; vacinas e, 271

Smil, Vaclav, 284

Sri Lanka, 93; sistema de atenção primária à saúde, 272

Starita, Lea, 87

Stephenson, Neal, 288

"Strategic Terrorism: A Call to Action" (Myhrvold), 18n, 229-30

Suécia, medidas não farmacêuticas contra a covid, 104, 272, 277

Summit Learning Platform, 294

surtos epidêmicos, 12, *13*, 14; detecção, 65-98; ebola (2014), 19; máscaras e, 129; quantidade anual de, 14

Tailândia, surto de Sars (2003), 227
Taiwan, surto de Sars (2003), 227
terapias e tratamentos, 130-43; anticorpos, 135-6, 157-8; aplicação, fase da doença e, 159; custos, 158; distribuição para países de renda baixa e média, 160; esquema de preços escalonados, 155; ineficazes contra a covid, 130-2; ingrediente ativo, 154; investimentos em, 162; medicamentos antivirais, 137-9, 156; medicamentos bloqueadores de infecções, 206-7, 262; medicamentos de moléculas maiores, 140; medicamentos de moléculas pequenas, 140, *ver também* desenvolvimento de medicamentos; vacinas; não medicamentosos, 141-3; obstáculos em países de baixa renda, 160; panfamiliares e de amplo espectro, 161; para covid, 132-9, 151, 156, 159; para efeitos de longo prazo, 138; plasma convalescente, 135; preparativos para o próximo surto epidêmico, 160-1; vantagens em comparação com as vacinas, 138-40
testes diagnósticos, 219, 231, 246, 263, 269, 276, 279; aparelhos LumiraDx para, 78, 267; confiabilidade, 75-7; de antígenos, 76-7, 301; de PCR, 75-8, 87, 266-7, 301; em caminhoneiros, Uganda, 36, *37*; fracasso da testagem nos Estados Unidos, 38, 39*n*; inovações em, 77-9, 266-7, 279; prioridade na testagem, 98; processamento de alto rendimento, 78; rapidez de resultados, 75-8; redução de custos, 269; sistema

Nexar, 79; tecnologia de fluxo lateral, 77, 267, 301; testagem em massa, 109, 117
transmissão de patógenos por via aérea: aerossóis, 120-1; boa ventilação e, 118-20; condições influenciadoras, 121; da covid, 11, 120-1; gotículas, 120; respiração e, 119; *ver também* máscaras, obrigatoriedade de uso
tuberculose, 14, *14*, 48, 73, 92, 114, 159, 201, 223, *237*, 246-7

U. S. President's Malaria Initiative (Iniciativa da Presidência dos Estados Unidos contra a Malária), *255*, 256
Uganda, testes de covid em caminhoneiros, 36, *37*
União Europeia (UE): aprovação de vacinas, 200; aquisição de vacinas, 273; fabricação de vacinas, 264; programas de ajuda para o desenvolvimento, 277; vacinação contra a covid na, 181
Unicef, 62-3, 134, 159, 204, 249, 313
Universidade de Washington, 32, 47, 82, 86-7, 300; departamento de saúde global, 80; notificações de casos de covid, *88*

vacinas, 48-9, 163-212, 248-56; aceleração de ensaios e aprovações futuras, 191; acordos de licenciamento, 195, 278; adjuvantes, 186, 262; aplicação, métodos de, 207, 211, 264; armazenamento em baixa temperatura/ cadeia do frio, 201-3, 211, 264, 299; autorização de uso emergencial, 181, 190; benefícios a pessoas mais vulneráveis, 96; candidatas, probabilidade de sucesso, 164; casos de escape vacinal, 43-4, *45*, 139, 211, 300; convencionais, 177; coqueluche, 164, *164*, 204; custos para o desenvolvimento de, 172; definição de preço e redução de custo, 199-200, 207, 279; desenvolvimento, 28-9, 171-4, 187-9, 262-3; disparidade de acesso entre países ricos e pobres, 235; distribuição, *168*, 168-9, 191-9, *198*, 248; distribuição e aplicação "local", 202-5, *204*, 248, 264; dose única ou múltipla, 211; Edward Jenner e, 187; efetividade e eficácia, 29, 29*n*; ensaios acelerados, 190; ensaios clínicos, disponibilidade de voluntários, 188-9, 247; estudos na África do Sul, 40; etimologia do termo "vacina", 187; fabricação, 201, 212; fase 3 dos ensaios para, 149-50; financiamentos para, 173; fornecimento, 196-7; Fundação Gates e, 169, 199-200, 248; interesse de Gates em, 169; licenciamento compulsório de patentes, 193, 195; medicamentos bloqueadores de infecção e, 206-7, 262; molécula volumosa das, 171; motivo da inexistência de genéricas, 195; organizações cooperantes e produção, 195-7; para a gripe, 171, 175; para covid, 51, 132, 138, 163-6, *164*, 168-9, 175-86, *185*, 190, 195-7, 211, 247, 264; para doenças infantis, *164*, 166-7, *170*, 199-200, *203*, 207, 248-9; para gripe e variantes, 42; para gripe suína, 48-9; para o HIV, 166, 182, 247; para países pobres, 169-

70, 175, 198, *198*; para pandemias, desenvolvimento ideal, 167; parceria com a Cepi, 22, 174-5; passos do laboratório aos pacientes, 167; pentavalentes, 199-200, 202; plano global contra pandemias e, 262-3; pneumocócicas, 200; prazos de desenvolvimento, 138, *164*, 165, *166*, 181-2, 187, 191; preparação para pandemias e, 174, 262-3; primeiras, 187; prioridades no financiamento e na pesquisa, 210-2; probabilidade de sucesso técnico e regulatório, 163; problemas da falta de regulamentação, 187; problemas de produção, 171-2, 192, 194; processo de aprovação, 171-2, 186, 200-1, 263; produção anual de doses, 191; redução da mortalidade infantil e, *255*; regulamentação, 171, 187; rejeição às, 208-9; riscos e efeitos colaterais, 49, 171; sequenciamento genético e, 244; seringas de uso único com mecanismo de segurança, 204; setor privado e, 173-4; sistema imunológico e, 177; taxas globais de vacinação, *203*; tecnologia de mRNA, 50, 175-83, *176*, *182*, 185, 190, 247, 262; tecnologia de vetores virais, 50, 182-3, *183*, 185; universais, 28, 174, 210; velocidade de desenvolvimento, 51, 163, *164*, 165, *166*, 182-3

vacinas, rejeição às, 100, 207-9, *210*; Estudo Tuskegee, 208; "Programa de Conscientização da Covid-19", 208-9, *210*

varíola: campanha indiana contra, 249; como arma biológica, 228;

desenvolvimento de vacinas, 187; exercícios "tabletop" Dark Winter e Atlantic Storm (Estados Unidos), 220; óbitos e, 230; rastreamento de contatos e, 114; transmissão por via aérea, 228; última morte registrada, 266; usada contra indígenas norte--americanos, 228

Vaxart, 207

ventilação, 118-21

Vietnã: contenção da covid no, 34; enfrentamento da covid, 34-5; "jogos de germes" no, 217, 225-6; rastreamento de contatos no, 114-5; surto de Sars (2003), 227; testagem da covid no, 77

Vigilância de Saúde para Prevenção da Mortalidade Infantil (Child Health and Mortality Prevention Surveillance, ou Champs), 72, 74

vírus do sistema respiratório: erradicação, 30, 261; gripe, 15, *16*, 17, 22, 28, 30, 48, 50, 65-7, 80-2, 84-8, *85*, 90-1, 101, 112-3, 113*n*, 127, 127*n*, 171, 175, 185, 207, 210, 216-7, 220, 259, 261; mortalidade infantil e, 71; monitoramento de doenças epidêmicas para, 269; surtos epidêmicos, 81; vacinas universais para, 28; *ver também* doenças específicas

Vitória, rainha da Inglaterra, 144

Wallace, Stephaun, 189

Weissman, Drew, 179

Wu Lien-teh, 123-4, 127

Wuhan (China), 10

Zearn, 295

ESTA OBRA FOI COMPOSTA PELA SPRESS EM MINION E IMPRESSA EM OFSETE
PELA LIS GRÁFICA SOBRE PAPEL PÓLEN SOFT DA SUZANO S.A.
PARA A EDITORA SCHWARCZ EM JUNHO DE 2022

A marca FSC® é a garantia de que a madeira utilizada na fabricação do papel deste livro provém de florestas que foram gerenciadas de maneira ambientalmente correta, socialmente justa e economicamente viável, além de outras fontes de origem controlada.